高等职业教育系列教材

工厂供配电技术及技能训练

第3版

主编 田淑珍

机械工业出版社

本书将工厂供配电技术与实用的技能训练相结合，理论教学与工程实践相结合，传统的供配电技术与变电站综合自动化技术、智能变电站技术相结合，曾经普遍使用的设备和正在逐步推广的设备相结合，是一本突出工学结合的教材。内容上包含了工厂供配电的重点内容，并结合了电力行业运行、设备维护和管理的实际。本书内容新颖、实用，图文并茂，便于教学和自学。

本书内容主要包括电力系统及变电站简介、电气主接线及运行方式、变电站电气设备及运行维护、电力变压器、倒闸操作及技能训练、变电站的防雷保护与接地、微机型继电保护与自动装置、变电站二次回路和识图、变电站综合自动化系统及智能化变电站。

本书可以作为高等职业教育工厂自动化专业、电气自动化专业和机电一体化专业的理论教学和实训教学用书。

本书配有授课电子课件，需要的教师可登录 www.cmpedu.com 免费注册、审核通过后下载，或联系编辑索取（QQ：1239258369，电话：010-88379739）。

图书在版编目（CIP）数据

工厂供配电技术及技能训练/田淑珍主编 . —3 版 . —北京：机械工业出版社，2018.1（2024.1 重印）
高等职业教育系列教材
ISBN 978-7-111-58174-1

Ⅰ.①工… Ⅱ.①田… Ⅲ.①工厂–供电–高等职业教育–教材②工厂–配电系统–高等职业教育–教材 Ⅳ.①TM727.3

中国版本图书馆 CIP 数据核字（2017）第 243381 号

机械工业出版社（北京市百万庄大街 22 号 邮政编码 100037）
策划编辑：王 颖 责任编辑：王 颖
责任校对：樊钟英 责任印制：邰 敏
北京富资园科技发展有限公司印刷
2024 年 1 月第 3 版第 10 次印刷
184mm×260mm · 15.25 印张 · 368 千字
标准书号：ISBN 978-7-111-58174-1
定价：45.00 元

电话服务　　　　　　　　　　网络服务
客服电话：010-88361066　　机 工 官 网：www.cmpbook.com
　　　　　010-88379833　　机 工 官 博：weibo.com/cmp1952
　　　　　010-68326294　　金 书 网：www.golden-book.com
封底无防伪标均为盗版　　机工教育服务网：www.cmpedu.com

前　　言

　　高职教育要以就业为导向，因此在教学中应根据专业的要求将理论与实践、知识和能力有机地结合起来，专业教学必须结合生产实际，学生的技术训练必须结合工业现场的实际。本书正是这样一本工学结合的教材。在内容上将工厂供配电技术与实用的技能训练相结合，理论教学与工程实践相结合，传统的供配电技术与变电站综合自动化技术、智能变电站技术相结合，曾经普遍使用的设备和正在逐步推广的设备相结合，在各个知识点上有机地融入了行业运行和管理的规则和规范。

　　本书将学校教学与现场实际有机地结合起来，优化、精简理论教学内容，以实用、够用为主，对复杂的计算推导进行了简化，在传统的供配电技术的基础上，加入了新设备及其运行经验、新技术及其使用方法。

　　本书共分为10章，主要内容有：电力系统及变电站简介、电气主接线及运行方式、变电站电气设备及运行维护、电力变压器、倒闸操作、变电站的防雷保护与接地、微机型继电保护与自动装置、变电站二次回路和识图、变电站综合自动化系统、智能化变电站。本书根据从事变配电工作的要求，强化了技能训练，突出了职业教育的特点。

　　本书是机械工业出版社组织出版的"高等职业教育系列教材"之一，由田淑珍主编，并编写了第1、3、4、6、7、8章，第2、5、9章由张洪星编写，第10章由王延忠编写。全书由田淑珍整理定稿。本书配套教学课件中的大量实物照片由在现场从事工作多年，有着丰富现场工作经验和培训经验的工程师张洪星提供，教学课件由王延忠制作。全书由李丽主审，在此表示感谢！

　　由于编者水平有限，书中难免存在一些缺点、疏漏及不足之处，恳请读者批评指正。

编　者

目　录

第1章　电力系统及变电站简介

1.1　电力系统的基本知识

1.1.1　电力系统的基本概念

1. 电力系统的组成

电力的特点：电能是发电厂的产品，和其他产品不同的是它不能储存，电能的产生（电厂）和消耗（用户）是随时平衡的，也就是电力生产、输送、分配和使用的全过程，是由发电厂、变配电站、送电线路和用户紧密联系起来的一个整体，在同一瞬间实现的。

电力系统是通过各级电压的电力线路，将发电厂、变配电站和电力用户连接起来的一个发电、输电、变电、配电和用电的整体。发电厂与电力用户之间的输电、变电和配电的整体，包括所有变配电站和各级电压的线路，称为电力网，如图1-1所示。

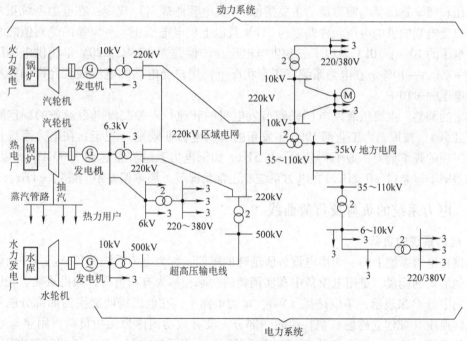

图1-1　电力系统示意图

1—升压变压器　2—降压变压器　3—电力负荷

电力系统加上热能、水能及其他能源动力装置，称为动力系统。

电力网包括输电网和配电网。输电网是由35kV及以上的输电线路和变电站组成的，是电力系统的主要网络，也是电力系统中电压最高的网络，它的作用是将电能输送到各个地区

1

的配电网或直接送给大型工业企业用户。配电网是由 10kV 及以下的配电线路和变电站组成的。它的作用是将电力分配到各类用户。

2. 对电力系统的基本要求

（1）保证供电的可靠性

衡量供电可靠性的指标，一般以全部用户平均供电时间占全年时间（8760h）的百分数表示。电力系统的供电可靠性与发、供电设备和线路的可靠性、电力系统的结构和接线（包括发电厂和变电站的电气主接线）形式、备用容量、运行方式以及防止事故连锁发展的能力有关。为此，欲提高供电的可靠性，应采取以下措施：①采用高度可靠的发供电设备，做好这些设备的维护保养工作，并防止各种可能的误操作。②提高送电线路的可靠性，系统中重要线路采用双回路，或采用双电源（两个不同的系统电源）供电。③选择合理的电力系统结构和接线，电力系统的结构和接线以及发电厂和变电站的主接线对供电可靠性影响很大，在设计阶段就应保证有高度的可靠性，对重要的用户应采用双电源供电。④保证适当的备用容量，为使电力系统在发电设备定期检修及机组发生事故时均不对用户停电，为满足国民经济发展的需要，应使电力系统的装机容量比最高负荷大 15%~20%。⑤制定合理的运行方式，电力系统的运行方式必须满足系统稳定性和可靠性的要求。⑥采用自动装置，对高压输电线路采用自动重合闸装置，变电站装设按频率自动减负荷装置等。⑦采用快速继电保护装置。⑧采用以计算机为中心的自动安全监视和控制系统。

（2）保证良好的电能质量

电压和频率是衡量电能质量的主要指标。《供电营业规则》规定：在电力系统正常状况下，用户受电端的供电电压允许偏差为 35kV 及以上供电电压正、负偏差的绝对值之和不超过额定电压的 10%；10kV 及以下三相供电电压允许偏差为 ±7%；220V 单相供电电压允许偏差为 +7%、−10%。在电力系统非正常状况下，用户受电端的电压最大允许偏差不应超过额定电压的 ±10%。

频率的调整，主要依靠发电厂来调节发电机的转速。一般交流电力设备的额定频率为 50Hz（工频）。按原电力工业部 1996 年发布的《供电营业规则》规定：在电力系统正常情况下，工频的频率偏差一般不得超过 ±0.5Hz。如果电力系统容量达到 3000MW 或以上时，频率偏差则不得超过 ±0.2Hz。在电力系统非正常状况下，频率偏差不应超过 ±1Hz。

1.1.2 电力系统的负荷及负荷曲线

1. 电力系统的负荷

连接在电力系统上的一切用电设备所消耗的电能，称为电力系统的负荷。其中由电能转换成其他形式的能量，是用电设备中真实消耗的功率，称为有功负荷，如机械能、光能和热能等。用字母 P 来表示，单位是瓦（W）。电力电路中，在电磁场间交换的那部分能量，即在能量转换中（如建立磁场）消耗掉的一部分，没有做功，称为无功负荷，用字母 Q 来表示，单位是乏（Var）。发电机既产生有功功率，又产生无功功率，发电机的额定电压 U_N 和额定电流 I_N 的乘积，定义为视在功率 S_N，单位是 V·A，对于三相交流发电机的视在功率是

$$S_N = \sqrt{3} U_N I_N \tag{1-1}$$

按供电可靠性要求将负荷分为三级，每级负荷对供电电源的要求也不同。

第一级负荷是指对它中断供电将造成人身事故、设备损坏，除会产生废品外，还将使生产秩序长期不能恢复，人民生活发生混乱等。由于一级负荷属重要负荷，中断供电所造成的后果十分严重，因此要求由两路独立的电源供电，当其中一路电源发生故障时，另一路电源应不致同时受到损坏。一级负荷中特别重要的负荷，除采用两路电源供电外，还必须增设应急电源。为保证对特别重要负荷的供电，严禁将其他负荷接入应急供电系统。常用的应急电源包括：①独立于正常电源的发电机组。②供电网络中独立于正常电源的专用馈电线路。③蓄电池。④干电池。

第二级负荷是指对它中断供电将造成大量减产，将使人民生活受到影响等。二级负荷也属于重要负荷，要求由两回路供电，供电变压器也应有两台（这两台变压器不一定在同一变配电站）。在其中一回路或一台变压器发生常见故障时，二级负荷应不致中断供电，或中断后能迅速恢复供电。只有当负荷较小或者当地供电条件困难时，二级负荷可由一回路 6kV 及以上的专用架空线路供电。这是考虑架空线路发生故障较电缆线路发生故障易于发现且易于检查和修复。当采用电缆线路时，必须采用两根电缆并列供电，每根电缆应能承受全部二级负荷。

第三级负荷是指所有不属于第一级、第二级负荷之外的负荷，如工厂的附属车间、城镇和农村等。三级负荷为不重要的一般负荷，因此它对供电电源无特殊要求。

2. 负荷曲线及其用途

负荷曲线是指某一时间段内负荷随时间而变化的规律。按负荷种类，负荷曲线可分为有功负荷曲线和无功负荷曲线；按时间段长短，可分为日负荷曲线、周负荷曲线、月负荷曲线、季负荷曲线和年负荷曲线；因负荷变化的随机性，很难确切预计负荷变化的情况，一般是通过以往仪表的测量记录，来研究负荷变化的规律性，并用曲线来描述它。

（1）日负荷曲线的意义及用途

日负荷曲线表示负荷在 0 ~ 24h 内的变化情况，其表示方法如图 1-2 所示。在日负荷曲线上，平均负荷 P_{av} 以上部分称为尖峰负荷，最大的负荷叫作日最大负荷 P_{max}，又称为尖荷、峰值等，最小的负荷叫作日最小负荷 P_{min}，又称为谷荷、由于它们代表了一日之内负荷变化的两个极限，对电力系统的运行有很大的影响。最小负荷 P_{min} 以下的部分称为基荷，平均负荷与最小负荷之间的部分称为中间负荷或腰荷。电力系统每日最大负荷与每日最小负荷之差，称为日负荷峰

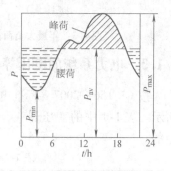

图 1-2　日负荷曲线

谷差。积累电力系统峰谷差的资料主要用来研究调峰措施、调整负荷及规划电源。影响峰谷差的主要因素是负荷组成、季节变化和节假日等。表示日负荷曲线的特性指标有电力系统日负荷率，常以 γ 表示；以及日最小负荷率，常以 β 表示。γ 是电力系统一昼夜内平均负荷与最大负荷的比值，其平均负荷由日电量除以 24h 后得出。日负荷率越高，说明负荷在一天内的变化越小。较高的负荷率有利于电力系统的经济运行。所以，各国都很注重提高日负荷率的工作。β 是日最小负荷与同日最大负荷的比值，表示一天内负荷变化的幅度。β 的大小与用电结构关系密切。连续性生产的工业用电比重越大，β 值也越高。若将电力系统负荷进行削峰填谷，则 β 值也较高。若系统中市政生活、商业及照明用电比重很大，则 β 值较低。

日负荷曲线的横坐标一般按半小时分格，以便确定"半小时最大负荷"。利用日负荷曲线可以估算用户一天消耗的电能。

（2）年最大负荷曲线及用途

年最大负荷曲线反映一年内各月最大负荷的变化状况，是以每月（30 天）中的日负荷最大值逐月绘制全年的最大负荷曲线，如图 1-3 所示。利用年最大负荷曲线可以安排整个系统的机组检修计划、决定整个系统的装机容量而有计划的兴建机组。

（3）年持续负荷曲线

把全年的负荷值由大到小排队，并统计出各个负荷值累计持续运行的小时数，这样绘制的曲线为年持续负荷曲线，如图 1-4 所示。年持续负荷曲线可以用来估算全年消耗的电能。年持续负荷曲线下面以 0 ~ 8760h 所包围的面积就等于该工厂在一年时间内消耗的有功电能，如果将此面积用与其相等的矩形（P_{max}-C-T_{max}-0）的面积来表示，则矩形的高代表最大负荷，矩形的底代表年最大负荷利用小时数 T_{max}。年最大负荷利用小时数 T_{max} 是一个假想的时间，他的意义是如果电力负荷按年最大负荷 P_{max} 持续运行 T_{max} 小时所消耗的电能，恰好等于该电力负荷全年实际消耗的电能。

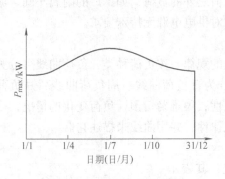

图 1-3　年最大负荷曲线

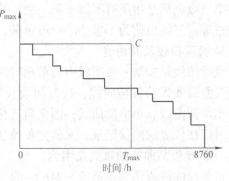

图 1-4　年持续负荷曲线

1.1.3　电力系统的电压等级

按 GB 156—2007《标准电压》规定，我国三相交流电网和发电机的额定电压如表 1-1 所示。表 1-1 中的变压器一、二次绕组额定电压是依据我国电力变压器标准产品规格确定的。

表 1-1　我国三相交流电网和电力设备的额定电压

电网和用电设备额定电压/kV	发电机额定电压/kV	电力变压器额定电压/kV	
		一次绕组	二次绕组
0.38	0.40	0.38	0.4
0.66	0.69	0.66	0.69
3	3.15	3，3.15*	3.15，3.3**
6	6.3	6，6.3*	6.3，6.6**
10	10.5	10，10.5*	10.5，11**
—	13.8，15.75，18，20，22，24，26	13.8，15.75，18，20，22，24，26	—

电网和用电设备额定电压 /kV	发电机额定电压/kV	电力变压器额定电压/kV	
		一次绕组	二次绕组
35	—	35	38.5
66	—	66	72.5
110	—	110	121
220	—	220	242
330	—	330	363
500	—	500	550
750	—	750	825（800）
1000		1000	1100

注：* 变压器一次绕组档内 3.15、6.3、10.5kV 的电压适合于和发电机端直接连接的变压器。

　　** 变压器的二次绕组档内 3.3、6.6、11kV 电压适用于阻抗值在 7.5% 及以上的降压变压器。

1. 电网（线路）的额定电压

电网的额定电压等级是国家根据国民经济发展的需要和电力工业的水平，经全面的技术经济分析后确定的。它是确定各类电力设备额定电压的基本依据。

2. 用电设备的额定电压

用电设备的额定电压规定与同级电网的额定电压相同。通常用线路首端与末端的算术平均值作为用电设备的额定电压，这个电压也是电网的额定电压。由于线路运行时（有电流通过时）要产生电压降，所以线路上各点的电压都略有不同，如图 1-5 所示，所以用电设备的额定电压只能取首端与末端的平均电压。

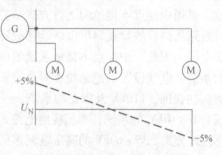

图 1-5　用电设备额定电压的规定

3. 发电机的额定电压

由于电力线路允许的电压偏差一般为 ±5%，即整个线路允许有 10% 的电压损耗。为了维持线路的平均电压为额定值，线路首端（电源端）的电压应较线路额定电压高 5%，而线路末端则可较线路额定电压低 5%，如图 1-5 所示，所以发电机额定电压规定应高于同级电网（线路）额定电压的 5%。

4. 电力变压器的额定电压

电力变压器一次绕组是接受电能的，相当于用电设备；其二次绕组是送出电能的，相当于发电机。因此对其额定电压的规定有所不同。

1）电力变压器一次绕组的额定电压分两种情况：①当变压器直接与发电机相联时，如图 1-6 中的变压器 T_1，其一次绕组额定电压应与发电机额定电压相同，即高于同级电网额定电压的 5%。②当变压器不与发电机相联而是连接在线路上时，如图 1-6 中的变压器 T_2，则可看做是线路的用电设备，因此其一次绕组额定电压应与电网额定电压相同。

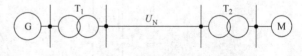

图 1-6　电力变压器的额定电压的规定

2）电力变压器二次绕组的额定电压也分为两种情况：①如图1-6中的变压器T_1，变压器二次侧供电线路较长，其二次绕组额定电压应比相联电网额定电压高10%，其中有5%是用于补偿变压器满负荷运行时绕组内部的约5%的电压降，另外变压器满负荷时输出的二次电压相当于发电机，还要高于电网额定电压5%，以补偿线路上的电压损耗。②变压器二次侧供电线路不长，如为低压（1000V以下）电网或直接供电给高低压用电设备时，如图1-6中的变压器T_2，其二次绕组额定电压只需高于所联电网额定电压5%，仅考虑补偿变压器满负荷运行时绕组内部5%的电压降。

1.1.4 电力系统中性点的运行方式

电力系统中性点即是发电机和变压器的中性点。电力系统中性点运行方式分为两大类：一类称为大接地电流系统，另一类称为小接地电流系统。中性点直接接地或经过低阻抗接地的系统称为大接地电流系统；中性点绝缘或经过消弧线圈以及其他高阻抗接地的系统称为小接地电流系统。从运行的可靠性、安全性和人身安全考虑，目前采用最广泛的有中性点直接接地，中性点经消弧线圈接地和中性点不接地3种运行方式。中性点直接接地运行方式的主要缺点是供电可靠性低。当系统中发生一相接地故障时，通过故障点和变压器的中性点与大地形成短路回路，出现很大的短路电流，引起线路跳闸。为了减少供电线路事故的停电次数，采用中性点不接地的运行方式是有利的。中性点不直接接地系统，当一相故障时，不构成短路回路，故障线路可以继续带故障点运行两小时，这时其他两个非故障相对地电压变为线电压。因此，中性点不接地系统的电气设备对地绝缘应按线电压考虑。对于电压等级较高的系统，电气设备的绝缘投资对总投资影响较大，降低绝缘水平的要求会带来显著的经济效益。在我国，110kV及以上的系统，一般都采用中性点直接接地的大电流接地方式。对于电压为6~10kV的系统，单相接地电流$I_0 \leq 30$A，20kV及以上系统，$I_0 \leq 10$A时，才采用中性点不接地方式。35~60kV的高压电网多采用中性点经消弧线圈接地方式。对于低压用电系统，为了获得380/220V两种供电电压，习惯上采用中性点直接接地，构成三相四线制供电方式。

1. 中性点不接地系统

电力系统的三相导线之间和各相导线对地之间，沿导线全长都有电容分布，这些电容引起了附加电流。为了讨论方便，认为三相系统是对称的，则各相均匀分布的电容由一个集中电容来表示，中性点不接地系统正常运行时如图1-7所示。线间电容电流数值较小，可不考虑。

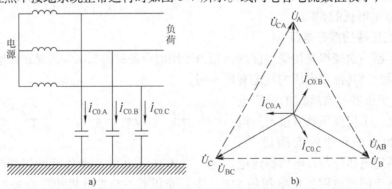

图1-7 中性点不接地系统正常运行时
a）电路图 b）相量图

6

（1）正常运行

中性点不接地系统正常运行时，各相对地电压 $\dot{U}_A$、$\dot{U}_B$、$\dot{U}_C$ 是对称的，三相对地电容也是对称的，三个相的对地电容电流 $\dot{I}_{C0}$ 也是平衡的，如图 1-7 所示。因此三个相的电容电流的相量和为零，地中没有电流流过。各相的对地电压，就是各相的相电压。

（2）系统发生单相接地故障

假设是 C 相接地，中性点不接地系统发光单相接地短路如图 1-8 所示。这时 C 相对地电压为零，中性点对地的电压 $\dot{U}_0$ 的大小等于 $\dot{U}_C$，方向与 C 相正常时的相电压相反，即 $\dot{U}_0 = -\dot{U}_C$。而 A 相对地电压和 B 相对地电压升高 $\sqrt{3}$ 倍变为线电压。当 C 相接地时，系统的接地电流（电容电流）$\dot{I}_C$ 应为 A、B 两相对地电容电流之和，即 $\dot{I}_C = -(\dot{I}_{CA} + \dot{I}_{CB})$，由图 1-8 的相量图可知，$\dot{I}_C$ 在相位上超前 $\dot{U}_C 90°$，而在量值上，由于 $I_C = \sqrt{3} I_{CA}$，而 $I_{CA} = U'_A / X_C = \sqrt{3} U_A / X_C = \sqrt{3} I_{C0}$，因此 $I_C = 3 I_{C0}$，即单相接地电容电流为正常运行时一相对地电容电流的 3 倍。中性点不接地系统中的单相接地电流通常采用下面的经验公式计算：

$$I_C = \frac{U_N(l_{oh} + 35 l_{cab})}{350} \tag{1-2}$$

式（1-2）中，I_C 为系统的单相接地电容电流（单位为 A）；U_N 为系统额定电压（kV）；l_{oh} 为同一电压 U_N 的具有电联系的架空线路总长度（km）；l_{cab} 为同一电压 U_N 的具有电联系的电缆线路总长度（km）。

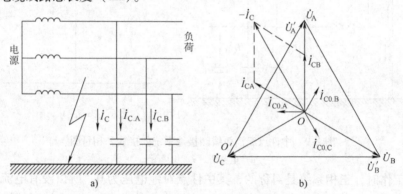

图 1-8　中性点不接地系统发生单相接地短路
a）电路图　b）相量图

若中性点不完全接地（经一定电阻接地），"接地相"对地电压大于零小于相电压，而"非故障相"对地电压大于相电压小于线电压，则接地电流也比完全接地时小些。

对于中性点不接地系统的单相接地故障，一般继电保护不会起作用。如果接地故障不是瞬间发生后立即消失，则在故障点处会产生电弧。有稳定的电弧是比较危险的，电弧可能烧坏设备，或者从单相接地电弧扩大为两相或三相弧光短路。

单相接地可能形成周期性熄灭和重燃的间歇性电弧。间歇性电弧可能引起相对地谐振过压，其值可达到 2.5～3 倍以上的相电压。这种过电压会危及与接地点有直接电气连接的整个电网上，可能在某一绝缘较为薄弱的部位引起另一相对地击穿，造成两相短路。

综上所述，中性点不接地系统发生单相接地时，三相线电压的数值和相位关系并未改变，除了发电机和高压电动机等特殊设备外，一般可以继续带故障运行。为了防止单相接地扩大为两相或三相弧光短路，规定单相接地后带故障运行时间最多不超过 2h，这就要求在发生单相接地后，必须尽快查清故障部位，迅速将故障消除。为此，在中性点不接地电网中，应装设监视装置，监察单相接地的绝缘情况。

2. 中性点经消弧线圈接地

在中性点不接地系统中，当单相接地电流超过规定的数值，电弧将不能自行熄灭，为了减小接地电流，一般采用中性点经消弧线圈接地。

目前 35 ~ 60kV 的高压电网多采用此运行方式。如果消弧线圈能正常运行，则是消除因雷击等原因而发生瞬时单相接地故障的有效措施之一。

（1）消弧线圈的结构

消弧线圈是一个具有铁心的电感线圈，其线圈的电阻很小、电抗很大，可以有效地消弧。国产消弧线圈的铁心和线圈浸在油箱里，铁心柱有很多间隙，间隙中填着绝缘纸板，目的是为了避免铁心磁饱和，可以得到一个稳定的电抗值，使补偿电流 I_L 与中性点对地电压呈线性关系，使线圈保持有效的消弧作用。

（2）消弧线圈的工作原理

图 1-9 为中性点经消弧线圈接地系统的接线和相量图。

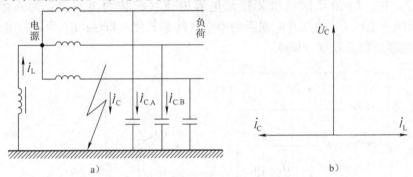

图 1-9　中性点经消弧线圈接地系统的接线和相量图

a）电路图　b）相量图

在正常工作时，三相系统是对称的，其中性点对地电压为 0，所以没有电流通过消弧线圈，线圈上也没有电压。当 C 相接地时，地对中性点电压为 U_C，加在消弧线圈上，此时有一电感电流 I_L，通过消弧线圈和接地点，滞后 U_C90°。其值为 $I_L = U_C/X_L$。接地点通过的电流是对地总电容电流 I_C，并超前 U_C90°，由此可见 I_L 与 I_C 在相位上相反，实现了对单相接地时电容电流的补偿。随着接地电流的减小，电弧自行熄灭，故障消失。

（3）补偿方式

根据消弧线圈中电感电流对电容电流的补偿程度不同，可以分为全补偿、欠补偿和过补偿 3 种补偿方式。

当感抗等于容抗（$I_L = I_C$）时，接地点电流为 0 时称为全补偿。因为在正常运行时，各相对地电压不完全对称，在未发生故障时，中性点对地之间出现一定电压（称为中性点位移电压）。此电压将引起串联谐振过电压，危及电网的绝缘。因此，实际上不采用此种补偿方式。

当感抗大于容抗（$I_L < I_C$）时，接地点尚有未补偿的电容电流时称为欠补偿，这种方式也很少采用。因为在欠补偿运行时，切除部分线路（对地电容减少），系统频率降低，线路发生一相断线（送电端一相断线，该相电容为 0）等，均可能造成系统全补偿，出现串联谐振过

电压。

当感抗小于容抗（$I_L > I_C$）时，即接地处具有多余的电感性电流时称为过补偿。这种补偿方式可以避免上述出现的过电压，因此得到广泛的应用。因为当 $I_L > I_C$ 时，消弧线圈留有一定的裕度。将来，电网发展，对地电容增加后，原来的消弧线圈还可以使用。但应指出在过补偿方式下，接地点将流过电流，这个电流不能超过某一规定值，否则故障点的电弧不能自动熄灭。一般采用过补偿方式时，补偿后的残余电流不得超过 5～10A。运行经验表明，各种电压等级的电网，只要残余电流不超过表 1-2 规定的允许值，接地电弧就会自动熄灭。

表 1-2 过补偿或欠补偿时残余电流允许值

电网额定电压/kV	6	10	35	60	110
残余电流允许值/A	30	20	10	5	3

如果系统中性点位移电压过高，则单相接地时采用消弧线圈也难以灭弧。因此，要求中性点经消弧线圈接地的系统，在正常运行时，中性点的位移电压不得超过额定相电压的15%。这样采用消弧线圈易于灭弧。中性点经消弧线圈接地的系统，当发生单相接地时，允许连续运行 2h，这段时间内运行人员应尽快采取措施，查出故障并消除。

3. 中性点直接接地方式或经低阻抗接地

为了防止单相接地时产生间歇电弧过电压，可以使中性点直接接地，其系统如图 1-10 所示。

在中性点直接接地的电网中，当发生单相接地时，故障相直接经过大地形成单相短路，继电器保护立即动作，开关跳闸，因此不会产生间歇性电弧。此外，由于中性点直接接地后，中性点电位为接地体所固定，不会产生中性点位移。因此发生单相接地时，其他两相也不会出现对地电压升高的现象，因此中性点直接接地的系统中的

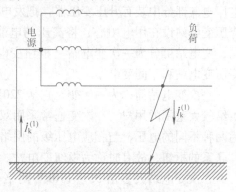

图 1-10 中性点直接接地的系统

供、用电设备绝缘只需按相电压考虑，而无需按线电压考虑。这对 110kV 及以上的超高压系统是很有经济技术价值的。因为高压电器的绝缘问题是影响电器设计和制造的关键。电器绝缘要求的降低，不仅降低了电器的造价，而且改善了电器的性能。因此我国 110kV 及以上超高压系统的电源中性点通常都采取直接接地的运行方式。直接接地的运行方式有以下特点。

1）发生单相接地时，形成单相对地短路，开关跳闸，中断供电，影响供电的可靠性。

2）为了弥补上述不足，广泛采用自动重合闸装置。实践经验表明，在高压架空电网中，大多数的一相接地故障都具有瞬时的性质。在故障部分断开后，接地处的绝缘可能迅速恢复，开关自动合闸，系统恢复正常运行，从而确保供电的可靠性。

3）中性点直接接地系统，单相接地时，短路电流很大，因此开关设备容量要选择大些。同时由于单相短路电流较大，引起电压降低，影响系统的稳定性。另外当大短路电流在导体中流过时，周围形成强大的磁场，会干扰附近通信线路。针对上述缺点，在大容量的电力系统中，为减小接地电流常采用中性点经电抗器接地的方式。

在现代化城市电网中，由于广泛采用电缆取代架空线路，而电缆线路的单相接地电容电

流远比架空线路的大，因此采取中性点经消弧线圈接地的方式往往也无法完全消除接地故障点的电弧，从而无法抑制由此引起危险的谐振过电压。因此我国部分城市的 10kV 电网中性点采取低电阻接地的运行方式。它接近于中性点直接接地的运行方式，必须装设单相接地故障保护。在系统发生单相接地故障时，开关跳闸，迅速切除故障线路，同时系统的备用电源投入装置动作，投入备用电源，恢复对重要负荷的供电。由于这类城市电网，通常采用环网供电方式，而且保护装置完善，因此供电可靠性是相当高的。

1.1.5 变电站电气设备简介

1. 变电站的分类及作用

发电厂的发电机和用户的用电设备额定电压较低，因此为了把电能送到较远的地区，减少送电过程中的电能损耗，需要把发电厂内的电压升高，而后经线路输送到用电地区，经降压变压器降压，再分配给用户。这就是变电站的主要作用，即变压、接受和分配电能。

变电站由电力变压器和室内、外配电装置以及继电保护、自动装置及监控系统构成。如果仅有配电装置用以接受和分配电能，无需变压器改变电压时，则称为配电站。

变电站分为升压变电站和降压变电站。升压变电站通常与大型发电厂结合在一起，在发电厂电气部分中装有升压变压器，把发电厂的电压升高，通过高压输电网将电能送向远方。降压变电站设在用电中心，将高压的电能适当降压后，向该地区用户供电。因供电范围不同，变电站可分为一次变电站（枢纽变电站）和二次变电站。工厂企业的变电站可分为总降压变电站和车间变电站。

一次变电站简称为一次变，它从 220kV 及以上的输电网受电，将电压降到 35～110kV，供给较大范围的用户。一次变通常采用双绕组变压器，也有些装设三绕组变压器，将高压降为两种不同的电压，与相应电压级的网络联系起来。一次变的供电范围较大，是系统与发电厂联系的枢纽，故有时称为枢纽变电站。

二次变电站大多由 35～110kV 网络一次变受电，有些也由地方发电厂直接受电。将 35～110kV 电压降为 6～10kV，向较小的范围（一般约为数公里）进行供电。

总降压变电站是对工厂企业供电的枢纽，故又称为中央变电站。它与二次变电站的情况基本相同，也是从一次变单独引出的 35～110kV 网络直接受电，经电力变压器降压至 6～10kV，对工厂企业内部供电。一个大型企业可能要建设多个总降压变电站，分别对各分厂和车间供电。对于小型企业，可几个企业共用同一个总降压变电站。

车间变电站从总降压变电站引出的 6～10kV 厂区高压配电线路受电，将电压降至低压 380/220V 对各用电设备直接供电。

变电站的规模一般用电压等级，变压器容量和各级电压的出线回路数表示。

2. 变电站电气系统的主要内容

变电站的电气系统，按其作用的不同分为一次系统和二次系统。一次系统是直接生产、输送和分配电能的设备（如电力变压器、电力母线、高压输电线路、高压断路器等）及其相互间的连接电路；对一次系统的设备起控制、保护，调节、测量等作用的设备称为二次设备，如控制与信号器具、继电保护及安全自动装置，电气测量仪表、操作电源等。二次设备及其相互间的连接电路称为二次系统或二次回路。二次系统是电力系统安全、经济、稳定运行的重要保障，是发电厂及变电站电气系统的重要组成部分。二次回路设备通常为低压设备，二次系统是通过电压互感器与电流互感器与一次系统相联系的。

（1）变电站中主要的一次设备及作用

下面将结合图 1-11 变电站的接线图介绍变电站的一次设备。GB 4728—2000 常用电气符号表如表 1-3 所示。

表 1-3　GB 4728—2000 常用电气符号表

名　　称	GB 4728—2000 图形符号	名　　称	GB 4728—2000 图形符号
断路器		电抗器	
手车式断路器		熔断器	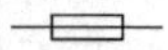
熔断器式开关		双绕组变压器	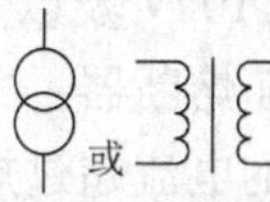 或
熔断器式负荷开关		三绕组变压器	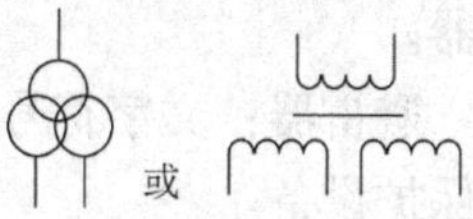 或
高压隔离开关		避雷器	
高压负荷开关		电流互感器	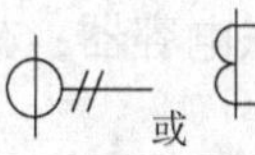 或
三角形连接的绕组		电容器	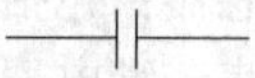
星形连接的绕组		三个电压互感器接成 Y_0 / Y_0	
中性点引出的星形连接的三相绕组		两个单相电压互感器接成 ∨/∨	
三根导线	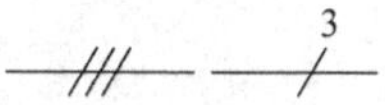 3	三相五柱式电压互感器接成 $Y_0 / Y_0 /$ 开口三角形	
导线连接	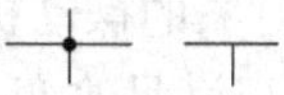	电缆	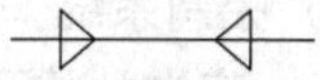
接地		带铁心的电感、线圈、绕组	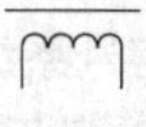

变压器：文字符号为 T（电力变压器为 TM），其作用是将电压升高或降低，以利于电能

11

的合理输送、分配和使用。

高压断路器：文字符号为 QF，其作用是使电压在 1000V 以上的高压线路在正常的负荷下，接通和断开正常的负荷电流；在线路发生故障时，通过继电保护装置将故障线路自动断开。

高压负荷开关：文字符号为 QL，其作用是接通和断开正常的负荷电流和过负荷电流，但不能断开短路电流。实际上高压负荷开关往往和高压熔断器串联使用，借助熔断器进行短路保护。

高压隔离开关：文字符号为 QS，主要是用来隔离高压电源。其断开后有明显的断口，使要检修的设备和电网可靠地隔离，以保证设备和线路的安全检修。隔离开关没有专门的灭弧装置，不允许带负荷操作隔离开关。但是可以用来通断一定的小电流，如分、合电压互感器和避雷器及系统无接地的消弧线圈；接通或断开电容电流不超过 5A 的空载线路；可接通或断开 110kV 及以下，空载电流不超过 2A 的空载变压器。

高压熔断器：文字符号为 FU，主要用来对电路及其设备进行短路保护和过载保护，是当通过的电流超过规定值并经过一定的时间后，其熔体熔断而分断电流、断开电路的保护电器。

避雷器：文字符号为 F，用来保护变电站的电气设备免受大气过电压及操作过电压危害的保护设备。

母线：文字符号为 W，又称为汇流排，是用来汇集和分配电能的导体。高压配电站的母线，通常采用单母线制。如果是两路或以上电源进线时，则采用高压隔离开关或高压断路器（其两侧装隔离开关）分段的单母线制。

并联电容器：文字符号为 C，主要用于产生无功功率，进行无功补偿，提高电力网的功率因数。

互感器：包括电流互感器（文字符号为 TA）和电压互感器（文字符号为 TV），其作用是使仪表、继电器等二次设备与主电路的一次设备绝缘，这既可避免主电路的高电压直接引入仪表、继电器等二次设备，又可防止仪表、继电器等二次设备的故障影响主电路，提高一、二次电路的安全性和可靠性，并有利于人身安全。同时，互感器可以将大电流变成小电流，高电压变成低电压，供给测量仪表、继电器等二次设备。

成套设备：成套设备是按一次电路接线方案的要求，将有关一次设备及控制、指示、监测和保护一次设备的二次设备组合为一体的电气装置，例如高压开关柜、低压配电屏等。

（2）变电站二次系统

变电站二次系统是一个具有多种功能的复杂网络，包括以下子系统。

1）控制系统。控制系统由各种控制开关和控制对象的操动机构组成，其主要作用是对发电厂、变电站的开关设备进行远方跳、合闸操作，以满足改变一次系统运行方式及处理故障的要求。

2）信号系统。信号系统由信号发送机构、接收显示元器件及其网络构成，其作用是准确、及时地显示出相应一次设备的工作状态，为运行人员提供操作、调节和处理故障的可靠依据。

3）测量与监测系统。测量与监测系统由各种电气测量仪表、监测装置、切换开关及其网络构成，其作用是指示或记录主要电气设备和输电线路的运行状态和参数，作为生产调度和值班人员掌握主系统的运行情况、进行经济核算和故障处理的主要依据。

4）继电保护与自动装置系统。继电保护与自动装置系统由互感器、变换器，各种继电保护及自动装置、选择开关及其网络构成，其作用是监视一次系统的运行状况，一旦出现故障或异常便自动进行处理，并发出信号。

5）调节系统。调节系统由测量机构、传送设备、执行元器件及其网络构成，其作用是调节某些主设备的工作参数，以保证主设备和电力系统的安全、经济、稳定运行。

6）操作电源系统。操作电源系统由直流电源设备和供电网络构成，其作用是供给上述各二次系统的工作电源。

7）综合自动化系统。变电站综合自动化系统是利用先进的计算机技术、现代电子技术、通信技术和信息处理技术等实现对变电站二次系统（包括控制、测量、信号、故障录波、继电保护、自动装置及运动系统等）的功能进行重新组合、优化设计，对变电站全部设备的运行情况执行监视、测量、控制和协调的一种综合性的自动化系统。通过变电站综合自动化系统内各设备间相互交换信息，数据共享，完成变电站运行监视和控制的任务。变电站综合自动化替代了变电站常规二次系统，简化了变电站二次接线。变电站综合自动化是提高变电站安全稳定运行水平、降低运行维护成本、提高经济效益、向用户提供高质量电能的一项重要技术措施。

1.2 技能训练：变电站一次接线图识图

1. 训练目的

1）初步尝试看变电站图样资料。

2）通过看图建立对变电站的初步认识。

2. 训练内容

主接线图即主电路图，是表示系统中电能输送和分配线路的电路图，也称为一次电路图。由于三相电路中元器件基本上是对称的，所以，主接线图一般以单线图表示。而对于有的元器件例如互感器，不一定三相全都装设，故表示互感器的局部电路图，用三线图表示。对于有零线的在图上用虚线表示。图中电气设备符号按"常态"画出。所谓"常态"，是指电气设备处于无电压的状态，隔离开关和断路器均处于断开位置，主接线图如图1-11所示。

图1-11是某高压配电站及附设2号车间变电站一次（进线）系统图。下面以此图为例说明一次电路图识图步骤与方法。识图要点：

1）电源进线。图1-11中有两路电源进线，一路是架空线WL1，一般是工作电源，来自发电厂或上级变电站；另一路是电缆WL2，一般是备用电源，多来自附近单位的高压联络线。电源采用高压断路器控制，操作十分方便。

2）母线。这里采用的是分段单母线，母线用隔离开关分段。由于该所采用一路电源工作，另一路备用的运行方式，故分段隔离开关通常是闭合的（图1-11中GN6-10/400）。为了测量、保护等需要，每段母线上均接有互感器。为防止雷电侵入，各段母线上都装设有避雷器。

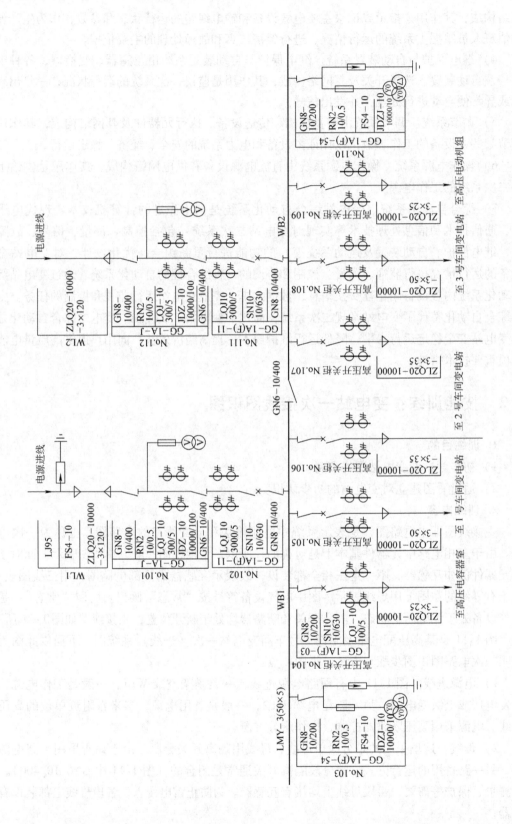

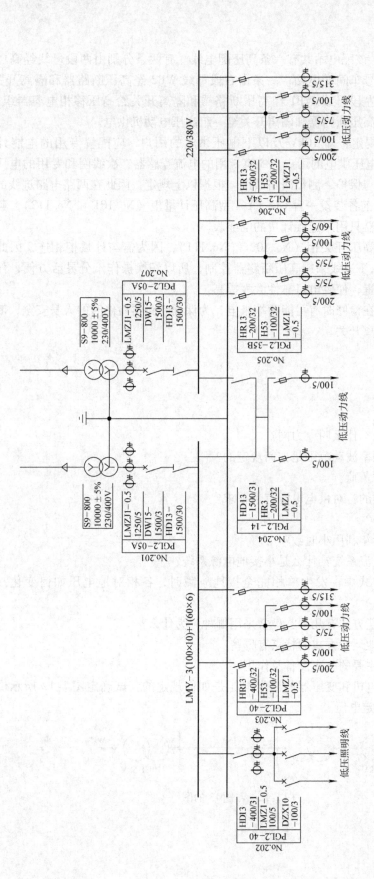

图 1-11 变电站的接线图

3）高压配电出线。该配电站共有六条高压配电线。有两条分别由两段母线经高压断路器与隔离开关配电给 2 号车间变电站；一条由右段母线 WB2 经高压断路器和隔离开关供 3 号车间变电站；一条由左段母线 WB1 经高压断路器和隔离开关给高压移相电容器组供电；另一条是由右段母线经高压断路器和隔离开关给一组高压电动机供电。

《供电营业规则》规定：对 10kV 及以下电压供电的用户，应配置专用的电能计量柜（箱）；对 35kV 及以上电压供电的用户，应有专用的电流互感器二次线圈和专用的电压互感器二次连接线，并不得与保护、测量回路共用。根据以上规定，因此在两路电路进线的主开关（高压断路器）柜之前各装设一台 GG-1A-J 型高压计量柜（No. 101 和 No. 112），其中的电流互感器和电压互感器只用来连接计费的电能表。

装设进线断路器的高压开关柜（No. 102 和 No. 111），因为需与计量柜相连，因此采用 GG-1A（F）-11 型。由于进线采用高压断路器控制，所以切换操作十分灵活方便，而且可配以继电保护和自动装置，使供电可靠性大大提高。

考虑到进线断路器在检修时有可能两端来电，为保证断路器检修时的人身安全，断路器两侧都必须装设高压隔离开关。

1.3 习题

1. 叙述电力的特点。
2. 什么叫电力系统？什么叫电力网？
3. 系统中电压、频率波动范围是如何规定的？
4. 何谓电力系统的负荷？
5. 负荷是怎么分类的？对供电电源有何要求？
6. 负荷曲线有几种？
7. 什么是最大负荷年利用小时数？
8. 什么是大接地电流系统？什么是小接地电源系统？
9. 在中点不接地方式中，发生单相完全接地故障时，各相对地电压如何变化？能否运行？
10. 消弧线圈的补偿方式有几种？最常采用哪种？为什么？
11. 中性点直接接地运行方式的特点有哪些？
12. 简述变电站中主要的一次设备及作用。
13. 用电设备、发电机和变压器的额定电压是如何规定的？试确定图 1-12 所示供电系统中变压器和线路的额定电压。

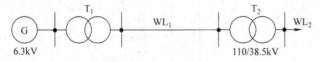

图 1-12 习题 13 的图

第2章 电气主接线及运行方式

2.1 主接线的基本形式及其运行方式

2.1.1 电气主接线及运行方式的概念及分类

1. 电气主接线的概念和类型

发电厂和变电站的电气主接线是由发电机、变压器、断路器、隔离开关、互感器、母线和电缆等电气设备，按一定顺序连接，用以表示生产、汇集和分配电能的电路。电气主接线一般以单线表示。在电气主接线图中，所有电器均用规定的图形符号表示，按"正常状态"画出，所谓"正常状态"就是电器处在无电及无任何外力作用的状态。10～500kV变电站常用的主接线有：单母线不分段接线、单母线分段接线、单母线分段带旁路母线接线、桥形接线、双母线接线和3/2断路器接线。

2. 对电气主接线的基本要求

1）电气主接线应根据系统和用户的要求，保证供电的可靠性和电能质量。

2）电气主接线应具有一定的工作灵活性，以适应电气装置的各种工作情况，要求主接线不但在正常工作时能保证供电，而且接线中一部分元件检修，也不应对用户中断供电，并应保证进行检修工作的安全。

3）电气主接线应简单清晰，操作方便。使电气装置的各个元件切除或接入时，所需的操作步骤最少。

4）发电厂和变电站的主接线，在满足工作可靠性，保证电能质量，灵活性及运行方便基础上，必须在经济上是合理的。应使电气装置的基建投资和运行费用最少。

5）电气主接线应具有扩展的可能性。

3. 运行方式的概念及分类

在实际运行中每一种电气主接线都有相应固定的运行方式。所谓运行方式是指电气主接线中各电气元件实际所处的工作状态（运行状态、检修状态、备用状态）及其相连接的方式。运行方式分为正常运行方式和特殊运行方式。

正常运行方式是指正常情况下，电气主接线经常采用的运行方式。包括其母线及进、出线回路的运行方式和中性点的运行方式两个方面。电气主接线的正常运行方式一旦确定后，其母线及回路的运行方式和中性点的运行方式也随之确定，且继电保护和自动装置的投入也随之确定。电气主接线的正常运行方式是综合考虑各种因素和实际情况而确定的。正常运行方式一旦确定，任何人不得随意改变。

电气主接线的特殊运行方式是指在事故处理、设备故障或检修时，电气主接线所采用的运行方式。

由于事故处理、设备故障和设备检修的随机性，变电站的特殊运行方式有多种，可以根据运行的实际情况进行具体的安排和调整。

4. 电气设备的状态

变电站电气设备分为4种状态：运行状态、热备用状态、冷备用状态、检修状态。

1）运行状态：是指电气设备的隔离开关及断路器都确在合闸位置带电运行，如图2-1所示。

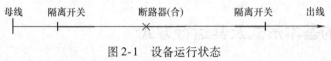

图2-1　设备运行状态

2）热备用状态：是指电气设备的隔离开关在合闸位置，只有断路器在断开位置，如图2-2所示。

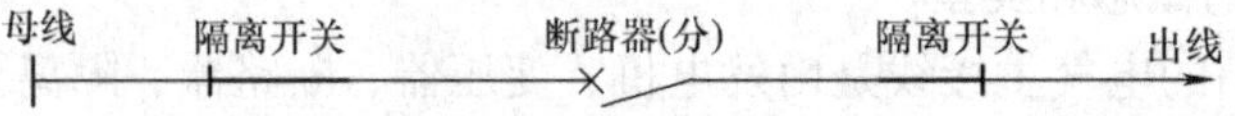

图2-2　设备热备用状态

3）冷备用状态：是指电气设备的隔离开关及断路器都在断开位置，如图2-3所示。断路器在冷备用状态时不用断开操作机构储能电源。对于手车式断路器指断路器断开，拉至"试验"位置（脱离柜体以外），即为冷备用状态。

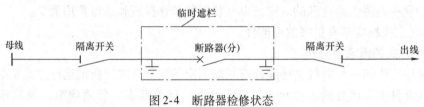

图2-3　设备冷备用状态

4）检修状态：是指电气设备的所有隔离开关及断路器均确在断开位置，在有可能来电端挂好地线，如图2-4所示。断路器检修是指断路器处于冷备用后，操作、合闸电源断开，按工作需要在断路器两侧合上了接地开关（或装设了接地线）。手车式断路器指断路器断开，拉至"柜外"位置（脱离柜体以外），二次插头取下，操作、合闸电源断开即为检修状态。

图2-4　断路器检修状态

2.1.2　变配电站电气主接线及运行方式

1. 单母线不分段接线及其运行方式

单母线不分段接线如图2-5所示，其主要优点是：接线简单清晰，操作方便，所用电气设备少，配电装置的建造费用低。

该接线的正常运行方式为：母线和所有接入该母线上的进出线、母线电压互感器均投入运行，继电保护及安全自动装置按规定投入。

该接线只能提供一种单母线运行方式，对运行状况变化的适应能力差，母线和任一母线隔离开关故障或检修时，全部回路必须在检修和故障处理期间均需要停运，因此，不分段的单母线接线的工作可靠性和灵活性较差，故这种接线主要用于小容量特别是只有一个供电电源的变电站中。

2. 单母线分段接线及其运行方式

为了提高单母线接线的供电可靠性和灵活性，可采用断路器分段的单母线接线方式。用断路器分段的单母线接线，如图2-6所示。分段的数目决定于电源的数目和功率，应尽量使各分段上的功率平衡。

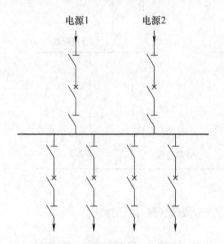

图2-5　不分段的单母线接线

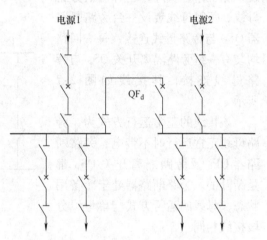

图2-6　用断路器分段的单母线接线

正常运行时，单母线分段接线有3种运行方式。

1）正常运行方式一。分段断路器QF_d闭合，其两侧隔离开关闭合，电源和负荷均衡地分配在两段母线上，以使两段母线上的电压均衡和通过分段断路器的电流最小。

特殊运行方式为：一个电源检修，另一个电源带两段母线；一段母线停电，另一段母线单独运行。

2）正常运行方式二。分段断路器热备用，每个电源只向接至本母线段上的负荷供电。当任一电源故障时，该电源支路断路器自动跳闸后，由备用电源自动投入装置自动接通分段断路器，以保证向全部引出线继续供电。

特殊运行方式为：一个电源检修或故障，另一个电源带两段母线，备用电源自投入装置停用。

3）正常运行方式三。一电源带两段母线运行，另一电源热备用，装设备用电源自动投入装置。

特殊运行方式为：工作电源检修或故障，备用电源带两段母线，备用电源自动投入装置停用；一段母线停电，另一段母线单独运行。

单母线分段接线的优缺点：

① 在母线发生短路故障的情况下，仅故障段停止工作，非故障段仍可继续工作。

② 对重要用户，可采用从不同母线分段引出的双回线供电，以保证向重要负荷可靠地供电。

③ 当母线的一个分段故障或检修时，必须断开该分段上的电源和全部引出线。因此，使部分用户供电受到限制和中断。

④ 任一回路的断路检修时，该回路必须停止工作。

因此，为了克服这种接线的缺点，可以采用单母线分段带旁路母线的接线。

3. 单母线分段带旁路母线的接线及其运行方式

单母线分段带旁路母线的接线，除工作母线外，还有一组旁路母线，每组母线装设一台旁路断路器 QF_P 与旁路母线连接，每一回路均装有一组旁路隔离开关 QS_P 与旁路母线连接，其接线如图 2-7 所示。

该接线的正常运行方式为，旁路母线正常运行时不带电，旁路断路器 QF_P 及旁路隔离开关 QS_P 都是断开的。旁路断路器处于冷备用状态，母线的运行方式与单母线分段接线相同。

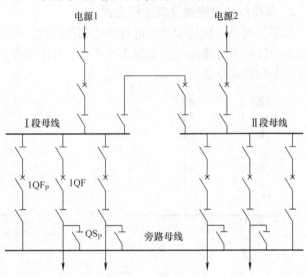

图 2-7　单母线分段带旁路母线的接线

特殊运行方式为（旁代操作）：当检修出线断路器时，例如检修 1QF 断路器，首先合上旁路断路器 $1QF_P$ 两侧的隔离开关，再合上旁路断路器 $1QF_P$，应用旁路断路器并投入旁路断路器专用的充电保护给旁路母线充电，以防止断路器 1QF 在合闸位置时带故障旁路母线合旁路隔离开关。充电无故障后，断开旁路断路器 $1QF_P$，退出专用的充电保护。投入旁路断路器的旁代保护，合上出线的旁路隔离开关 QS_P，再合旁路断路器 $1QF_P$（提倡不等电位操作，一是为了防止在合旁路隔离开关时，恰巧所旁代线路故障，使原被代断路器的保护动作跳闸，造成带故障电流合旁路隔离开关的事故；二是等电位操作必须取下原被代断路器的操作熔断器，此时，若在该线路发生故障时，该断路器就拒动，致使上级电网保护越级动作，结果扩大了故障停电范围）。此时再拉开出线断路器 1QF，出线继续由旁路带路供电，最后拉开 1QF 断路器两侧隔离开关，做好安全措施即可进行检修工作。

断路器 1QF 检修完成后，将旁路断路器 $1QF_P$ 退出，恢复正常工作的操作步骤是：合上 1QF 两侧隔离开关，合上 1QF 断路器，然后拉开旁路断路器 $1QF_P$ 及两侧隔离开关和出线旁路隔离开关 QS_P。

单母线分段带旁路母线的接线，在检修任何回路的断路器时，该回路可以不停电，提高了供电的可靠性。随着 GIS 组合电器及高压开关柜的普遍应用，该接线应用越来越少。

4. 双母线接线及其运行方式

双母线接线方式如图 2-8 所示，每一个回路都是通过一台断路器和两组隔离开关分别连接到两组母线上。通过倒闸操作，各回路可以实现在两组母线之间的切换，这样在检修任一母线时，都不会中断供电，而且一组母线故障时，也可以将故障母线上的正常回路倒至另一母线尽快恢复供电。

双母线接线的运行方式比较灵活，可根据具体情况进行选择。

1）正常运行方式一。两组母线通过母联断路器和隔离开关并列运行。电源和出线均衡地分配在两组母线上，双回线也分别接在不同的母线上。这种运行方式应用最为广泛。

优点：供电可靠性高，而且每组母线上电源和负荷基本平衡，母联断路器通过的电流也很小。

任一母线故障或其出线故障断路器拒动由失灵（或主变压器后备）保护切除该母线时，其余的

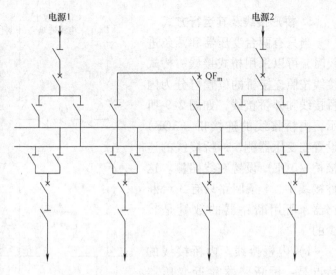

图 2-8   双母线接线方式

线路仍可继续运行，确保系统的稳定性；并列运行的主变压器其中一台故障跳闸，运行主变压器通过母联断路器向另一母线提供电源，不会影响对用户的连续供电。

缺点：母线并列运行会增加所在系统的短路容量，发生故障时使设备受到更大的短路冲击，且一组母线故障也会引起另一母线电压的剧烈波动；一组母线故障母联断路器拒动或母联断路器与电流互感器之间的范围发生故障时，会造成两组母线全停。

2）正常运行方式二。两组母线运行，但母联断路器在分闸位置。电源和出线均衡地分配在两组母线上，双回线也分别接在不同的母线上。这种运行方式在一部分 500kV 电网地区的 220、110kV 系统有所应用。

优点：降低了系统短路容量；一组母线故障，另一母线设备仍可继续运行，且受到的故障冲击较小；母联设备发生故障只影响一组母线。

缺点：一组母线的电源跳闸后，会造成该母线全停（配有备用电源自动投入装置虽可弥补，但仍有短时失电的过程）。

3）正常运行方式三。一组母线运行，另一组母线备用。

优点：正常运行中一条母线不带电，减小了故障的概率。

缺点：运行母线故障会造成该电压等级全部停电。

根据变电站的具体情况可从以上 3 种运行方式中选取一种作为正常运行方式。当有设备检修或故障时，还有一些特殊运行方式，如：一组母线运行，另一母线检修；两组母线通过隔离开关跨接并列运行，母联断路器检修；两组母线并列运行，但一组母线电压互感器检修，另一组电压互感器通过二次并列的方式带全部二次负荷。

双母线接线，有较高的可靠性和灵活性。目前，在我国大容量的重要发电厂和变电站中已广泛采用。

双母线接线的主要缺点是，操作过程比较复杂，容易造成错误操作。为了防止错误操作，要求运行人员必须熟悉操作规程，另外还应在隔离开关与断路器之间装设特殊的闭锁装置，以保证正确的操作顺序。

5. 桥形接线及其运行方式

当只有两台变压器和两条进线时，可以采用桥式接线。桥式接线按照连接桥的位置可分为内桥接线和外桥接线，如图 2-9 所示，内桥接线的连接桥（3QF）设置在变压器侧，外桥接线的连接桥（3QF）设置在线路侧。这种接线中，4 条回路只有 3 台断路器，所用断路器的数量是较少的。

1）内桥接线。内桥接线的特点是：桥断路器靠近变压器侧，两台断路器 1QF 和 2QF 接在进线侧，因此，电源进线的切换

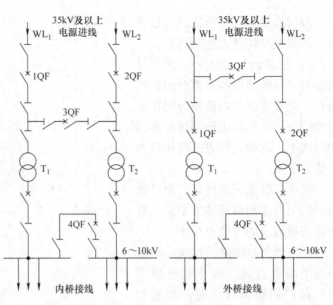

图 2-9　桥形接线

和投入是比较方便的。如当线路 WL$_1$ 发生故障或停电检修时，仅故障线路 WL$_1$ 的断路器 1QF 断开，投入桥断路器 3QF，即可由 WL$_2$ 恢复对变压器 T$_1$ 的供电。但是，当变压器发生故障时，例如变压器 T$_1$ 故障，与变压器 T$_1$ 连接的两台断路器 1QF 和 3QF 都将断开，从而影响了未出故障的出线的工作。内桥接线一般适用于电源线路较长因而发生故障和停电检修的机会较多，而变压器不需要经常切换的运行方式。这种接线运行灵活性较好。

在变电站中常采用内桥接线，内桥接线正常运行方式有：

正常运行方式一。WL$_1$（或 WL$_2$）为工作电源带两台主变压器运行，WL$_2$（或 WL$_1$）为备用电源，断路器 2QF（或 1QF）热备用，装设备用电源自动投入装置。

特殊运行方式：当工作电源故障或检修时，备用电源带两台主变压器运行；主变压器 T$_1$ 故障或检修，WL$_2$ 带主变压器 T$_2$ 运行；主变压器 T$_2$ 故障或检修，WL$_1$ 带主变压器 T$_1$ 运行。

正常运行方式二。WL$_1$ 带主变压器 T$_1$ 运行，WL$_2$ 带主变压器 T$_2$ 运行，桥断路器热备用，装设备用电源自动投入装置。

特殊运行方式：WL$_1$ 或 WL$_2$ 带两台主变压器运行。

2）外桥接线。外桥接线的特点，它与内桥式相反，桥断路器 3QF 靠近电源进线侧。这种接线和内桥接线适用的场合有所不同。如当变压器 T$_1$ 发生故障或运行中需要切换时，先投入 4QF，对其低压负荷供电，然后断开本回路的断路器 1QF，再合上 3QF，可使两条电源进线都继续运行。因此，外桥接线适用于供电线路较短，工厂用电负荷变化较大，变压器按经济运行需要经常切换的情况。

3）桥式接线的优点及应用。桥式接线具有工作可靠、灵活、使用的电气设备少、装置简单清晰和建造费用低等优点，且它特别容易发展为单母线分段或双母线接线。因此，为了节省投资，当配电装置建造初期负荷较小，引出线数目不多时，宜采用桥式接线。随着负荷的增大，引出线数目增多时，则需逐步发展为单母线或双母线接线。

6. 3/2 断路器接线及其运行方式

3/2 断路器接线方式如图 2-10 所示。每两个元件（线路或主变压器）通过三台断路

22

构成一串接至两组母线。运行时，两组母线和同一串的三台断路器都投入运行，称为完整串运行，形成多环路供电，具有很高的可靠性。任一母线故障或检修，任一断路器检修，甚至于两组母线同时故障（或一组母线检修，另一组母线故障）的极端情况下，功率仍能继续输送。一串中任何一台断路器检修都不会影响元件（线路或主变压器）的运行。

另外有些变电站采用的是不完的3/2断路器接线，即线路进串运行，而变压器上母线运行。

1) 正常运行方式。正常运行时两组母线同时运行，所有断路器和隔离开关均合上。

2) 断路器检修时运行方式。任何一台断路器故障时，可将故障断路器两侧隔离开关拉开，将故障断路器退出运行进行检修。图 2-11 所示为 5011 断路器检修时的运行方式。

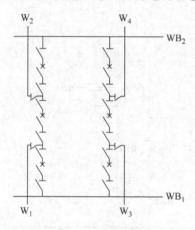

图 2-10　3/2 接线

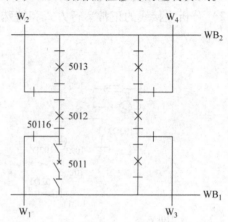

图 2-11　3/2 接线断路器检修运行方式

3) 线路停电断路器合环的运行方式。线路因故停电，而变电设备无检修时，可将线路隔离开关拉开，其断路器合上，以提高供电可靠性。图 2-12 所示为 W₁ 线路停电，5011、5012 断路器合环运行方式。

4) 母线检修的运行方式。母线检修时，断开母线断路器及其两侧隔离开关，图 2-13 所示为 WB₁ 检修时的运行方式。这种运行方式相当于单母线接线，其中几条出线经两台断路器与母线 WB₂ 连接，运行可靠性较低，实际工作中应尽量缩短单母线运行时间。

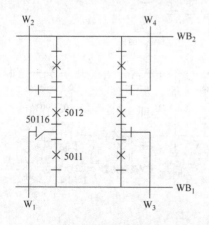

图 2-12　3/2 接线线路停电断路器合环运行方式

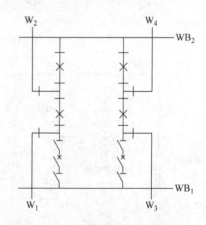

图 2-13　3/2 接线母线检修运行方式

2.2 技能训练：识读变电站的主接线图并分析运行方式

1. 训练目的

1）学会识读变电站主接线图。

2）能进行主接线的正常及特殊运行方式进行分析。

2. 训练内容

1）识读变电站主接线图。读某变电站的主接线图，见图2-14，说出主接线形式及图中所有电气设备名称及电气设备的作用。

2）分析主接线的正常运行方式和特殊的运行方式。

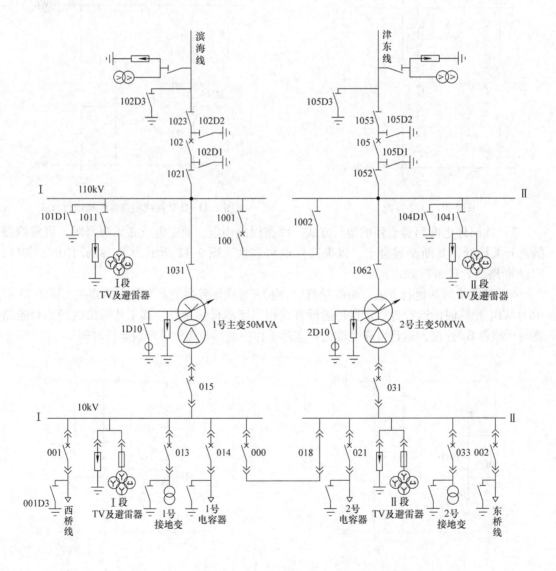

图2-14　110kV变电站主接线图

2.3 习题

1. 什么是发电厂和变电站的电气主接线?
2. 变电站电气主接线主要有哪几种形式?
3. 什么是运行方式?
4. 什么是正常运行方式?
5. 什么是电气主接线的特殊运行方式?
6. 变电站电气设备状态分为哪4种?
7. 画图说明单母线分段接线的3种正常的运行方式。
8. 画图说明内桥接线的正常运行方式。
9. 画图说明双母线接线的正常运行方式。
10. 画图说明3/2接线的正常运行方式。

第3章 变电站电气设备及运行维护

3.1 高压开关

3.1.1 电弧的形成和熄灭

开关设备接通或断开电路时，其触头间出现强烈白光的现象称为弧光放电，这种白光称为电弧。电弧是一种极强烈的电游离现象，其特点是弧光很强、温度很高，而且具有导电性。电弧不仅延长了切断电路的时间，而且电弧的高温可能烧损开关的触头，造成电路的弧光短路，甚至引起火灾和爆炸事故。此外，强烈的弧光可能损伤人的视力，严重的可使人眼失明。因此开关设备在结构设计上要保证操作时电弧能迅速地熄灭，所以有必要了解各种开关电器的结构和工作原理，了解开关电弧的形成与熄灭。

1. 电弧的产生

电弧燃烧是电流存在的一种方式，电弧内存在着大量的带电质点，这些带电质点的产生与维持需经历以下4个过程。

1）热电子发射。开关触头分断电流时，随着触头接触面积的减小，接触电阻增大，触头表面会出现炽热的光斑，使触头表面分子中的外层电子吸收足够的热能而发射到触头间隙中去，形成自由电子，这种电子发射称为热电子发射。

2）强电场发射。开关触头分断之初，电场强度很大，在强电场的作用下，触头表面的电子可能进入触头间隙，也形成自由电子，这种电子发射称为强电场发射。

3）碰撞游离。已产生的自由电子在强电场的作用下高速向阳极移动，在移动中碰撞到中性质点，就可能使中性质点获得足够的能量而游离成带电的正离子和新的自由电子，即碰撞游离。碰撞游离的结果，使得触头间正离子和自由电子大量增加，介质绝缘强度急剧下降，间隙被击穿形成电弧。

4）热游离。电弧稳定燃烧，电弧的表面温度达3000~4000℃，弧心温度高达10000℃。在此高温下，中性质点热运动加剧，获得大量的动能，当其相互碰撞时，可生成大量的正离子和自由电子，进一步加强了电弧中的游离，这种由热运动产生的游离称为热游离。电弧温度越高，热游离越显著。

由于上述几种方式的综合作用，使电弧产生并得以维持。

2. 电弧的熄灭

在电弧中不但存在着中性质点的游离，同时也存在着带电质点的去游离。要使电弧熄灭，必须使触头间电弧中的去游离（带电质点消失的速率）大于游离（带电质点产生的速率）。带电质点的去游离主要是复合和扩散。

1）复合。复合是指带电质点在碰撞的过程中重新组合为中性质点。复合的速率与带电质点浓度、电弧温度、弧隙电场强度等因素有关。通常是电子附着在中性气体质点上，形成负离子，然后再与正离子复合。

2）扩散。扩散是指电弧与周围介质之间存在着温度差与离子浓度差，带电质点就会向周围介质中运动。扩散的速度与电弧及周围介质间温差、电弧及周围介质间离子的浓度差、电弧的截面面积等因素有关。

3）交流电弧的熄灭。交流电弧的电流过零时，电弧将暂时熄灭。电弧熄灭的瞬间，弧隙温度骤降，去游离（主要为复合）大大增强。对于低压开关而言，可利用交流电流过零时电弧暂熄灭这一特点，在 1~2 个周期内使电弧熄灭。对于具有较完善灭弧结构的高压断路器，交流电弧的熄灭也仅需要几个周期的时间，而真空断路器只需半个周期的时间，即电流第一次过零时就能使电弧熄灭。

3.1.2 高压断路器

1. 高压断路器的作用、型号及主要的技术参数

（1）高压断路器的作用

高压断路器是供配电系统中最重要的开关电器。它的作用是使 1000V 以上的高压线路在正常负荷下接通或断开；在线路发生短路故障时，通过继电保护装置的作用将故障线路自动断开，使非故障部分正常运行。在断路器中最主要的问题是如何熄灭触头分断瞬间所产生的电弧，所以它必然具备可靠的灭弧装置。

现在大量使用的是真空和 SF_6 断路器。

（2）高压断路器的型号表示及含义

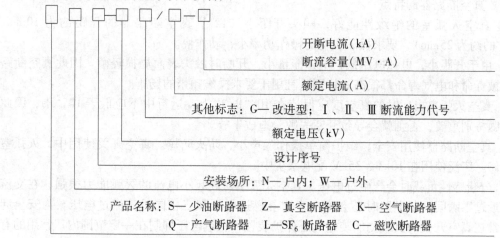

（3）高压断路器的主要技术参数

1）额定电压（U_N）。断路器的额定电压为它在运行中能长期承受的系统最高电压。我国目前采用的额定电压标准值有 3.6kV、7.2kV、12kV、（24kV）、40.5kV、72.5kV、126kV、252kV、363kV、550kV、（800kV）等。其中括号中的数值为用户有要求时使用。

2）额定电流（I_N）。断路器能够持续通过的最大电流。设备在此电流下长期工作时，其各部温升不得超过有关标准的规定。一般额定电流的等级为 400A、600A、1000A、1250A、1500A、2000A、3000A。

3）额定短路开断电流（I_{oc}）。断路器在额定电压下能可靠开断的最大短路电流。额定短路开断电流是表明断路器开断能力的一个重要参数。其单位为 kA。

4）额定开断容量（S_{oc}）。额定开断容量也是表征断路器开断能力的一个参数，对于三相断路器，额定开断容量（MV·A）由下式决定：

$$额定开断容量 = \sqrt{3} \times 额定开断电流 \times 额定线电压$$

由于额定开断容量纯粹由计算得出，并不具备具体的物理意义，而开断电流能更明确更直接地表述断路器的开断能力，所以我国国标及 IEC 标准都不再采用这个参数。

5）热稳定电流（I_k）。热稳定电流描述的是断路器承受短路电流热效应的能力。它是指在规定的时间内（国家标准规定的时间为 2s）断路器在合闸位置能够承载的最大电流，数值上就等于断路器的额定短路开断电流。

6）动稳定电流（I_p）。动稳定电流是指断路器在合闸位置或闭合瞬间，允许通过电流的最大峰值，又称为极限通过电流，它反映了断路器允许短时通过电流的大小，反映了断路器承受短路电流电动力效应的能力。

7）合闸时间。合闸时间是指从断路器合闸回路接到合闸命令（合闸线圈电路接通）开始到所有极触头都接通的时间。以前合闸时间又称为固有合闸时间，一般为 0.2s。

8）分闸时间。分闸时间是指从断路器分闸回路接到分闸命令到所有极的触头都分离的时间。以前分闸时间又称为固有分闸时间，一般 ≤0.06s。断路器的实际开断时间等于固有分闸时间加上灭弧时间。

9）电弧持续时间。电弧持续时间是指从断路器某极触头首先起弧至各极均灭弧的时间。该时间又称为燃弧时间。

2. 真空断路器的特点、结构及工作原理

（1）真空断路器的特点

1）真空灭弧室的绝缘性能好，触头开距小（12kV 真空断路器的开距约为 10mm，40.5kV 的约为 25mm），要求操动机构的操作功率小，动作快。

2）由于开距小，电弧电压低，电弧能量小，开断时触头表面烧损轻微。因此真空断路器的机械寿命和电气寿命都很高。特别适宜用于要求操作频繁的场所。

3）真空灭弧室出厂时的真空度应保持在 10^{-4}Pa 以上，运行中不应低于 10^{-2}Pa，因此密封问题特别重要，否则就会导致开断失败，造成事故。

4）真空断路器使用安全，维护简单操作噪声小，防火防爆。真空开关使用中，灭弧室无须检修。广泛使用在 10kV、35kV 配电系统中。

5）分断感性负载时会产生过电压。真空灭弧室对高频小电流的灭弧能力很强，在交流电流接近过零瞬间开断电路时还会产生多次复燃过电压和三相同时截流过电压。为安全起见，常常在真空开关的负载侧加装过电压保护装置，将过电压抑制在一定范围内。常用的有氧化锌（ZnO）避雷器和阻容（RC）保护装置。

（2）真空断路器灭弧室结构

真空灭弧室的基本元器件有外壳、波纹管、动静触头和屏蔽罩等，其结构示意图如图 3-1 所示。在真空灭弧室内，装有一对动、静触头，触头周围是屏蔽罩。灭弧室的外部密封壳体可以是玻璃或陶瓷。动触头的运动部件连接着波纹管，作为动密封。波纹管能在动触头往复运动时保证真空灭弧室外壳的完全密封。

真空开关常用的触头有：圆盘形触头，横向磁场的触头，纵向磁场的触头。

圆盘形触头，如图 3-2 所示。只能在不大的电流下维持电弧为扩散型。随着开断电流的增大，阳极出现斑点，电弧由扩散型转变为集聚型电弧就难以熄灭了。增大圆盘形触头的直径可以延缓阳极斑点的形成。

28

横向磁场的触头见图3-3。横向磁场就是与弧柱轴线相垂直的磁场，它与电弧电流产生的电磁力能使电弧在电极表面运动，防止电弧停留在某一点上，延缓阳极斑点的产生，提高开断性能。

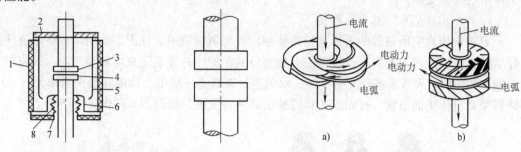

图3-1 真空灭弧室的结构示意图　　图3-2 圆盘形触头　　图3-3 横向磁场的触头
1—绝缘外壳 2、7—端盖　　　　　　　　　　　　　　　　a）螺旋槽式 b）杯状触头
3—静动触头 4—动触头 5—主屏
蔽罩 6—波纹管屏蔽罩 8—波纹管

纵向磁场的触头。在同样的触头直径下，纵向磁场触头能够开断的电流最大。纵向磁场的触头结构比较复杂，机械强度不易解决。该触头比常规的圆盘触头的损耗大，触头温升高。

（3）ZN28-12型真空断路器

ZN28-12真空断路器，配用CD17型电磁操动机构，也可配用相应的弹簧操动机构。本系列真空断路器根据其结构特点分为两大类：一类是ZN28-12系列，其特点是操动机构和断路器装在一起，称为整体式，如图3-4所示；另一类是ZN28A-12系列，其特点是操动机构和断路器分开布置，称为分体式，如图3-5所示。

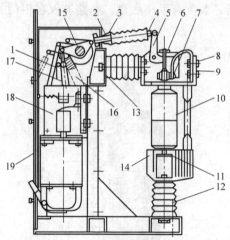 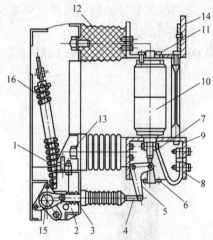

图3-4 ZN28-12真空断路器的基本结构图　　　图3-5 ZN28A-12型真空断路器的外形图
1—开距调整垫片 2—触头压力弹簧 3—弹簧座　　1—开距调整垫片 2—触头压力弹簧 3—弹簧座
4—接触行程调整螺栓 5—拐臂 6—导向板　　　　4—接触行程调整螺栓 5—拐臂 6—导向板
7—导电夹紧固螺栓 8—动支架 9—螺钉　　　　　7—导电夹紧固螺栓 8—动支架 9—螺钉
10—真空灭弧室 11—真空灭弧室固定螺栓　　　　　10—真空灭弧室 11—真空灭弧室固定螺栓
12—绝缘子 13—绝缘子固定螺栓 14—静　　　　　12—绝缘子 13—绝缘子固定螺栓
支架 15—主轴 16—分闸拉簧 17—输　　　　　　14—静支架 15—主轴 16—分闸拉簧
出杆 18—机构 19—面板

配 CD17 型电磁操动机构的 ZN28-12 型真空断路器的基本结构如图 3-4 所示。产品总体结构为落地式，每个真空灭弧室由一只落地绝缘子和一只悬挂绝缘子固定，真空灭弧室旁有半棒形绝缘子支撑。

（4）ABB（VD4）真空断路器

VD4 中压真空断路器的灭弧室被整体浇注在环氧树脂中，如图 3-6 所示。整体浇注的极柱结构更坚固，可为真空灭弧室提供更加充分的保护，并可消除灰尘和潮气对灭弧室的外绝缘能力的影响。灭弧室将开关的主触头永久密封在真空环境中，构成开断灭弧单元。VD4 断路器操动机构正面布置，有固定式和可抽出式两种安装，如图 3-6 和图 3-7 所示。

图 3-6　固定式 VD4 断路器　　　　图 3-7　可抽出式 VD4 断路器

VD4 断路器使用了弹簧储能、自由脱扣的模块化机械操动机构。断路器的分合闸操作性能与具体操作者无关。操动机构和极柱固定在一个金属壳体上，此金属壳体也是固定式断路器的安装壳体。这种紧凑的结构保证了断路器的坚固和机械可靠性。除了隔离触头和连接到辅助电路的带软管的航空插外，可抽出式断路器还装配有手车底盘，断路器仅在柜门关闭条件下摇进摇出。

VD4 断路器整体浇注极柱和真空灭弧室如图 3-8 和图 3-9 所示。

 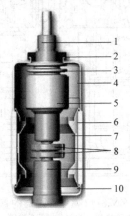

图 3-8　VD4 断路器整体浇注极柱　　　图 3-9　VD4 断路器真空灭弧室

1—上出线端　2—真空灭弧室　3—环氧树脂壁　　　　1—出线杆　2—扭转保护环　3—波纹管
4—动出线杆　5—下出线端　6—软连接　　　　4—端盖　5—屏蔽罩　6—陶瓷绝缘外壳
7—触头压力弹簧　8—绝缘拉杆　　　　7—屏蔽罩　8—触头　9—出线杆　10—端盖
9—极柱固定嵌件　10—操动机构连接处

3. SF₆ 断路器的特点、结构及工作原理

（1）高压 SF₆ 断路器的特点

SF₆ 无色、无味、无毒、不会燃烧、化学性能稳定，作为断路器的灭弧介质，灭弧能力比空气高近百倍，作为断路器的绝缘介质，绝缘能力比空气高近 3 倍。高压 SF₆ 断路器就是利用 SF₆ 作为灭弧介质和绝缘介质的气吹断路器，在灭弧过程中，SF₆ 气体不排入大气，而是在封闭系统中反复使用。

高压 SF₆ 断路器目前占据着高压和超高压领域，逐渐取代了高压油断路器和高压空气断路器而广泛应用。

（2）SF₆ 断路器的结构

SF₆ 断路器按总体结构可以分为 3 类。

1）瓷柱式 SF₆ 断路器。其灭弧室在高电位的支柱瓷套的顶部，由绝缘杆进行操动。这种结构的优点是系列性好，用不同个数的标准灭弧单元和支柱瓷套，即可组成不同电压等级的产品；其缺点是稳定性差，不能加装电流互感器。

2）落地罐式 SF₆ 断路器。它的灭弧室用绝缘件支撑在接地金属罐的中心，借助于套管引线，基本上不改装就可以用于全封闭组合电器之中。这种结构便于加装电流互感器，抗震性好，但系列性差，且造价比较昂贵。

3）3~35kV SF₆ 断路器。旋弧式、气自吹式和压气式 3 种用于配电开关柜中，常常做成小车式。

（3）SF₆ 断路器灭弧室

SF₆ 断路器灭弧室按结构分为下列几种。

1）压气式灭弧室，即单压式。压气式断路器内的 SF₆ 气体只有一种压力。灭弧所需压力是在分闸过程中由动触杆带动压气缸（又称为压气罩），将气缸内的 SF₆ 气体压缩而建立的。吹弧能量来源于操动机构。因此，压气式 SF₆ 断路器对所配操动机构的分闸功率要求较大。在合闸操作时，灭弧室内的 SF₆ 气体将通过回气单向阀迅速补充到气缸中，为下一次分闸做好准备。

2）旋弧式灭弧室。旋弧式灭弧室在静触头附近设置有磁吹线圈。开断电流时，在动静触头之间产生横向或者纵向磁场，使被开断的电弧沿触头中心旋转，最终熄灭。这种灭弧室结构简单，触头烧损轻微，在中压系统中使用比较普遍。

3）自吹式灭弧室。由电弧的能量加热 SF₆ 气体，使之压力增高形成气吹，从而使电弧熄灭。这种依靠电弧本身能量来熄灭电弧的灭弧室称为气自吹灭弧室。这种灭弧室开断小电流时电弧能量小，气吹效果差，因而必须与压气式结构结合起来使用。灭弧室（断口）结构如图 3-10 所示。

灭弧室瓷套（断口瓷套）为腰鼓形，这种结构内部空间利用率最高，承受内部压力强度也较好。

4）LW8-40.5 型 SF₆ 断路器的主要部件

LW8-40.5 型 SF₆ 断路器本体为三相分立落地式结构。本体由瓷套、电流互感器、灭弧单元、吸附剂器、传动箱和连杆组成。配用 CT14 型弹簧操动机构。断路器具有内附电流互感器的优点，可在断口两侧各装入串芯式电流互感器两只。

该断路器采用压气式灭弧原理。分闸过程中，可动气缸对静止的活塞作相对运动，气缸

内的气体被压缩。在喷口打开后，高压力的 SF_6 气体通过喷口强烈吹弧，在电流过零时电弧熄灭。由于静止的活塞上装有逆止阀，合闸时气缸中能及时补气。灭弧室结构如图 3-11 所示。

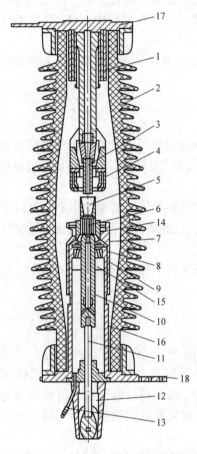

图 3-10 灭弧室（断口）结构图

1—吸附剂 2—瓷套 3—静弧触头 4—静主触头

5—喷嘴 6—动弧触头 7—压气缸 8—逆止阀

9—弹簧装配 10—动触杆 11—传动杆装配

12—接头 13—SF_6 气路连接管 14—动主触头

15—中间触头 16—支架 17—上法兰（出线座）

18—下法兰（出线座）

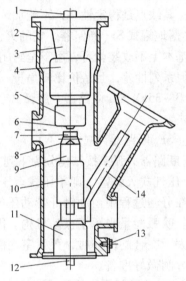

图 3-11 灭弧室结构

1—导电杆 2—外壳 3—上绝缘子

4—冷却室 5—静触头 6—静弧触头

7—喷口 8—动弧触头 9—动触头

10—气缸 11—下绝缘子 12—绝缘拉杆

13—接地装置 14—导电杆

4. 高压断路器的操动机构简介

操动机构是断路器的重要组成部分。其作用是使断路器准确地合闸和分闸，并维持合闸状态。操作机构由合闸机构、分闸机构和维持合闸机构（搭钩）3 部分组成。由于相同的操作机构可配用不同的断路器，因此操动机构通常与断路器分开，并具有独立的型号。根据断路器合闸所需能量不同，操动机构可分为手动机构、直流电磁机构、弹簧机构、液压机构、气动机构和永磁操作机构。操动机构的特点见表 3-1。

表 3-1　操动机构的特点

类型	基 本 特 点	使 用 场 合
手动机构	用人力合闸，用已贮能的弹簧分闸，不能遥控合闸操作及自动重合闸。结构简单，需有自由脱扣机构，关合能力决定于操作者，不易保证	可用于电压 10kV，开断 6kA 以下的断路器或负荷开关
直流电磁机构	靠直流螺管电磁铁合闸，靠已储能的分闸弹簧分闸，合闸时间长，电源电压的变动对合闸速度影响大，可遥控操作与自动重合闸，结构简单，制造工艺要求不高，机构输出力特性与本体反力特性配合较好，需要大功率直流电源	可用于 110kV 及以下断路器
弹簧机构	用合闸弹簧（用电动机或手力储能）合闸，靠已储能的分闸弹簧分闸，动作快，能快速自动重合闸，能源功率小，结构较复杂，冲击力大，构件强度要求较高，输出力特性与本体反力特性配合较差	可用于交流操作，适用于 220kV 及以下的断路器
液压机构	以高压油推动活塞实现合闸与分闸，动作快，能快速自动重合闸，结构较复杂，密封、工艺要求高，操作力大，冲击力小，动作平稳	适用于 110kV 及以上的断路器，是超高压断路器配用的主要品种
气动机构	以压缩空气推动活塞，使断路器分、合闸，或仅用压缩空气推动活塞合闸（或者分闸），而以已储能的弹簧分闸（或合闸）。动作快，能快速自动重合闸，合闸力容易调整，制造工艺要求较高，需压缩空气源，操作噪声大	适用于有压缩空气源的开关站
永磁操作机构	使用新材料、新工艺及新原理。结构简单零部件少，可靠性高，操作能耗小，极大地提高了断路器的运行可靠性和免维护水平，使用寿命长，与真空断路器配合使用，组成自动重合闸系统	与真空断路器配合使用

3.1.3　高压隔离开关

1. 隔离开关的用途和分类

隔离开关是一个最简单的高压开关，在实际中也称为刀闸。由于隔离开关没有专门的灭弧装置，不能用来开断负荷电流和短路电流。在配电装置中，隔离开关的主要用途有：

1) 用隔离开关在需要检修的部分和其他带电部分构成明显可见的断口，保证检修工作的安全。

2) 利用"等电位原理"，用隔离开关进行电路的切换工作。

3) 由于隔离开关通过拉长电弧的方法灭弧，具有切断小电流的可能性，所以隔离开关可用于下列操作：断开和接通电压互感器和避雷器；断开和接通母线或直接连接在母线上设备的电容电流；断开和接通励磁电流不超过 2A 的空载变压器或电容电流不超过 5A 的空载线路；断开和接通变压器中性点的接地线（系统没有接地故障才能进行）。

隔离开关可按下列原则进行分类：

①按装设地点可分为户内式和户外式。②按隔离开关的运行方式可分为水平旋转式、垂直旋转式、摆动式和插入式。③按绝缘支柱的数目可分为单柱式、双柱式和三柱式。④按是否带接地隔离开关可分为有接地隔离开关和无接地隔离开关。⑤按极数多少可分为单极式和三极式。⑥按配用的操作机构可分为手动、电动和气动等。

隔离开关的型号含义如下：

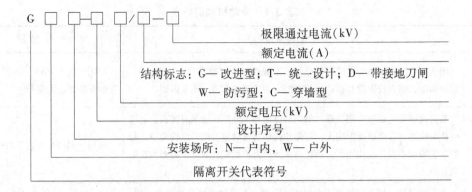

极限通过电流(kV)

额定电流(A)

结构标志：G—改进型；T—统一设计；D—带接地刀闸
W—防污型；C—穿墙型

额定电压(kV)

设计序号

安装场所：N—户内，W—户外

隔离开关代表符号

2. 隔离开关的结构原理

（1）户内式隔离开关（GN 型）

图 3-12 为 GN8—10/600 型隔离开关的外形图。GN8—10/600 型开关每相导电部分通过一个支柱绝缘子和一个套管绝缘子安装，每相隔离开关中间均有拉杆绝缘子，拉杆绝缘子与安装在底架上的转轴相连，主轴通过拐臂与连杆和操作机构相连。

（2）户外式隔离开关（GW 型）

户外式隔离开关的工作条件比较恶劣，绝缘要求较高，应保证在冰雪、雨水、风、灰尘、严寒和酷暑等条件下可靠地工作。户外隔离开关应具有较高的机械强度，因为隔离开关可能在触点结冰时操作，这就要求隔离开关触点在操作时有破冰作用。

图 3-13 为 GW5—35D 型户外式隔离开关的外形图。它是由底座、支柱绝缘子和导电回路等部分组成，两绝缘子呈"V"形，交角为 50°，借助连杆组成三极联动的隔离开关。底座部分有两个轴承，用以旋转棒式支柱绝缘子，两轴承座间用齿轮啮合，即操作任一柱，另一柱可随之同步旋转，以达分断、关合的目的。

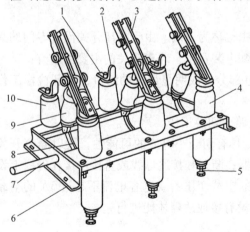

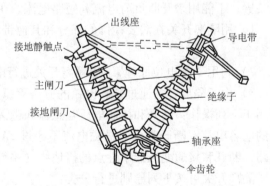

图 3-12　GN8—10/600 型隔离开关的外形图

1—上接线端子　2—静触点　3—闸刀
4—套管绝缘子　5—下接线端子
6—框架　7—转轴　8—拐臂
9—升降绝缘子　10—支柱绝缘子

图 3-13　GW5—35D 型户外式隔离开关的外形图

3.1.4　高压负荷开关

高压负荷开关具有简单的灭弧装置，能通断一定的负荷电流，装有脱扣器时，在过负荷情况下可自动跳闸。负荷开关断开后，具有明显可见的断口，也具有隔离电源、保证检修安全的功能。但它不能断开短路电流，必须与高压熔断器串联使用，借助熔断器来断开短路电流。负荷开关主要用在 10 ~ 35kV 配电系统中，作分合电路之用。

按负荷开关灭弧介质及灭弧方式的不同可分为产气式、压气式、充油式、真空式及 SF_6 式等。按负荷开关安装地点的不同又可分为户内式和户外式。高压负荷开关的型号及含义如下：

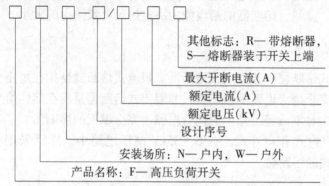

其他标志：R— 带熔断器，
　　　　　 S— 熔断器装于开关上端
最大开断电流（A）
额定电流（A）
额定电压（kV）
设计序号
安装场所：N— 户内，W— 户外
产品名称：F— 高压负荷开关

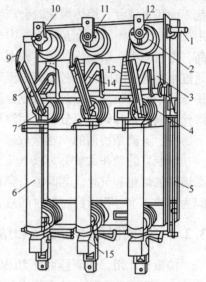

图 3-14　FN3—10RT 型户内压气式高压
负荷开关的外形结构图
1—主轴　2—上绝缘子兼气缸　3—连杆
4—下绝缘子　5—框架　6—RN1 型高压
熔断器　7—下触头　8—闸刀　9—弧动触头
10—绝缘喷嘴（内有弧静触头）　11—主静触头
12—上触座　13—断路弹簧　14—绝缘
拉杆　15—热脱扣器

图 3-14 所示为一种较为常用的 FN3—10RT 型户内压气式高压负荷开关的外形结构图。上半部是负荷开关本身，下半部是 RN1 型高压熔断器。负荷开关的上绝缘子是一个压气式灭弧室，它不仅起有绝缘子的作用，而且内部是一个气缸，其中装有由操动机构主轴传动的活塞。分闸时，和负荷开关相连的弧动触头与绝缘喷嘴内的弧静触头之间产生电弧。由于分闸时主轴传动而带动活塞，压缩气缸内的空气从喷嘴往外吹弧，加之断路弹簧使电弧迅速拉长及本身电流回路的电动吹弧作用，使电弧迅速熄灭。

3.2　高压熔断器

3.2.1　熔断器的用途和原理

高压熔断器是人为地在电网中设置的一个最薄弱的发热元件，当过负荷或短路电流流过该元件时，利用元件（即熔体）本身产生的热量将自己熔断，从而使电路断开，达到保护电网和电气设备的目的。

熔断器的结构简单，价格低廉，维护使用方便，不需要任何附属设备，这些特点均为断路器所不及，所以在电压较低的小容量电网中普遍采用它来代替结构复杂的断路器。对于熔断器的动作，要求既能像断路器那样可靠地切断过负荷和短路电流，又要具有继电保护动作的选择性。

熔断器主要由熔体和熔管等组成，为了提高灭弧能力有的熔管内还填有石英砂等灭弧介质。根据使用电压等级不同，熔体材料不同。铅、锌材料熔点低、电阻率大，所制成的熔体截面面积也较大，熔体熔化时会产生大量的金属蒸气，电弧不易熄灭，所以这类熔体只能应用在500V及以下的低压熔断器中；高压熔断器的熔体材料选用铜、银等，这些材料熔点高、电阻率小，所制成的熔体截面面积也较小，有利于电弧的熄灭，但这类材料的缺点是在通过小而持续时间长的过负荷电流时，熔体不易熔断，所以通常在铜丝或银丝的表面焊上小锡球或小铅球，锡、铅是低熔点金属，过负荷时小锡球或小铅球受热首先熔化，包围铜或银熔丝，铜、银和锡、铅分子互相渗透而形成熔点较低的合金，使铜、银熔丝能在较低的温度下熔断，这就是所谓的"冶金效应"。

熔断器的动作大致分为以下几个过程：①熔断器熔体因过载或短路而加热到熔化温度。②熔体的熔化和气化。③间隙击穿和产生电弧。④电弧熄灭，电路被断开。熔断器的动作时间为上述4个过程所经过的时间总和。显然，熔断器的断流能力决定熄灭电弧能力的大小。

3.2.2 熔断器的主要类型和结构

按限流作用，熔断器可分为限流式熔断器和非限流式熔断器。限流式熔断器是指在短路电流未达到短路电流的冲击值之前就完全熄灭电弧的熔断器；非限流式熔断器是指在熔体熔化后，电弧电流继续存在，直到第一次过零或经过几个周期后电弧才完全熄灭的熔断器。

按安装地点，熔断器可以分为户内式和户外式。在6～35kV高压电路中，广泛采用RN1、RN2、RW4、RW10（F）等型式的熔断器。

熔断器的主要技术参数如下所述。

1）熔断器的额定电流：熔断器壳体的载流部分和接触部分所允许的长期通过的工作电流。

2）熔体的额定电流：长期通过熔体而熔体不会熔断的最大电流。熔体的额定电流通常小于或等于熔断器的额定电流。

3）熔断器的极限断路电流：是指熔断器所能分断的最大电流。

4）熔断器的保护特性：也称为熔断器的安秒特性，它表示切断电流的时间 t 与通过熔断器电流 I 之间的关系特性曲线。熔断器的保护特性曲线必须位于被保护设备的热特性之下，才能起到保护作用。特性曲线如图3-15所示。

1. RN1 和 RN2 型内高压熔断器

RN1 型主要用做高压线路和设备的短路保护，也能起过负荷保护的作用，其熔体在正常情况下要通过主电路的负荷电流，因此其结构尺寸较大。RN2 型只用做电压互感器一次侧的短路保护，其熔体额定电流一般为 0.5A，因此其结构尺寸较小。RN1 和 RN2 型的结构都是瓷质熔管内填石英砂填料的密闭管式熔断器。图3-16 是 RN1、RN2 型高压熔断器的外形结构，图3-17 是其熔管剖面示意图。

由图3-17可知，熔断器的工作熔体铜熔丝上焊有小锡球。它使得熔断器能在出现过负荷电流或较小的短路电流时也能动作，提高了保护的灵敏度。这种熔断器采用几根熔丝并

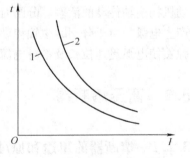

图3-15 熔断器的保护特性曲线图
曲线1：熔断器的保护特性
曲线2：被保护设备的热特性曲线

联，以便它们熔断时产生几根并行的电弧，利用"粗弧分细灭弧法"来加速电弧的熄灭。而且这种熔断器的密封熔管内充填有石英砂，其灭弧能力很强，灭弧速度很快。通常这种熔断器在短路后不到半个周期（0.01s）就能熄灭电弧，而短路过程中最大的瞬时电流即短路冲击电流出现在短路后半个周期（0.01s）。因此这种熔断器能在短路电流达到冲击值之前熔断，切除短路，属于"限流熔断器"。装有这种熔断器的电路和设备可不考虑短路冲击电流的影响。当短路电流或过负荷电流通过熔体使熔断器的工作熔体熔断后，其指示熔体相继熔断，其红色的熔断指示器弹出，如图3-17中的虚线所示，给出熔断的指示信号。

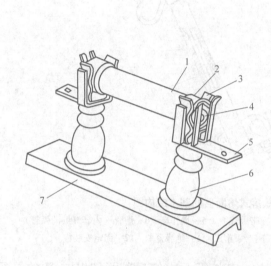

图 3-16　RN1、RN2 型高压熔断器的外形结构图
1—瓷熔管　2—金属管帽　3—弹性触座　4—熔断指示器
5—接线端子　6—瓷绝缘子　7—底座

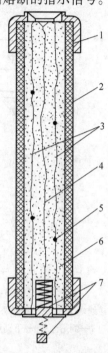

图 3-17　RN1、RN2 型熔管剖面示意图
1—管帽　2—瓷管　3—工作熔体（铜丝上焊有小锡球）　4—指示熔体（铜丝）
5—锡球　6—石英砂填料　7—熔断指示器（熔体熔断后弹出）

2. RW4（G）、RW10（F）和 RW9-35 型户外高压跌落式熔断器

跌落式熔断器广泛用于环境正常的室外，既可做 6～10kV 线路和设备的短路保护，又可在一定条件下，直接用高压绝缘钩棒（俗称为"令克棒"）来操作熔管的分合。一般的跌落式熔断器如 RW4-10（G）等，只能在无负荷下操作或通断小容量的空载变压器和空载线路等。而负荷型跌落式熔断器如 RW10-10（F）型，是在一般跌落式熔断器的基础上加装了简单的灭弧装置和弧触头，能带负荷操作。RW9-35 型熔断器广泛用于发电厂、变电站 35kV 电压互感器作为短路保护用。

图 3-18 是 RW4-10（G）型跌落式熔断器的基本结构。这种跌落式熔断器串接在线路上。正常运行时，其熔管上端的动触头借熔丝张力拉紧后，利用钩棒将熔管连同动触头推入上静触头内缩紧，同时下动触头与下静触头也相互压紧，从而使电路接通。当线路上发生短

路时，短路电流使熔丝熔断，形成电弧。纤维质消弧管由于电弧烧灼而分解出大量气体，使管内压力剧增，并沿着管道形成强烈的气流纵向吹弧，使电弧迅速熄灭。熔丝熔断以后，熔管的上动触头因失去熔丝的张力而下翻，使锁紧机构释放熔管。在触头弹力及熔管自重的作用下，熔管跌落，造成"断口"。

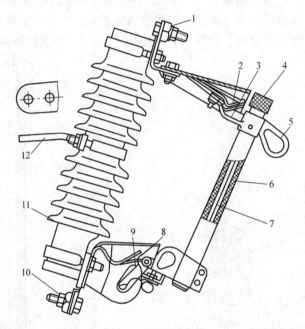

图 3-18 RW4-10（G）型跌落式熔断器的基本结构图

1—上接线端子 2—上静触头 3—上动触头 4—管帽（带薄膜） 5—操作环 6—熔管（内套纤维消弧管）
7—铜熔丝 8—下动触头 9—下静触头 10—下接线端子 11—绝缘瓷瓶 12—固定安装板

这种跌落式熔断器"采用逐级排气"的结构。其熔管上端在正常运行时是封闭的，可以防止雨水浸入。在分断小的短路电流时，由于上端封闭而形成单端排气，使管内保持足够大的气压，有利于熄灭较小短路电流产生的电弧。而在分断大的短路电流时，由于管内产生的气体多，气压大，使上端薄膜冲开而形成两端排气。这样有助于防止分断大的短路电流时可能造成熔管爆裂，从而有效地解决了自产气熔断器分断大小故障电流的矛盾。

跌落式熔断器不能在短路电流达到冲击值即短路的半个周期（0.01s）内熄灭电弧，因此跌落式熔断器属于"非限流"型熔断器。

图 3-19 是 RW9-35 型户外高压熔断器的结构图，熔管 1 装于瓷套 2 中，熔体放在充满石英砂填料的熔管内，具有限流作用。其特点是体积小、灭弧性能好、断流容量大、限流能力强，熔体熔断后便于连同熔管一起更换。

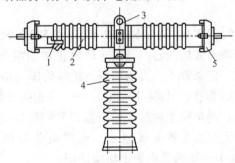

图 3-19 RW9-35 型户外高压熔断器的结构图

1—熔管 2—瓷套 3—紧固法兰
4—棒形支持绝缘子 5—接线端帽

3.3 母线

3.3.1 母线概述

母线起汇集和分配电能的作用。母线包括一次设备部分的主母线和设备连接线、"所用电"部分的交流母线、直流系统的直流母线、二次部分的小母线等。

1. 母线材料

常用的母线材料有铜、铝、铝合金和钢。各种材料的特点如下。

1）铜母线，电阻率低，抗腐蚀性强，机械强度大，是很好的母线材料，但价格较高。多用在持续工作电流大，位置特别狭窄或污秽对铝有严重腐蚀而对铜腐蚀较轻的场所。

2）铝母线，电阻率较大，为铜的 1.7~2 倍，但质量轻，仅为铜的 30%，且价格较低，因此母线一般都采用铝质材料。

3）铝合金母线，有铝锰合金和铝镁合金两种，形状均为管形。铝锰合金母线载流量大，但强度较差，采用一定的补强措施后可广泛使用；铝镁合金母线机械强度大，但载流量小，主要缺点是焊接困难，因此使用范围较小。

4）钢母线，机械强度大，价格低，但电阻率较大，为铜的 6~8 倍。用于交流电时，有很大的磁滞和涡流损耗，故仅适用工作电流不大于 300~400A 的小容量电路中。

软母线常用多股钢心铝绞线，硬母线多用铝排和铜排，管形母线多用铝合金。

2. 母线的电流分布

一定材料，一定截面面积的母线，从发热的条件考虑有一定的允许电流，这个电流在单位截面面积上的分布称为允许电流密度。由对同一种材料来说，其允许电流密度随截面面积的增大而减小，这主要是受交流电的集肤效应和邻近效应的影响。所谓邻近效应是指两根靠近的导体通过交流电流时，产生交变的磁通，由于相互影响的结果，使导体中的电流分布不均匀，且向边缘集中。一般导体的截面面积越大，电流的频率越高，集肤效应越严重；距离越近，邻近效应越显著。

3. 母线型式和适用范图

常用的硬母线型式有矩形、槽形和管形等，如图 3-20 所示。

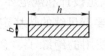

矩形母线　　管形母线　　槽形母线

图 3-20　母线的形状

1）矩形母线。散热条件较好，有一定的机械强度，便于固定和连接，但集肤效应较大。在机械强度允许的条件下，其厚度与宽度之比通常为 1/12~1/5，为使集肤效应不致过大，单条矩形母线截面面积通常不应大于 1250mm²。当工作电流超过最大截面面积的单条矩形母线允许电流时，可用两条或三条矩形母线并列使用，条间距离应大于或等于一条母线的厚度，以保证散热。由于邻近效应，母线并列使用后，散热条件变差，多条母线并列后其所承受的允许载流量并不能成比例地增加。矩形母线一般只用于 35kV 及以下，电流在 4000A 及以下的配电装置中。

2）管形母线。考虑到圆实心母线，由于集肤效应，中心利用率不好，而将其作成圆管形，这样不仅减小了集肤效应，而且还有利于散热，提高机械强度高，减小电晕放电。可用于电压在 35kV 及以上、大电流的配电装置中。

3）槽形母线。形状近似于方管，机械强度较好，载流量大，集肤效应较小。槽形母线一般用于 4000～8000A 的配电装置中。

4. 母线的布置

母线的布置方式对母线的散热条件、载流量和机械强度有很大的影响。母线的布置方式如图 3-21 所示。

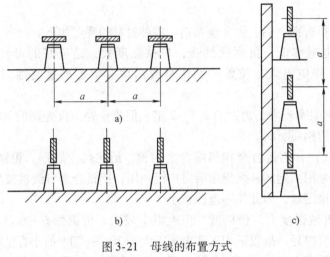

图 3-21　母线的布置方式
a）平放　b）立放　c）垂直布置

1）平放。这种布置方式比较稳固，机械强度高，耐短路电流冲击能力高，但散热条件差，载流量小。

2）立放。这种布置方式散热条件好，载流量大，但机械强度不如平放好，耐短路电流冲击能力差。

3）垂直布置。这种布置方式有平放和立放的优点，但配电装置高度增加。

5. 对投入运行的母线的基本要求

1）母线的载流量必须满足设计和规范要求。母线长期通过的负荷电流应小于母线的允许载流量，发生短路情况时要有足够的热稳定性。

2）新装和检修母线所使用的绝缘子、金具和导线应完好无损，对绝缘或拉力有要求的，应进行相关试验。

3）母线应具有足够的机械强度。母线作业时要承受母线上施工人员和工具的重力，在运行时要承受风、雪和冰的作用力，还要承受短路电流的冲击力。在这些力的作用下，母线不应发生变形和断线。母线一般用铝、铝合金或铜制成，这些金属有一些特性，经过冷加工后，其机械特性显著提高，即冷加工硬化。但是这些金属当加热到一定的温度再逐渐冷却，就会丧失在冷加工中获得的额外的机械强度，即退火。当电力系统发生短路时，电流很大，母线温度急剧上升。实验证明当母线短路发热温度超过 200℃时，也会发生退火，机械强度降低。这样在短路电动力的作用下可能使母线弯曲、扭断。所以规定铝母线的短路发热量最高允许温度为 200℃。

4）制作母线时应按相关规定进行，母线连接处应保持良好的接触，并应有防腐蚀、防震动和防伸缩损坏的措施。

5）安装母线时应测量各相带电部分之间、带电部分与地之间的距离，应大于规范要求的安全距离。

6）母线要排列整齐、美观，便于监视和维护。

6. 母线维护的基本要求

1）运行中的母线应进行巡视，特别加强对接头处的监视。

2）为判断母线接头处是否发热，应观察母线的涂漆有无变色现象，对流过大负荷电流的接头，可用红外线测温仪或半导体点温度计测量接头处温度。当测试结果超过下列数据时，则应减少负荷或停止运行。裸母线及其接头处为70℃；接触面为挂锡时为85℃；接触面镀银时为95℃。

3）配合电气设备的检修、试验，根据具体情况进行下列检修：①检查母线接头、连接螺栓是否完好，如有松动或其他问题应及时进行处理。②对绝缘子进行清洁。③对母线、母线的金具进行清洁，除去支架的锈斑，更换锈蚀的螺栓及部件，涂刷防护漆等。

7. 母线涂漆及排列

母线安装后，应涂油漆，主要是为了便于识别、防锈蚀和增加美观。母线油漆颜色应符合以下规定。

1）三相交流母线：A相——黄色，B相——绿色，C相——红色。

2）单相交流母线：从三相母线分支来的应与引出相颜色相同。

3）直流母线：正极——赭色，负极——蓝色。

4）直流均衡汇流母线及交流中性汇流母线：不接地者——紫色，接地者——紫色带黑色横条。

母线的相序排列。各回路的相序排列应一致，要特别注意多段母线的连接、母线与变压器的连接相序应正确。当设计无规定时应符合下列规定。

1）上、下布置的交流母线，由上到下排列为A、B、C相，直流母线正极在上，负极在下。

2）水平布置的交流母线，由盘后向盘面排列A、B、C相，直流母线正极在后，负极在前。

3）引下线的交流母线，由左到右排列为A、B、C相，直流母线正极在左，负极在前右。

3.3.2 母线常见故障、原因及其处理

母线发生故障，在电力系统中比较常见，而且造成的后果也比较严重。因为母线发生故障后，引起母线电压消失，则接于母线上的输电线路和用电设备将失去电源，造成大面积停电。

1. 母线常见故障及故障原因

（1）母线连接处过热造成母线故障

母线在正常情况下，通过负荷电流，在线路或电气设备短路的情况下，通过远大于负荷电流的短路电流。连接处接触不良时，接头处的接触电阻增加，加速接触部位的氧化和腐蚀，使接触电阻进一步增加，如此恶性循环下去，造成母线接头处温度升高，严重时会使接

头烧熔、断接。

（2）绝缘子故障造成母线接地

绝缘子包括支柱绝缘子和悬式绝缘子，用来支持或悬挂母线，并使其与地绝缘，或者使装置中不同电位的带电部分互相绝缘。当绝缘子发生裂纹、对地闪络、绝缘电阻降低等故障时，常使母线与地绝缘不能满足要求，严重时发生母线接地故障。

（3）其他造成母线失电的原因

1）母线对地距离或是相间距离小，造成对地闪络或相间击穿。

2）设计或安装不符合要求，引起母线故障。

3）运行超过设计的范围，引起母线故障。

4）气候异常恶劣，如严寒时母线表面积雪、积冰，造成母线受损，严重时造成母线断裂。

5）二次保护动作或电源中断造成母线失电。

2. 硬母线发热故障的处理

硬母线比较常见的故障是接头处发热，其主要原因是接头处接触电阻增大。接触电阻的大小跟接触面的大小、接触面的硬度、接触压力和接触面的氧化层等因素有关，所以在处理母线接头发热时，应根据具体情况采取不同的方法。

1）工作电流超过母线额定载流量而发热，应更换大截面面积的母线。

2）母线接头搭接面和紧固螺栓不符合母线安装规定，搭接面过小、小螺栓配大孔径，接触面不平整，造成的过热应对症处理。大螺栓可增加接触压力，大垫片可增大散热面积，可适实应用。

3）户外禁止铜铝接触，户内也应避免，以免电化学腐蚀。应尽量采用铜铝过渡板。

4）铜母线接头镀锡可防止接头发热状况，因锡比铜软，镀锡后改善了接触面的硬度，在螺栓压力下有利于增大接触面。

3.4 互感器

3.4.1 电压互感器

1. 电压互感器的作用

电压互感器能将系统的高电压变成低电压供给测量仪表和继电保护装置。具体作用有：①与测量仪表配合，测量线路的电压。②与继电装置配合，对电力系统和设备进行过电压、单相接地等保护。③使测量仪表、继电保护装置与线路的高压电网隔离，以保证操作人员和设备的安全。

2. 电压互感器的分类及型号

电压互感器按工作原理可分为电磁感应式和电容分压式。

按相数可分为单相、三相。

按线圈数目可分为双线圈、三线圈。三线圈电压互感器除一、二次线圈外，还有一组辅助二次线圈，接成开口三角形，供接地保护用。

按安装方式可分为户外和户内式。

按绝缘方式可分为干式、浇注式、油浸式和充气式。油浸式又可分为普通式和串级式。干式电压互感器结构简单，无着火和爆炸的危险，但绝缘强度较低，用于 3～10kV 空气干燥的户内配电装置；浇注式电压互感器结构紧凑，维护方便，适用于 3～35kV 户内装置；油浸式电压互感器技术成熟，价格便宜，广泛用于 10～220kV 以上的变电站。充气式（SF_6）电压互感器技术先进，绝缘强度高，但价格较贵，主要用于 110kV 及以上用于 SF_6 全封闭电器中。

电压互感器的型号表示如下：

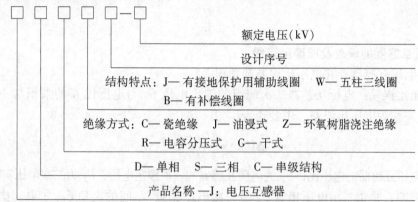

例如：JDJJ-35 表示单相油浸式接地保护用电压互感器，其电压等级 35kV。JSJW-10 表示三相三线圈五铁心柱油浸式电压互感器，其电压等级为 10kV。

3. 电压互感器的工作原理及特点

1）电磁式电压互感器的工作原理和降压变压器的工作原理相似，利用电磁感应原理制成。一、二次电压与一、二次匝数成正比关系，即电压比等于匝数比。用公式表示为

$$\frac{E_1}{E_2} = \frac{N_1}{N_2} \approx \frac{U_1}{U_2} \tag{3-1}$$

2）电压互感器的特点。电压互感器的容量很小，通常只有几十到几百伏安。电压互感器在运行中一次绕组与被测高压电路并接，其一次绕组的电压即电网的电压，不受电压互感器二次负荷的影响。电压互感器的二次负荷主要是仪表、继电器的电压线圈，二次绕组与测量仪表和继电器电压线圈并接。由于二次绕组的负载阻抗较大，因此电压互感器在正常运行中相当于一个空载降压变压器，$U_2 \approx E_2$，并随一次侧电压 U_1 而变化，通过对 U_2 的测量，就可以反映 U_1 的值。

4. 电压互感器的主要技术参数

（1）额定一次电压

电压互感器的额定一次电压与其连接系统的电压一致：三相电压互感器或用于三相系统线间，以及单相系统的单相电压互感器与它们所接系统的额定电压一致；用于三相系统线与地之间的单相电压互感器，额定一次电压为所接系统的相电压。

（2）额定二次电压和第三绕组二次电压

接于线间的单相电压互感器的额定二次电压为 100V，接于相对地间的电压互感器的额定二次电压为 $100/\sqrt{3}$ V。用于中性点直接接地系统的电压互感器，第三绕组的二次电压为 100V，用于小电流接地系统的电压互感器，第三绕组的二次电压为 100/3V。

（3）额定二次负荷

电压互感器的额定二次负荷是指在功率因数为 0.8（滞后）时，能保证二次线圈相应准确级次的基准负荷，又称为额定输出标准值，以视在功率伏安数表示。二次负荷是指二次回路中所有仪器、仪表及连接线的总负荷。

（4）变压比

电压互感器的变压比为一次绕组的额定电压与二次绕组的额定电压之比。用 K 表示，即：

$$K = \frac{U_{1N}}{U_{2N}} \tag{3-2}$$

5. 电压互感器的误差及准确度等级

电磁式电压互感器存在电压比误差和角误差。

1）电压比误差：电压互感器二次绕组的输出电压 U_2 与电压比 K 的乘积与一次额定电压之间的误差称为电压比误差。用公式表示为

$$\Delta U\% = \frac{KU_2 - U_{1N}}{U_{1N}} \tag{3-3}$$

式中，K 为电压互感器的电压比；U_{1N} 为电压互感器的一次额定电压；U_2 为二次电压实际测量值。

2）角误差：是指二次电压相量 $\dot{U}_2$ 与一次电压相量 $\dot{U}_1$ 间的夹角 δ。如果二次侧电压转过 180° 后，超前于一次电压，角误差为正，反之为负。

电压互感器的两种误差与负载大小、功率因数、电压波动有关，负载加大，误差也增大；功率因数减小时，角误差明显加大。

3）电压互感器的准确度等级（级次）。

电压互感器的准确度等级，是以最大电压比误差和角误差来区分的。

电压互感器供测量用绕组的准确度等级以额定电压和相应准确度等级所规定的额定负荷下最大允许电压误差的百分数来标称，如表3-2所示。

表 3-2　电压互感器的准确级和误差极限值

标准准确级		电压误差极限值	角误差极限值	一次电压变化范围	频率、功率因数及二次负荷变化范围
电压互感器供测量用绕组	0.1	±0.1%	5′	$(0.8 \sim 1.2) U_N$	$f = f_N$ $\cos\phi_2 = 0.8$ $(0.25 \sim 1) S_{2N}$
	0.2	±0.2%	10′		
	0.5	±0.5%	20′		
	1	±1%	40′		
	3	±3%	不规定		
电压互感器供保护用绕组	3P	3.0%	120′	$(0.05 \sim 1) U_N$	
	6P	6.0%	240′		
说　明			3P、6P 数字后面的标注 P 代表供保护用		

电压互感器的每个准确等级，都规定了对应的二次负荷额定容量，用 V·A 表示。不同的准确度等级与对应的额定容量在铭牌上都有标注。当实际二次负荷超过规定的额定容量时，电压互感器的准确度将会降低，所以应注意互感器二次侧所接总负荷不能超出所需准确度的额定容量。

6. 电压互感器的接线方式

电压互感器在三相系统中需要测量的电压有线电压、相电压和在单相接地时出现的零序电压。为了测量这些电压，电压互感器有各种不同的接线方式，几种常见的接线方案如图 3-22 所示。

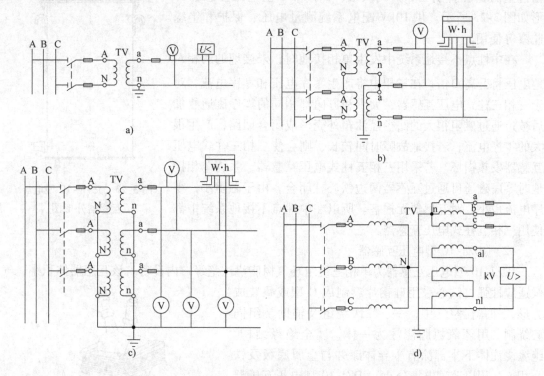

图 3-22　电压互感器的接线形式

a）单相电压互感器　b）两个单相电压互感器接成∨/∨　c）三个单相电压互感器接成Y₀/Y₀

d）三个单相三绕组电压互感器或一个三相五芯柱三绕组电压互感器接成Y₀/Y₀/△

1）一个单相电压互感器的接线，如图 3-22a 所示，供给仪表、继电器一个线电压。

2）两个单相电压互感器接成∨/∨，如图 3-22b 所示，供给仪表、继电器三相三线制电路的各个线电压，广泛用在变配电站的 6～10kV 高压配电装置中。

3）三个单相电压互感器接成Y₀/Y₀，如图 3-22c 所示，供电给要求线电压的仪表、继电器，并供电给接相电压的绝缘监视电压表。由于小接地电流电力系统在一次电路发生单相接地时，另两个完好相的相电压要升高到线电压，所以绝缘监视电压表要按线电压选择，否则在发生单相接地时，电压表可能被烧毁。

4）三个单相三绕组电压互感器或一个三相五芯柱三绕组电压互感器接成Y₀/Y₀/△，图 3-22d 所示，其接成Y₀的二次绕组，供给给需接线电压的仪表、继电器及需接线电压的绝缘监视用电压表；接成开口三角形的辅助二次绕组，接电压继电器。一次电压正常时，由于三个相电压对称，因此开口三角形两端的电压接近于零。当某一相接地时，开口三角形两端将出现近 100V 的零序电压，使电压继电器动作，发出信号。

7. 电压互感器的结构

下面介绍几种电磁式电压互感器的结构。

（1）JSJW-10 型电压互感器

JSJW-10 为老式油浸三相三绕组五铁心柱式电压互感器，属于普通结构，其铁心和绕组组成的器身置于油箱内，通过箱盖上的瓷套管引出，户内安装。JSJW-10 型电压互感器外形如图 3-23 所示。供 10kV 配电系统测量电压、保护和绝缘监察等使用。

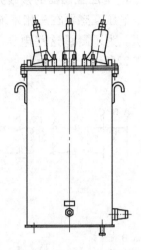

在中性点不接地系统中发生单相接地时，未接地的两相对地电压将升高 $\sqrt{3}$ 倍，在三相中将产生零序电压和零序电流，对于三相三柱式电压互感器，大小和方向都相同的零序磁通叠加后被迫通过磁阻很大的路径经油箱外壳形成闭合回路，产生很大的零序电流，若接地故障时间较长，则会使三相三柱式电压互感器发热损坏。若采用三相五柱式电压互感器，系统单相接地时零序磁通可通过互感器两边铁心柱闭合，由于磁阻小，零序电流也小，对互感器无损害。所以在中性点不接地系统中都使用三相五柱式电压互感器。

图 3-23 JSJW-10 型电压
互感器外形图

（2）JDZJ-10 型电压互感器

JDZJ-10 型电压互感器为单相三绕组环氧树脂浇注绝缘户内设备。该互感器体积小，气候适应性强，铁心采用硅钢片卷制成 C 型或叠装成方形，外露在空气中，一、二次绕组及辅助绕组同心绕制，用环氧树脂浇注为一体，属全绝缘结构。绝缘浇注体下半部涂有半导体漆并与金属底板及铁心相连，用以改善电场分布，JDZJ-10 型电压互感器外形如图 3-24 所示。利用三台 JDZJ-10 型电压互感器结成 $\curlyvee_0/\curlyvee_0/\triangle$，可替代 JSJW-10 型互感器供 10kV 不接地配电系统供测量电压、保护和绝缘监察等使用。

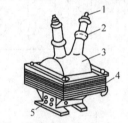

图 3-24 JDZJ-10 型电压互感器外形图
1——次接线端子 2—高压绝缘套管 3—用
环氧树脂浇注为一体的一、二次绕组
4—铁心（壳式） 5—二次接线端子

（3）JCC-110 型电压互感器

JCC-110 型电压互感器采用单相串级式结构，其原理接线和内部布置如图 3-25 所示。其特点是绕组和铁心采用分级绝缘：一次绕组分成匝数相等的两部分，分别套在同一铁心的上下两柱上，串联在相与地之间，两绕组的串接点与铁心连接，铁心带电，与底座绝缘，整个器身需用绝缘支架支撑起来。这种串级接线方式使铁心上的两个绕组均只承受一半的相电压，绝缘仅按 $U/2$ 分级绝缘设计，可节省大量的绝缘材料，降低了造价。

（4）SF_6 气体绝缘电压互感器（独立式）

SF_6 气体绝缘电压互感器因其技术先进，体积小，已逐步在 110kV 及以上电力网中推广使用。这种电压互感器为箱式结构，绝缘介质为 SF_6 气体，绝缘强度高，所以体积做得比较小。互感器放在下部气室中，一次绕组高压端的引线从下部穿过硅橡胶复合绝缘套管，一直引到套管顶部的接线板上。顶部除高压接线端子外，还装有防爆片，当互感器发生故障，内部压力升高时，防爆片破裂，释放压力，有效防止互感器整体爆炸。二次接线盒与密度继电器装在下部油箱上。通过密度继电器可监视互感器内部 SF_6 气体的压力，密度继电器带有两对接点，用于内部压力报警。图 3-26 为 SF$_6$ 气体绝缘电压互感器示意图。

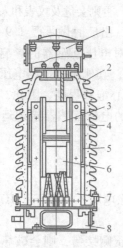 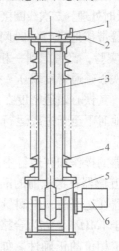

图 3-25　JCC-110 型串级式电压互感器结构　　　　图 3-26　SF$_6$ 气体绝缘电压互感器示意图
1—储油柜　2—瓷油箱　3—上柱绕组　4—隔板　　　　1—防爆片　2—高压接线板　3—高压引线
5—铁心　6—下柱绕组　7—支撑绝缘板　8—底座　　4—硅橡胶复合绝缘套管　5—高压线圈　6—接线盒

8. 电压互感器运行中的注意事项

1）电压互感器在运行中二次侧不允许短路。电压互感器二次绕组所接负载阻抗值都很大，电压互感器工作时相当于空载状态，发生短路时，将产生很大的短路电流。为防止短路，在二次侧装设熔断器或者空气小开关。

2）电压互感器在接入电路前，要进行极性校核，接入电路后，电压互感器的各个二次绕组（包括备用）均必须有可靠的保护接地，且只允许有一个接地点。防止互感器一、二次侧线圈间击穿时，危及人身和设备安全。

3）注意电压互感器端子的极性

单相电压互感器的一次绕组端子标以 A、N，二次绕组端子标以 a、n，端子 A、a 与 N、n 为"同名端"或"同极性端"。三相电压互感器，按照相序，一次绕组端子分别标以 A、B、C、N，二次绕组端子对应标以 a、b、c、n，端子 A 与 a、B 与 b、C 与 c、N 与 n 分别为对应的同名端。

4）电磁式电压互感器一次绕组 N 端必须可靠接地。

5）中性点非有效接地系统中，作单相接地监视用的电压互感器，一次中性点应接地，为防止谐振过电压，应在一次中性点或二次回路装设消谐装置。

3.4.2　电压互感器的运行检查、操作及常见故障处理

1. 电压互感器的运行

电压互感器在额定容量下允许长期运行，但在任何情况下都不允许超过最大容量运行。电压互感器在运行中不能短路。如果在运行中，发生短路现象，二次电路的阻抗值大大减小，就会出现很大的短路电流，使二次线圈严重过热而烧毁。因此，在运行中值班人员必须注意检查二次电路是否有短路现象，并及时消除。

电压互感器在运行中，值班人员应检查高、低压侧熔断器是否运行良好，如果发现有发热及熔断现象，应及时处理。二次线圈接地线应无松动及断裂现象，否则会危及仪表和人身安全。

电压互感器带接地运行的时间，一般不做规定。因为，出厂时做承受1.9倍额定电压8h而无损伤的实验，已考虑到一相接地其他两相电压升高对电压互感器的影响。此外，在正常运行时，铁心磁通密度取0.7~0.8T，当电网一相接地，其他未接地相电压升高1.9倍的额定电压时，其铁心磁通密度在1.4~1.6T，还未达到铁心饱和程度。因此，电压互感器在电网单相接地时不至于过载运行。所以，目前6~10kV的电压互感器接地运行时间不作具体的规定。

电压互感器的操作和在运行中的检查。

（1）电压互感器在送电前的准备

电压互感器在送电前，应测量其绝缘电阻，低压侧绝缘电阻不得低于$1M\Omega$，高压侧绝缘电阻不得低于$1M\Omega/kV$方为合格。

定相即确定相位的正确性。如果高压侧相位正确，低压侧接错，则会破坏同期的准确性。此外，在倒母线时，还会使两台电压互感器短时并列，产生很大的环流，造成低压熔断器熔断，引起保护装置电源中断，严重时会烧坏二次线圈。

电压互感器送电前的检查项目：瓷瓶应清洁、完整、无损坏及裂纹；油位正常油色透明不发黑且无渗、漏油现象；低压电路的电缆及导线应完好，且无短路现象；电压互感器外壳应清洁，无渗、漏油现象，二次线圈接地应牢固良好。

值班人员在准备工作结束后，可进行送电操作。装上高、低压侧熔断器，合上其出口隔离开关，使电压互感器投入运行。然后投入电压互感器所带的继电保护及自动装置。

（2）电压互感器的并列运行

在双母线中，每组母线接一台电压互感器。若由于负载需要，两台电压互感器在低压侧并列运行。此时，应先检验母线断路器是否已合上。如未合上，则合上母线断路器后，再进行低压侧的并列，否则，由于高压侧电压不平衡，低压侧电路内会产生较大的环流，容易引起低压熔断器熔断，致使保护装置失去电源。

（3）电压互感器在运行中的检查

电压互感器在运行中，值班人员应进行定期的检查，其检查项目如下：瓷瓶应清洁、完整、无损坏及裂纹，无放电痕迹及电晕声响；电压互感器油位应正常，油色透明不发黑，且无严重渗、漏油现象；呼吸器内部吸潮剂不应潮湿，如硅胶由原来的天蓝色变为粉红色，说明硅胶已受潮，需进行更换；在运行中，内部声响应正常，无放电声及剧烈振动声。当外部线路接地时，更应注意供给监视电源的电压互感器声响是否正常，有无焦臭味；高压侧导线接头不应过热，低压电路的电缆及导线不应腐蚀及损伤。高、低压侧熔断器及限流电阻应完好，低电压路应无短路现象；电压表三相指示应正确，电压互感器不应过负荷；电压互感器外壳应清洁，无裂纹，无渗、漏油现象，二次线圈接地线应牢固良好。

（4）电压互感器的停用

在双母线制中，电压互感器随同母线一起停用，如一台电压互感器出口隔离开关，电压互感器本体或低压侧需要检修时，则须停用电压互感器，其操作程序如下：

1）先停用电压互感器所带的保护及自动装置，如装有自动切换装置或手动切换装置时，其所带的保护及自动装置可不停用。

2）取下低压侧熔断器，以防止反充电，使高压侧带电。

3）拉开电压互感器出口隔离开关，取下高压侧熔断器。

4）进行验电，用电压等级合适且合格的验电器，在电压互感器进线各相分别验电。

5）验明无电后，装设好接地线，悬挂标示牌，经过工作许可手续，便可进行检修工作。

2. 电压互感器的事故处理

（1）电压互感器回路断线

运行中的 10kV 电压互感器，除了其内部线圈发生匝间、层间或相间短路及一相接地等故障，使一次侧熔丝熔断，还可能由于以下几个原因造成熔丝熔断。

1）一、二次回路故障。当电压互感器的二次回路及设备发生故障时，可能造成电压互感器的过电流，若电压互感器二次侧熔丝选择不合理，则可能造成一次侧熔丝熔断。

2）10kV 系统一相接地。10kV 系统为中性点不接地系统，当一相接地时，其他两相升高 $\sqrt{3}$ 倍。对 Yn0，yn0 接线的电压互感器，其正常的两相对地电压将变成线电压，由于电压升高而引起电流的增加，可能会使熔丝熔断；10kV 系统一相间歇性电弧接地，可能产生数倍的过电压，使电压互感器铁心饱和，电流的急剧增加也可能会使熔丝熔断。

3）系统发生铁磁谐振。在中性点不接地系统中，由于发生单相接地或用户电压互感器数量的增加，使母线或线路的电容和电压互感器的电感构成振荡回路，在一定条件下，会引起铁磁振荡故障。在系统谐振时，电压互感器上将产生过电压或过电流。电流的剧增，除了造成一次侧熔丝熔断外，还常导致电压互感器的烧毁事故。

当发现一次侧熔丝熔断时，应拉开电压互感器的出口隔离开关，取下二次侧熔丝，检查是否熔断。在排除电压互感器本身故障后，可重新更换合格熔断器后再将电压互感器投入运行。

（2）电压互感器二次电路短路

电压互感器由于二次电路导线受潮、腐蚀及损伤而发生一相接地，便可能发展成二相接地短路。另外，电压互感器内部存在着金属性短路，也会造成电压互感器二次电路短路。在二次电路短路后，其阻抗减少，仅为二次线圈的电阻。所以，通过二次电路的电流增大，导致二次侧熔断器熔断，影响表计指示，引起保护误动作。此时，如二次侧熔断器容量选择不当，还极易烧坏电压互感器二次线圈。

当电压互感器二次电路短路时，在一般情况下高压熔断器不会熔断，但此时电压互感器内部有异声，将二次熔断器取下后亦停止，其他现象与断线情况相同，不再重述。

当发生上述故障时，值班人员应进行如下处理。

1）对双母线系统中的任一故障电压互感器，可利用母联断路器切断故障电压互感器，将其停用。

2）对其他电路中的电压互感器，当发生二次电路短路时，如果高压熔断器未熔断，则可拉开其出口隔离开关，将故障电压互感器停用，但要考虑在拉开隔离开关时所产生弧光的危害性。

（3）电压互感器一次或二次侧一相熔断器熔断

由于电压互感器过负荷运行，二次电路发生短路，一次电路相间短路，产生铁磁谐振以及熔断器日久磨损等原因，均能造成一次或二次侧一相熔断器熔断的故障。若一次或二次侧熔断器一相熔断，则该熔断相的相电压表指示值降低，未熔断相的电压表指示值不会升高。

当发生上述故障时，值班人员应进行如下处理。

1）若二次侧熔断器一相熔断时，应立即更换。若再次熔断，则不应再更换，待查明原因后处理。

2）若一次侧熔断器一相熔断时，应立即拉开电压互感器出口隔离开关，取下二次侧熔断器，并做好安全措施，在保证人身安全和防止保护误动作的情况下，更换熔断器。

（4）防止铁磁谐振过电压的措施

电力系统铁磁谐振会使电压互感器的保险熔断或设备烧毁，还可能损坏其他电气设备，甚至造成系统停电事故。这需要采取相应措施，一般简单可行的办法是在接地监察用的电压互感器开口三角形绕组两端和一次中性点处接入电阻，以增加回路阻尼，使谐振不易发生。从效果上讲，开口三角绕组接入的电阻越小越好，而一次侧中性点接入电阻越大越好。但开口三角接入电阻太小时，当一次系统发生单相接地后，将使电压互感器过热，影响它的安全；而一次侧中性点接入电阻太大时，当一次系统发生单相接地后对一次引出线为弱绝缘的电压互感器，其中性点绝缘可能被损坏。因此，接入的电阻要根据实际的系统参数经计算确定。

3. SF₆气体绝缘电压互感器运行的特别规定

1）运行中应巡视检查气体密度表工况，产品年漏气率应小于1%。

2）若压力表偏出绿色正常压力区（表压小于0.35MPa）时，应引起注意，并及时按制造厂要求停电补充合格的SF₆新气，控制补气速度约为0.1MPa/h。

3）要特别注意充气管路的除潮干燥，以防充气24h后检测到的气体含水量超标。

4）如气体压力接近闭锁压力，则应停止运行，着重检查防爆片有否微裂泄漏，并通知制造厂及时处理。

5）补气较多时（表压力小于0.2MPa），应进行工频耐压试验（试验电压为出厂试验值的80%～90%）。

运行中应监测SF₆气体含水量不超过300μL/L，若超标时应尽快退出，并通知厂家处理。充分发挥SF₆气体质量监督管理中心的作用，应做好新气管理、运行及设备的气体监测和异常情况分析，监测应包括SF₆压力表和密度继电器的定期校验。

3.4.3 电流互感器

1. 电流互感器的作用

电流互感器是一种电流变换装置，它将大电流变换成电压较低的小电流，一般为5A，供给测量仪表和继电保护装置使用。其主要作用有：①与测量仪表配合，对线路的电流等进行测量。②与继电保护装置配合，对电力系统和设备进行过负荷和过电流等保护。③使测量仪表、继电保护装置与线路的高压电网隔离，以保证人身和设备的安全。

2. 电流互感器的分类与型号

电磁式电流互感器按安装地点，可分为户内式、户外式和装入式（指装入变压器或断路器等设备中）。按绝缘方式可分为干式、浇注式、油浸式和充气式。按安装方式可分为穿墙式和支持式。按一次绕组的匝数分，有单匝式和多匝式。

电流互感器的型号表示和含义如下。

例如：LQJ-10表示线圈式树脂浇注电流互感器，额定电压为10kV。LFCD-10/400表示瓷绝缘多匝穿墙式电流互感器，用于差动保护，额定电压10kV，变流比为400/5。LMZJ1-0.5表示母线式低压电流互感器，额定电压为0.5kV。

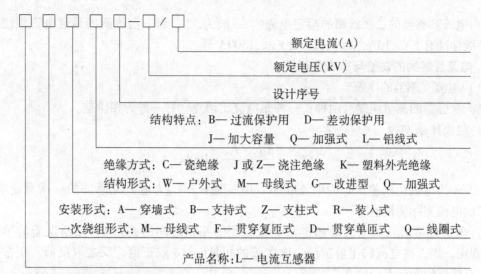

额定电流（A）

额定电压（kV）

设计序号

结构特点：B— 过流保护用　　D— 差动保护用

J— 加大容量　　Q— 加强式　　L— 铝线式

绝缘方式：C— 瓷绝缘　　J 或 Z— 浇注绝缘　　K— 塑料外壳绝缘

结构形式：W— 户外式　　M— 母线式　　G— 改进型　　Q— 加强式

安装形式：A— 穿墙式　　B— 支持式　　Z— 支柱式　　R— 装入式

一次绕组形式：M— 母线式　　F— 贯穿复匝式　　D— 贯穿单匝式　　Q— 线圈式

产品名称：L— 电流互感器

3. 电流互感器的工作原理及特点

（1）电流互感器的工作原理

电流互感器的工作原理与变压器相似，也是按电磁感应原理进行工作的，但是其一次线圈不是电压线圈，而是电流线圈。一次线圈的匝数很少，使用时串联在被测线路中，二次线圈匝数多，与测量仪表和继电器的电流线圈串联。当被测的一次电流 I_1 流过一次线圈时，铁心中产生交变磁通，此交变磁通在二次闭合回路中感应出电动势并产生电流 I_2，此时一次线圈和二次线圈的磁势是相互平衡的，即：

$$N_1 \dot{I}_0 = N_1 \dot{I}_1 + N_2 \dot{I}_2 \tag{3-4}$$

式中，N_1、N_2 为电流互感器一、二次线圈的匝数；I_1、I_2 为电流互感器一、二次线圈的电流，I_0 为励磁电流（近似等于空载电流），正常运行时励磁电流 I_0 很小，约为一次电流的 1%~3%，可忽略不计，则 $N_1 \dot{I}_1 + N_2 \dot{I}_2 = 0$，这时一、二次绕组中电流的有效值之比为 $\dfrac{I_1}{I_2} \approx \dfrac{N_2}{N_1}$，即电流比与一、二次侧匝数成反比。由于电流互感器一次侧匝数很少（一匝或几匝），二次侧匝数较多，因此二次侧电流小于一次侧的电流。定义电流互感器的一、二次侧的额定电流之比为电流互感器的额定变流比 K_i，则

$$K_i = \frac{I_{1N}}{I_{2N}} \approx \frac{N_2}{N_1} \approx \frac{I_1}{I_2} \tag{3-5}$$

所以

$$I_1 \approx K_i I_2 \tag{3-6}$$

值得注意的是，这个结论是在忽略 I_0 的前提下得出的，所以电流互感器的测量值与实际值之间有一定的误差。

（2）电流互感器的特点

1）电流互感器的一次侧匝数很少且串联在被测电路中，因此运行中的电流互感器的一次绕组中电流的大小取决于被测线路的负载电流，与二次负荷无关。

2）电流互感器二次侧串接的是测量仪表和保护装置的电流线圈。其负载的阻抗都很小，正常运行时电流互感器接近短路状态。

51

3）电流互感器的二次线圈的额定电流 I_{2N} 一般为 5A，而一次线圈的额定电流则按不同电压等级标准有 5A、10A、15A、20A、…、1500A 等。

4. 电流互感器的误差与准确度等级

（1）电流互感器的误差

电流互感器的测量误差有两种：一种是电流比误差，另一种为相位差。

1）电流比误差为

$$\Delta I\% = \frac{K_i I_2 - I_{1N}}{I_{1N}} \times 100\% \tag{3-7}$$

式中，$\Delta I\%$ 为电流比误差；K_i 为电流互感器的变流比；I_{1N} 为电流互感器的一次额定电流；I_2 为二次电流实际测量值。

2）角误差是指二次电流的相量与一次电流的相量之间的夹角 δ，相角误差的单位为（′）。规定，当二次电流的相量超前一次电流的相量时，δ 取正值；反之取负值。正常运行时电流互感器的角误差一般在 2° 以下。

（2）电流互感器的误差与下列因素有关

1）与励磁磁势（$I_0 N_1$）的大小有关，即与铁心的导磁性能和结构形式有关，铁心导磁性能差时 I_0 增大，误差增大。

2）与一次电流大小有关，在额定范围内一次电流增大，误差减小。当一次电流为额定电流的 100%~120% 时，误差最小。

3）与二次负载阻抗大小有关，阻抗加大，误差加大。

4）与二次负载感抗有关，当感抗加大（即功率因数减小）时，电流误差增大，而角误差相对减小。

（3）电流互感器的准确度等级

电流互感器的准确度等级是指规定的二次负荷范围内，一次电流为额定时的最大误差极限值。我国规定的标准准确级分为 0.1 级、0.2 级、0.5 级、1 级、3 级和 5 级 6 个等级，特殊使用要求的电流互感器的准确级有 0.2S 和 0.5S 级。

对于 0.1、0.2、0.5 和 1 级 4 个准确级次，当二次负荷在 25%~100% 额定负荷范围内变化时，在额定频率下其电流的误差极限值分别为 ±0.1%、±0.2%、±0.5% 和 ±1%，相应的相位差极限值分别为 ±5′、±10′、±30′、±60′。对于 3 级和 5 级两个准确级次，负荷在 50%~100% 的范围内变化时，额定频率下电流误差的极限值分别为 ±3% 和 ±5%，相位差不作规定。

选用哪一个准确级次由负载的性质来决定，一般作电度计量标准的选用 0.1~0.2 级；收费的选用 0.2~0.5 级，用于电流精确测量选用 0.5~1 级，一般测量选用 1~3 级，继电保护选用 P 级。

5. 电流互感器的接线方式

1）图 3-27a 为单相接线方式，用于测量三相对称电路中的一相电流。

2）图 3-27b 为两相不完全星形联结，电流互感器通常接在 A、C 相中，这种接线也称为两相 V 形联结。广泛用于三相三线制的电路中（如 6~10kV 的高压线路中）测量三相电流、电能及作过电流继电保护之用。两相 V 形联结的公共线上电流为 $\dot{I}_a + \dot{I}_c = -\dot{I}_b$，反映的是未接电流互感器的 B 相的电流。

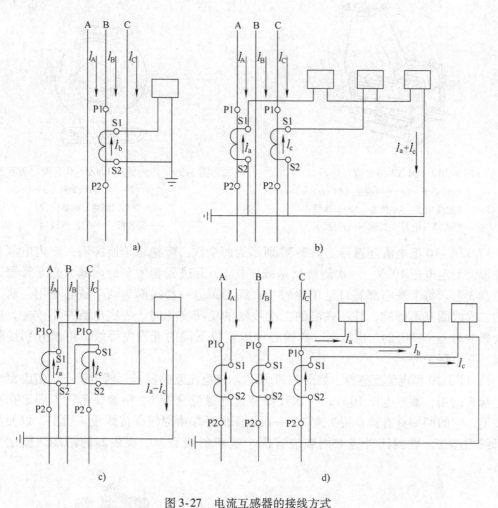

图 3-27 电流互感器的接线方式

a）单相式接线 b）不完全星形联结 c）两相电流差接线 d）三相星形联结

3）图 3-27c 为两相电流差接线。电流互感器通常接在 A、C 相，二次侧公共线上的电流为 $\dot{I}_A - \dot{I}_C$，其量值为相电流的 $\sqrt{3}$ 倍。适用于中性点不接地的三相三线制电路中，作过电流继电保护之用。

4）图 3-27d 为三相完全星形联结，可测量三相负载电流，监视各相负载不对称情况。广泛用在三相四线制以及负荷可能不平衡的三线制系统中，作测量三相电流及过电流保护之用。

6. 电流互感器的结构

1）LQJ-10 型电流互感器，如图 3-28 所示。该型电流互感器为复匝线圈式、浇注绝缘、户内型，在 10kV 配电系统中可供电流、电能、功率测量及继电保护用。互感器的铁心由条形硅钢片叠装而成，一次绕组引出在顶部，二次接线端子位于侧面。绕组用树脂浇注绝缘。该互感器体积小、质量轻、机械强度高、维护方便。

2）户内低压 LMZJ1-0.5 型电流互感器，如图 3-29 所示。该型电流互感器利用穿过其铁心的一次电路作为一次绕组（相当于一匝），二次绕组绕在铁心外面，并用树脂浇注。该型电流互感器广泛用于 500V 及以下低压配电系统中。

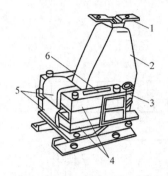

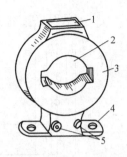

图 3-28　LQJ-10 型电流互感器

1——次接线端子　2——次绕组（树脂浇注）

3—二次接线端子　4—铁心　5—二次绕组

6—警告牌（上写"二次不得开路"）

图 3-29　户内低压 LMZJ1-0.5 型电流互感器

1—铭牌　2——次母线穿孔　3—铁心

（外绕二次绕组，树脂浇注）

4—安装板　5—二次接线端子

　　3）LDC-10 型电流互感器。图 3-30 所示为两个铁心瓷绝缘单匝穿墙式户内电流互感器外形。额定电压 10kV，一次侧绕组是载流柱 1，穿过瓷套管 2 的内部，瓷套管固定在法兰盘 3 上。每个铁心都有自己单独的二次线圈，但一次线圈为两个铁心分用。两个铁心的二次线圈互不影响，任一铁心的二次线圈的负荷变化时，一次电流并不改变，所以不会影响另一个铁心的二次线圈。各铁心可以制成不同的准确度等级，用来分别接测量仪表、继电保护等。

　　4）LFC-10 型电流互感器，如图 3-31 所示。该电流互感器具有两个铁心，多匝穿墙式瓷绝缘户内用，额定电压 10kV，一次线圈穿过绝缘瓷套管 1、绝缘瓷套管 1 固定在法兰盘 2 上，它的两端具有铸铁接头盒 3，一次线圈的两端由原线圈接线板 4 引出，以便与配电母线相连接。在封闭外壳 6 内装绕有两个线圈的铁心，二次线圈的两端，接在 5 和 5′上。

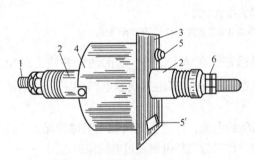

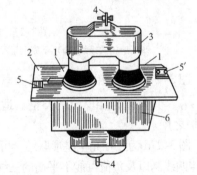

图 3-30　LDC-10 型电流互感器

1—载流柱　2—瓷套管　3—法兰盘　4—封闭外壳

5、5′—副线圈接线板　6—螺帽

图 3-31　LFC-10 型电流互感器

1—绝缘瓷套管　2—法兰盘　3—铸铁接头盒　4—原线圈

接线板　5、5′—副线圈接线端子　6—封闭外壳

3.4.4　电流互感器的运行维护及事故处理

1. 电流互感器运行中的注意事项

　　1）电流互感器的所有的二次绕组必须可靠接地。电流互感器在运行中二次线圈应和铁心同时接地运行，以防因一、二次线圈间绝缘损坏而出现击穿时，二次线圈窜入高电压，危

害人身及测量仪表和继电器的安全。

2）运行中的电流互感器二次绕组不得开路。根据磁势平衡方程，$N_1 \dot{I}_0 = N_1 \dot{I}_1 + N_2 \dot{I}_2$，当 $\dot{I}_2 = 0$ 时，$N_1 \dot{I}_0 = N_1 \dot{I}_1$，即 $\dot{I}_0 = \dot{I}_1$，一次电流全部用于励磁，铁心严重饱和，在二次线圈中感应出的高电动势将威胁人身和设备安全。为避免二次绕组开路，在二次侧不许装设熔断器。在运行中如要拆除仪表或继电器时，必须先将电流互感器的二次线圈短接，以防开路。

3）电流互感器在运行中不允许超过额定容量长期运行。电流互感器的额定容量是用二次线圈通过额定负载时所消耗的功率表示的，也可以用二次线圈的阻抗值表示，因其容量与阻抗成正比，因此，电流互感器的额定容量为

$$S_{2N} = I_{2N}^2 Z_{2N} \tag{3-8}$$

式中，I_{2N} 为二次线圈额定电流（A）；Z_{2N} 为二次线圈额定阻抗（Ω）。

电流互感器在运行中不允许超过额定容量长期运行，如果电流互感器过负荷运行，则会使铁心磁通密度饱和或过饱和，造成电流互感器误差增大，表针指示不正确，不容易掌握负荷情况。另外，当磁通密度增大后，使铁心和二次线圈过热，造成绝缘加速老化，甚至使互感器损坏等。

2. 电流互感器的操作和维护

（1）电流互感器的起、停用操作

电流互感器的起、停用，一般是在被测电路的断路器断开后进行的，以防止电流互感器的二次线圈开路。但在被测电路中断路器不允许断开时，只能在带电情况下进行。

在停电情况下，停用电流互感器时，应将纵向连接端子板取下，将标有"进"侧的端子横向短接。在起用电流互感器时应将横向短接端子板取下，并用取下的端子板，将电流互感器纵向端子接通。

在运行中，停用电流互感器时，应将标有"进"侧的端子，先用备用端子板横向短接，然后取下纵向端子板。在起用电流互感器时，应用备用端子板将纵向端子接通，然后取下横向端子板。

在电流互感器起、停用中，应注意在取下端子板时是否出现火花，如果发现火花，应立即把端子板装上并拧紧，然后查明原因。另外，工作人员应站在绝缘垫上，身体不得碰到接地物体。

（2）电流互感器在运行中的维护

电流互感器在运行中，值班人员应进行定期检查，以保证安全运行，检查时应注意如下几点：

1）电流互感器应无异音及焦臭味。

2）检查电流互感器接头应无过热现象。

3）电流互感器的瓷质部分应清洁完整，无裂痕和放电现象。

4）应检查电流互感器油位是否正常，应无漏油、渗油现象。

5）定期检验电流互感器油绝缘情况，充油式电流互感器要定期放油，试验油质情况。以防油绝缘降低，引起发热膨胀，造成电流互感器爆炸起火。

6）SF_6 绝缘的电流互感器释压动作时应立即断开电源，进行检修。

3. 电流互感器的事故处理

电流互感器在运行中造成开路的原因有：

1）端子排上导线端子的螺钉因受振动而自行脱扣，造成电流互感器二次开路。

2）保护盘上的压板未与铜片接触而压在胶木上，造成保护回路开路，相当于电流互感器二次开路。

3）经切换可读三相电流值的电流表的切换开关接触不良，造成电流互感器二次开路。

4）靠近传动部分的电流互感器二次导线，有受机械摩擦的可能，使二次导线磨断，造成电流互感器二次开路。

在运行时，电流互感器二次侧开路会引起电流保护动作不正确，差动保护的"电流回路断线"光字牌亮，电流表指示为"0"。另外，铁心还发出"嗡嗡"的异声，以及因电压峰值很高造成的二次线圈的端子处出现放电火花。此时，应先将一次电流（即电路负荷）减小或降至零，然后将电流互感器所带的保护退出运行，在做好安全措施后，将故障电流互感器的端子进行短接，以免二次开路后引起高电压。如果电流互感器有焦臭味或冒烟等情况，在取得运行领导人同意后，应立即停用电流互感器。

3.5 电力电容器

3.5.1 电力电容器的结构原理

1. 电力电容器的作用与基本结构

电力电容器主要用于提高频率为 50Hz 的电力网的功率因数，作为产生无功功率的电源。

电力电容器的结构主要由外壳、电容元件、液体和固体绝缘、紧固件、引出线和套管等件组成。无论是单相还是三相电力电容器，电容元件均放在外壳（油箱）内，箱盖与外壳焊在一起，其上装有引线套管，套管的引出线通过出线联接片与元件的极板相连。箱盖的一侧焊有接地片，做保护接地用。在外壳的两侧焊有两个搬运用的吊环。单相电力电容器的内部结构如图 3-32 所示。

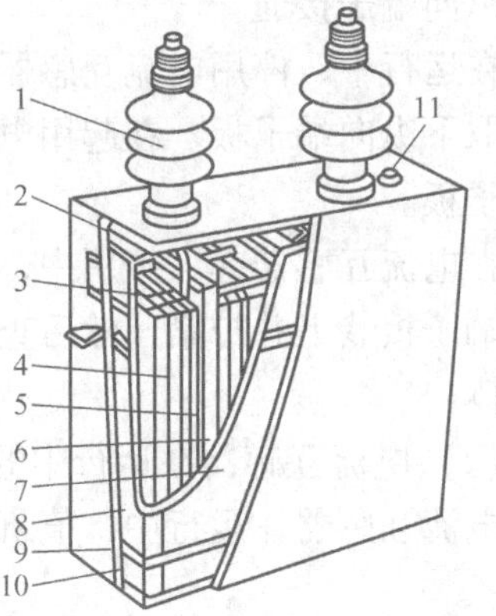

2. 电力电容器的接线方法

若电力电容器的端电压为 U，电流为 I_C，其容量为 Q_C，则：

$$Q_C = UI_C \tag{3-9}$$

将 $I_C = \dfrac{U}{X_C} = \omega CU$ 代入式（3-9）可得：

$$Q_C = \omega CU^2 \tag{3-10}$$

电容器中介质引起的有功损耗：

$$\Delta P_C = \omega CU^2 \tan\delta \tag{3-11}$$

式（3-10）和式（3-11）中，δ 为电容器的介质损失角；f 为频率（Hz），$\omega = 2\pi f$。

由式（3-10）和式（3-11）可知：电容器的容量和介质损耗均随其端电压的平方而变

图 3-32　单相电力电容器
的内部结构图

1—出线套管　2—出线连接片　3—连接片　4—元件　5—出线连接固定板
6—组间绝缘　7—包封件　8—夹板
9—紧箍　10—外壳　11—封口盖

化，因此电容器的连接，必须保证其端电压与电网电压相符。

电容器既可以串联，也可以并联，当单台电容器的额定电压低于电网电压时，可采用串联连接，使串联后的电压与电网电压相同。当电容器的额定电压与电网电压相同时，根据容量的需要，可采用并联连接。但如果条件允许，尽量采用并联，而不采用串联。因为并联时，若其中一台发生故障，其他的并联电容器可继续运行，只是总容量减少一台的容量。若串联时，其中一台发生故障，其他未发生故障的电容器也必须停止运行。

对于串联运行的电容器组，要求每台电容器的电容值应尽量相等，即使不相等，其差值也应小于10%，否则由于电容值的差异，造成每台所承受的电压不一致，也会导致三相电压的不平衡。因此在安装时，应尽可能选择电容值相差不大的电容器。

对于串联连接的电容器，接入电网运行时，每台均需对地绝缘起来，其绝缘水平应不低于电网的额定电压。

单相电容器组接入三相电网时可采用三角形联结或星形联结，但必须满足电容器组的线电压与电网电压相同。

当3个电容为C的电容器接成三角形时，容量为$Q_{C(\triangle)} = 3\omega CU^2$，式中$U$为三相线路的线电压。如果3个电容为$C$的电容器接成星形时，容量为$Q_{C(Y)} = 3\omega CU_\phi^2$，式中$U_\phi$为三相线路的相电压。由于$U = \sqrt{3}U_\phi$，因此$Q_{C(\triangle)} = 3Q_{C(Y)}$。这是并联电容器采用三角形联结的一个优点。另外电容器采用三角形联结时，任一电容器断线，三相线路仍得到无功补偿；而采用星形联结时，一相断线时，断线的那一相将失去无功补偿。

但是，电容器采用三角形联结时，任一电容器击穿短路都将造成三相线路的两相短路，短路电流很大，有可能引起电容器爆炸。这对高压电容器特别危险。而采用星形联结时，在其中一相电容器击穿短路时，其短路电流仅为正常工作电流的3倍，因此相对比较安全。所以 GB 50059—1992《35～110kV 变电站设计规范》规定：电容器装置宜采用中性点不接地的星形或双星形联结，而 GB 50053—1994《10kV 及以下变电站设计规范》规定：高压电容器组宜接成中性点不接地的星形，容量较小时（450kvar 及以下）宜接成三角形。低压电容器组应接成三角形。

对于中性点不接地系统，当电容器组采用丫联结时，其外壳也应对地绝缘，绝缘水平应与电网的额定电压相同。这是因为在中性点不接地系统中，当发生一相接地时，其他两相对地电压升高为线电压，为了防止电容器过电压，应将电容器的外壳绝缘。

3. 电容器的放电装置

电容器从电源上断开后，由于极板上蓄有电荷，因此两极板间仍有电压存在，在电源断开瞬间，即 $t = 0$ 时，电压的数值等于电源电压，然后通过电容器的绝缘电阻进行自由放电，使端电压逐渐降低。端电压的变化可用下式表示：

$$u_t = U_0 \mathrm{e}^{-\frac{t}{RC}} \tag{3-12}$$

式中，u_t 为 t 时刻电容器的端电压（V）；U_0 为电路断开瞬间电源电压（V）；t 为放电时间（s）；R 为电容器的绝缘电阻（Ω）；C 为电容器的电容量（F）；e 为自然对数的底，$\mathrm{e} = 2.718$。

从式（3-12）中看出端电压下降的速度取决于电容器的时间常数 RC。当电容器的绝缘良好，即 R 数值很大时，自由放电进行得很慢，这样就不能满足安全要求，为使放电快速进行，必须加装放电装置，使电容器断开电源后能迅速进行放电，以保证运行和检修人员在停电的电容器上进行工作时的安全。

电容器通过纯电阻 R 进行放电时，其放电电流是非周期性的单向电流，它随着放电时间的增加和电容器端电压的降低而减少。

若放电回路存在着电感 L，电压和电流随放电时间的变化情况取决于放电回路的参数 R、L 和 C 的数值，其放电电流除了可能是非周期性单向电流外，还可能是周期性的振荡电流。这取决于 R 和临界振荡电阻 $2\sqrt{L/C}$ 的数值，当 $R \geqslant 2\sqrt{L/C}$，放电电流是非周期性的单向电流；当 $R < 2\sqrt{L/C}$ 时，放电电流是周期性的振荡电流。

（1）对放电电阻的要求

1）放电电阻的接线必须牢靠。为了保证电容器停电时能可靠的自行放电，放电电阻应直接接在电容器组上，而不应单独装设断路器或熔断器。如果放电电阻与电容器之间装有断路器或熔断器，一旦断路，便会失去放电作用，这样很危险。

2）电容器从电源侧断开进行放电后，其端电压应迅速降低，不论电容器的额定电压是多少，在电容器切断后 30s，其端电压不超过 65V。

3）为减少正常运行过程中在放电电阻中的电能损耗，一般规定，电网在额定电压时，每千乏电容器在其放电电阻中的有功损耗不超过 1W。

4）对于额定电压在 1kV 以上的电容器组可采用互感器的一次线圈作为放电电阻，通常采用两台电压互感器 V 接线，最好是采用 3 台电压互感器三角形联结。

下列两种情况，可不另行安装放电电阻：

1）电容器或电容器组，直接接在变压器、电动机控制或保护装置的内侧，即电容器与电器设备共用一组控制或保护电路，当隔离开关拉开或熔断器断开后，电容器将通过变压器或电动机的线圈自行放电。

2）装在室外柱上的电容器组，因电容器安装处较高，停电后人体不易触及，同时放电电阻也不易安装。但是，此种电容器组必须制定严格的管理制度，尤其在停电进行电容器的检修、清扫和检查时，必须严格执行安全规程，在悬挂临时地线之前，必须进行一次或数次人工放电，直至残余电荷绝大部分放尽，方可悬挂临时接地线，再开始工作。

（2）放电电阻的选择

对于低压电容器组，可按下式选择放电电阻：

$$R \leqslant 15 \times 10^6 \frac{U_\phi^2}{Q_C} \qquad (3\text{-}13)$$

式中，R 为放电电阻（Ω）；U_ϕ 为电源相电压（kV）；Q_C 为电容器组每相容量（kvar）。

按上式计算出的放电电阻，尚需符合每千乏电能损耗不超过 1W 的要求。

一般低压如 400V 电容器组多采用 220V 白炽灯泡作为放电电阻，它同时还能起到运行指示灯的作用，用两只灯泡串联是为了延长灯泡的寿命和减少其所耗用的功率。此时每个灯上所承受的电压是额定电压的 50% 左右。

（3）放电电阻的接线形式

放电电阻的接线形式有三角形联结和星形联结。无论电容器组接成三角形还是接成星形，其放电电阻接成三角形较接成星形可靠。从图 3-33 和图 3-34 可以看出，当放电电阻接成三角形时，当电阻 2 断线，电容器仍能可靠放电，如果两个电阻 2、3 同时断线，C_2 和

C_3 就无法自行放电。当放电电阻接成星形联结时，只要有一个电阻断线（如3）相应的电容器便不能自行放电。

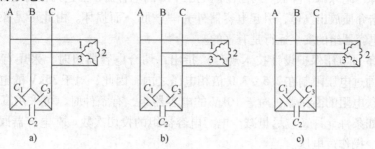

图 3-33　电容器组的放电电阻三角形联结

a）3个放电电阻接线完好　b）电阻2断线时　c）电阻2、3断线时

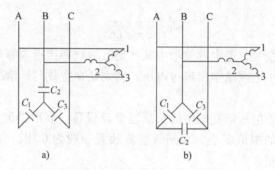

图 3-34　电容器组的放电电阻星形联结

a）电阻3断线时 C_3 无法放电　b）电阻2、3断线时，$C_1 \sim C_3$ 全部无法放电

3.5.2　电力电容器的安全运行及维护

1. 电容器组的过电压和合闸涌流

（1）过电压对电容器的影响

由式 $Q_C = \omega C U^2$ 可知，电容器的无功功率随外加电压的平方而变化，因此电容器的端电压决定了其无功出力。由式 $\Delta P_C = \omega C U^2 \tan\delta$ 可知，电容器的功率损耗和发热量随其端电压的平方而变化，运行电压升高，使电容器的温度显著增加，当电压升得太高时，就会导致电容器产生的热量不能及时散发出去，最后导致电容器的损坏。

因此严格控制电容器的运行电压，是保证电容器安全运行的重要措施。我国规定，移相电容器允许在电压高于其额定电压的5%时，能长期运行，在一昼夜内最高不超过1.1倍额定电压（瞬时过电压除外）下运行不超过6h。

当运行电压低于额定电压时，对电容器本身无损害，但其无功出力将随外加电压的平方而下降。

（2）电容器组投切过程中引起的操作过电压

当电容器从电网上切除时，可能由于电感和电容回路发生电磁振荡而产生操作过电压，其幅值与被切电容和母线侧电容的大小有关。此过电压可使电气设备的绝缘发生闪络或造成避雷器爆炸等事故。在电容器组切断过程中，若在开关触头间的介质强度恢复不够，则在灭弧室中会发生电弧重燃，此时可能出现更大数值的过电压。经常性的过电压会使电容器介质的游离电压下降，绝缘水平降低。对于游离电压下降的电容器，当达到较高电压时，就会产生游离，电子轰击介质放出气体，引起电容器外壳"鼓肚"而损坏。由此可见操作电容器组时的过电压，对电容器组的安全运行是有害的。

《电力设备过电压保护设计技术规程》指出，切合电容器组时，采用有并联电阻的断路器，可将这种过电压限制在 2.5~3.0 倍相电压之内。因此，对于 35kV 的电力电容器组应尽量采用带并联电阻的断路器；对于 10kV 的电容器组，有条件时，可采用真空断路器进行操作。另外，如条件允许，应尽量减少电力电容器组的投切次数。在电容器回路中串入小值电抗器也可减少操作过电压。

（3）高次谐波过电压

供电系统的阻抗与电容器组成 R、L、C 串联电路。这个电路产生串联共振的自然频率为

$$f_0 = \frac{1}{2\pi\sqrt{LC}} \tag{3-14}$$

在电源电压发生畸变时，若电源波形中某次谐波的频率接近或等于自然频率 f_0，将发生谐波共振现象，在整个供电网络中出现过电压，特别是在空载时，情况更为严重，这对电容器的运行是非常不利的。

在配电网络中，影响电压畸变的主要负荷是整流设备，高次谐波电流与整流相数有关。整流相数大，谐波电流的幅值变小。晶闸管整流装置一般为 6 相，为了降低高次谐波电流数，可改用 12 相或 36 相。

另外，在电容器回路中串联一组小值的电抗器，其电抗值的选择应该在可能产生的任何谐波下，均使电容器回路的总电抗为感抗而不是容抗，从根本上消除产生谐振的可能。

电抗器的感抗值 X_L 一般为电容器组工频容抗值的 6%，即 $X_L = 6\% X_C$。

电抗器的额定电流为电容器组额定电流的 1.35 倍。但应注意，由于串联电抗器的结果，使加于电容器的端电压 U_C 提高了，$U_C = U\dfrac{X_C}{X_C - X_L}$，式中 U 为系统电压。如系统电压较高，要防止由于加装电抗器引起电容器组长期过电压运行。

（4）电容器组的合闸涌流

由于电容器组是储能元件，其端电压是不能突变的。在电容器组投入运行瞬间，其端电压为零，相当于电源在电容器组安装处发生短路。在合闸后很短时间内存在一个暂态过程。在此过程中，电压和电流的幅值都要随时间而产生相应的变化，此时电流是频率很高、幅值很大的过渡电流，此电流称为合闸涌流。合闸涌流的大小与合闸瞬间电压的数值大小有关。

1）当合闸瞬间电压为零值时，电容器组暂态过电压数值不大，在自由振荡的第一个 1/2 周期内，电流的数值为正常电流的峰值，考虑到计算上的近似性，电容器组过电压的数值按可能达到稳定时峰值的两倍来考虑。此时合闸对电容器组比较有利。

2）合闸瞬间电源电压为最大值时，电容器组的暂态过电压为电容器正常端电压的峰值，则电流的数值将是很大的。此时合闸涌流的幅值及合闸涌流的频率均与电网的短路容量 S_K 和电容器组的容量 Q_C 有关。电网的短路容量越大，则合闸涌流的幅值和频率越高；电容器组的容量越大，则合闸涌流的幅值和频率越低。当涌流超过电容器组额定电流峰值 10 倍

时，对电容器是不利的，为此应使 $\dfrac{S_K}{Q_C} \leqslant 100$。

此外，当同一母线上接有两组电容器，其中一组已运行，而投入另一组电容器时，在电容器组合闸瞬间，除电网向其充电形成合闸涌流之外，已运行的电容器组也向其放电，使合闸涌流的幅值和频率均较单独投入一组电容器时大。

由于合闸涌流的频率很高，对其他电气设备有一定危害。如产生的机械应力可能使开关的灭弧室遭到破坏，频率很高的涌流通过电流比较小的电流互感器时，而感应出很高的电动势，可能使一次绕组的层间绝缘击穿，而损坏电流互感器。

为防止电容器组合闸涌流造成的危害，可采用下列措施：

1）在电流互感器一次线圈的两端，装设一组 0.4kV 的阀形避雷器，以便限制合闸涌流在一次线圈上产生的感应过电压。

2）在电容器组中串入小电抗值的电感器。

3）如果两组电容器分别接在两段母线上，则合第二组电容器前，应切断母线的联络开关，以避免在一组电容器运行的情况下再投入第二组电容器。

4）尽量减少电容器组的投切次数。

2. 并联电容器运行规定

电容器的外壳一般应接地，放在绝缘台上的电容器应与绝缘台上的金属支架相连接；电容器组电缆投运前应定相，并有相色标志；新投电容器在额定电压下合闸冲击 3 次，每次合闸间隔时间 5min；正常投退电容器，也应至少间隔 5min 方可再次合闸送电；装设自动投切装置的电容器组，应有防止保护跳闸时误投入电容器装置的闭锁回路，并应设置操作解除控制开关；电容器允许在额定电压 ±5% 波动范围内长期运行；电容器过电压倍数及运行持续时间按表 3-3 规定执行，尽量避免在高于额定电压下运行；电容器室温度最高不允许超过 40℃，外壳温度不允许超过 50℃；电容器组应有可靠的放电装置，并且正常投入运行；安装于室内的电容器应有良好的通风装置；电容器室的排风口应有防风雨和小动物进入的措施，在便于观察的地方装设温度计；电容器室不宜设置采光玻璃，电容器室门应向外开启，相邻两电容器的门应能向两个方向开启；电容器保护跳闸后，在未查明原因前不得试送；当环境温度长时间超过允许温度、电容器温度低于下限温度、电容器大量渗油时禁止投切电容器。

表 3-3 电容器过电压倍数及运行持续时间

过电压倍数/（U_g/U_n）	持续时间	说明
1.05	连续	系统电压波动
1.10	每24h中8h	系统电压波动
1.15	每24h中30min	系统电压调整与波动
1.20	5min	轻荷载时电压升高
1.30	1min	轻荷载时电压升高

电容器组投切时的操作注意事项。

1）电容器组的投入和退出，应根据调度部门下发的电压曲线或调度指令进行。

2）全站停电操作前，应先拉开电容器组的断路器；全站恢复送电时，应先合各出线断路器，再合电容器组断路器。这是因为变电站母线无负荷时，母线电压有可能超过电容器的允许电压，这对电容器是不利的。另外，应避免在变压器空载时投入电容器组以防止电容器组和空载变压器间可能产生的共振，使过流保护动作。

3）对采用混装电抗器的电容器组应先投电抗值大的，后投电抗值小的，切时与之相反。

4）全站故障失去电源后，无失压保护的电容器组必须立即将电容器组断路器断开，以避免电源重合闸时损坏电容器。

5）电源侧装有自动重合闸装置，容量在 300kvar 以上的电容器组应加装失压保护。

6）投切一组电容器引起母线电压变动不宜超过 2.5%。

7）电容器组的断路器拉开后，必须待 5min 后再进行第二次合闸，故障处理亦不得例外。

8）为了防止电容器组爆炸伤人，在电容器组投切操作过程中，严禁人员进入电容器室和靠近电容器组。

3. 电容器运行前检查

电容器和其附属设备，投入运行前应做如下检查。

支瓶、套管应完整、清洁、无裂纹。外壳应无凹凸或渗油现象，电容器外壳及构架的接地应可靠，其外部油漆应完整。电容器组的放电回路及监视回路应完好，电容器组的保护回路应完整、传动试验正确。电容器组的接线正确，三相电容器值应平衡（10kV 级的误差不大于 2%，35kV 级的不大于 1%）。单台电容器引线要软连接，外熔断器完好，装设角度和弹簧拉紧位置，应符合制造厂的产品技术要求，避免熔断器弹簧张力不足和熔丝卡涩，影响开断性能，防止熔管爆炸。电容器与熔断器尾线不能用螺母直接压接紧固，必须采用专用压线夹，防止接触不良。电容器的母线和分支线应涂相位色，每台电容器应编号。电容器及附属设备必须干净，没有任何遗留物，室内不能存放与电容器组无关的物品。消防设备齐全合格。

通风装置合理，室内温度计应配齐。室外电容器组防小动物措施应符合要求。密集型电容器应检查套管完整、清洁、无裂纹；箱体无渗漏，油位指示正常，外壳接地良好。电容器及其串联电抗器、放电线圈外部的绝缘漆应完好。支柱应完整、无裂纹，线圈应无变形。

验收电容器装置时，必须认真校核放电线圈极性和接线是否正确，确认无误后方可进行投运，试投时不平衡保护不得退出运行，避免因放电线圈极性和接线错误造成的放电线圈损坏，甚至爆炸。

4. 电容器运行监视与巡视检查

1）对运行电流的要求：由于母线电压升高（工频过电压）或高次谐波引起电容器过负荷时，电容器过电流值不超过额定电流的 1.3 倍时，允许长期运行。

2）日常巡视和检查内容如下：

① 检查有关电流、电压、温度等表计的指示是否在允许范围以内，三相电流差不超过 5%；与以前比较有无异常变化。

② 电容器的外观检查。检查电容器外熔断器是否熔断，安装角度是否符合厂家的要求，弹簧是否发生锈蚀、断裂，指示牌是否在规定的位置；套管是否清洁完整，有无裂纹、放电现象；电容器是否渗漏油、鼓肚，内部有无异常响声，油箱表面温度指示情况；引线连接各

处有无脱落或断线，引线和母线各处有无烧伤过热和变色现象；支持瓷瓶的清洁及绝缘状况；接地线连接状况；室内及电缆沟内是否有防小动物措施；雨雪天有无雨雪浸入等。

③ 检查断路器、隔离开关、互感器、串联电抗器、放电装置、避雷器、继电器仪表信号和通风装置等运行状况是否正常。

④ 电容器投切后，应检查相关设备潮流及系统电压是否正常。

3）接触停电的电容器导电部分（含中性点）前，即使电容器已经自行放电，必须将电容器逐个多次放电并接地。在绝缘支架上的电容器外皮也应放电，运行人员巡视运行的电容器时，不得移开或越过遮栏。

5. 电容器异常及故障处理

1）电容器组发生下列情况时，应立即将电容器组停运：电容器爆炸；接头严重过热；套管严重放电闪络；电容器喷油或起火；电容器外壳明显膨胀，有油质流出或三相电流不平衡超过 5% 以上，以及电容器或电抗器内部有异常声响。当电容器外壳温度超过 55℃，或室温超过 40℃ 时，采取降温措施无效时。密集型并联电容器压力释放阀动作时。

上述情况下，不允许强行试送。必须经放电完毕，查明原因，排除故障以后才能重新投入。

2）电容器组在运行中出现过电压、过电流、三相电流不平衡及渗漏油、鼓肚、温升过高、断路器自动跳闸、爆破起火等异常及故障情况，运行人员应及时分析原因，采取对策，并详细做好记录。

3）过电压：电容器组过电压保护装置应经常投入运行。当电容器运行电压超过其额定电压 1.1 倍时，如无过电压保护装置或过电压保护装置拒动时，应立即将电容器退出运行。

4）过电流：电容器由于运行电压升高和高次谐波引起的过电流，超过其额定电流的 1.3 倍时，应立即退出运行。

5）三相电流不平衡：电容器三相电流相差不超过 5%。

6）电容器组保护装置动作的处理。

① 过电压保护动作：过电压保护应按电容器铭牌额定电压的 1.1 倍整定。过电压保护动作的原因是由于母线电压高或保护误动。动作后应立即检查母线电压指示仪表，如果确认是过电压引起，待电压下降至电容器允许运行电压的条件下重新投入运行。对于保护误动，应对保护装置进行修校。

② 失压保护动作：当电源突然消失或因外部短路，母线电压突然下降时动作，切除电容器组，以免电容器组带电荷合闸，引起电容器群爆故障的发生。失压保护动作后，应查明原因，如确因失压造成，应待母线电压恢复正常后，将电容器组重新投入运行。

③ 单台熔丝熔断：单台熔丝保护是电容器内部元件击穿的保护，一般按 1.5 倍电容器额定电流整定。熔丝熔断后，必须对该台电容器详细检查。经检查未发现异常现象，方可投入运行。

④ 并联电容器组正常运行和投入过程中发生相横差、相差压、零序电压、中线电流、中性点差压等内部故障保护动作跳闸，在没有确认保护动作原因前，禁止强送。运行值班人员应立即上报，由检修单位对电容器组保护装置进行检查，并逐台测试电容量，确认满足条件后，方可投入运行。

⑤ 过电流保护动作：过电流保护动作一般是由于电容器组发生相间短路或电容器内部

元件击穿，而内部故障保护拒动，以至扩大至相间短路，以及过流保护误动等原因造成。过流保护动作后，应迅速查明原因，首先检查过流保护用电流互感器及以下电气回路，确定故障点，排除故障后，方可投入运行。

7）电容器内部产生放电声：电容器在正常运行中一般没有声音，有异常响声的电容器，应退出运行，进行检修处理。

8）电容器温度过高：由于环境温度过高，电容器布置太密，高次谐波电流影响、频繁切合，电容器反复受过电压和涌流作用，介质老化，介质损耗不断增大等原因，都会造成电容器温升过高。可采取改善通风条件，加装串联电抗器。当外壳温度上升到 50～60℃ 时，应立即停止电容器运行。

9）渗漏油：由于产品制造上的缺陷；套管、接头受到搬动、振动或硬母线的热机械应力，拧螺帽用力过大过猛造成隐伤；外壳漆层剥落、锈蚀；高温天气时电容器温升异常或日光曝晒，温度变化剧烈，造成内部压力过大，都会使外壳或套管渗漏油。发现轻度渗油现象时，加强监视，渗漏严重时，应退出运行。

10）外壳鼓肚：电容器若在过高的电压下运行，将导致内部产生局部放电，或部分元件击穿，使电介质分解，产生较多的气体，造成外壳塑性变形而鼓肚。为避免爆破故障的发生，运行中应认真进行外观检查，发现外壳鼓胀时应查明原因，鼓肚严重的应立即停止使用。

11）电容器的爆破：电容器内部元件发生贯穿性击穿造成相间或相对外壳短路，而又无适当保护时，与之并联的电容器组对它储能放电，能量很大，导致电介质急剧分解产生大量气体，使外壳爆破开裂或瓷套炸裂。当内部部分串联元件击穿时，或部分串联电容器分组上的电压过高时，将电容器退出运行。

12）对电容器室火灾的处理：如发现电容器爆破起火，应迅速切断电容器组的电源，并立即停用通风设备，用砂土及电气灭火器进行灭火，必要时通知消防单位。当电容器与其他带电部分相连有可能波及时，应同时将有威胁的带电部分停电。

3.5.3　无功功率的补偿

1. 无功功率补偿的基本概念

在电力系统中，不仅要输送有功功率，还要输送无功功率。

异步电动机、变压器和线路等都需要用无功功率来建立磁场，是无功功率的主要消耗者。一般工业企业消耗的无功功率中，异步电动机约占 70%，变压器占 20%，线路占 10%，因此为了提高用户的自然功率因数，在设计时要合理选择电动机和变压器的容量，减少线路的感抗，以提高用电单位的自然功率因数，如选择电动机的经常负荷不低于额定容量的 40%；变压器的负荷率宜在 75%～85%，不低于 60%。

除发电机是主要无功功率电源外，线路电容也产生一部分无功功率。但上述无功功率往往不能满足负荷对无功功率和电网对无功功率的需要，需要加装无功补偿设备。例如同期调相机、电力电容器等，它们都可以作为无功功率的电源。这里主要介绍用移相电容产生无功功率，进行无功补偿。

无功电源不足将使系统电压降低，从而损坏用电设备，严重的会造成电压崩溃，使系统瓦解而造成大面积停电。无功功率不足还会造成用电设备得不到充分利用，电能损耗增加，效率降低，限制线路的输电能力。因此用补偿的办法解决电网无功功率的不足，是保证电力系统安全经济运行的重要措施。

（1）用户的功率因数

减少用户消耗的无功功率，应提高用户的功率因数。用户的功率因数有瞬时功率因数、平均功率因数和最大负荷时的功率因数。

1）瞬时功率因数。瞬时功率因数是用户在某一时间的功率因数，借此了解无功功率变化情况，决定是否需要无功功率的补偿。瞬时功率因数可用功率因数表直接测出，或间接测量，由功率表、电压表和电流表的读数通过下式计算：

$$\cos\phi = \frac{P}{\sqrt{3}UI} \tag{3-15}$$

式中，P 为功率表测出的三相功率的读数（kW）；U 为电压表测出的线电压的读数（kV）；I 为电流表测出的线电流读数（A）。

2）月平均功率因数。可按下式计算：

$$\cos\phi = \frac{W_{\mathrm{m}}}{\sqrt{W_{\mathrm{m}}^2 + W_{\mathrm{rm}}^2}} \tag{3-16}$$

式中，W_{m} 为一个月内消耗的有功电能，即有功电能表的读数，kW·h；W_{rm} 为一个月内消耗的无功电能，即无功电能表的读数，kvar。

供电部门一般要求用户的月平均功率因数达到 0.9 以上。为鼓励用户提高功率因数，我国的供电企业每月向工厂收取电费，规定按月平均功率因数进行调整，月平均功率因数高于规定值，可减收电费，而低于规定值，则要加收电费。

3）最大负荷时功率因数。指在最大负荷即计算负荷时的功率因数。按下式计算：

$$\cos\phi = \frac{P_{30}}{S_{30}} \tag{3-17}$$

式中，P_{30} 为有功计算负荷（kW）；S_{30} 为视在计算负荷（kV·A）。

无功功率补偿，提高用户的功率因数。当用户的自然平均功率因数较低，单靠提高用电设备的自然功率因数达不到要求时，应装设无功功率补偿设备，以提高用户的功率因数。

若用户需要的有功功率 P_{30} 不变，加装无功补偿设备后，使无功功率 Q_{30} 减少到 Q_{30}'，无功补偿概念的示意图如图 3-35 所示。若功率因数由 $\cos\phi$ 提高到 $\cos\phi'$，此时 $Q_{30} - Q_{30}'$ 即为无功率补偿的容量。从图 3-35 可以看出，加装了无功补偿设备后，视在功率由 S_{30} 减少到 S_{30}'，相应的负荷电流 I_{30} 也减小，使系统的电能损耗和电压损耗相应地降低。

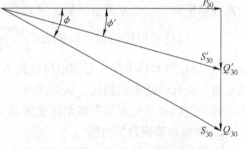

图 3-35　无功补偿概念的示意图

由图 3-35 可知，将功率因数由 $\cos\phi$ 提高到 $\cos\phi'$须装设无功补偿装置（并联电容器）的容量为

$$Q_c = Q_{30} - Q_{30}' = P_{30}(\tan\phi - \tan\phi') = \Delta q_c P_{30} \tag{3-18}$$

式中，Δq_c 为无功补偿率，$\Delta q_c = \tan\phi - \tan\phi'$。

在装设了无功补偿装置以后，无功计算负荷为

$$Q'_{30} = Q_{30} - Q_C \qquad (3\text{-}19)$$

补偿后的视在计算负荷为

$$S'_{30} = \sqrt{P_{30}^2 + (Q_{30} - Q_C)^2} \qquad (3\text{-}20)$$

可以看出，在变电站低压侧装设了无功补偿装置后，由于低压侧总的视在功率减少，从而可以使变压器的容量选的小一些。这不仅可降低变电站的初投资，而且可减少电费开支，因为我国供电企业对工业用户实行"两部电费制"：一部分称为基本电费，按所装的主变压器容量来计费，规定每月按 kV·A 容量大小交纳电费，容量越大，基本电费越多，变压器的容量减小了，交纳的基本电费就减少了。另一部分称为电能电费，按每月实际耗用的电能 kW·h 来计算电费，并且要根据月平均功率因数的高低乘上一个调整系数。凡月平均功率因数高于规定值的，可减收一定百分率的电费；凡低于规定值的，则加收一定百分率的电费。

（2）提高功率因数的意义

1）减少线路的有功损耗。

$$\Delta P = 3I_{30}^2 R \times 10^{-3} = \frac{P_{30}^2 R}{U_N^2 \cos\phi^2} \times 10^{-3} \qquad (3\text{-}21)$$

式中，U_N 为电网电压（V）；R 为线路每相电阻（Ω）；P_{30} 为线路输送的有功功率（有功计算功率）（kW）；$\cos\phi$ 为线路负荷的功率因数。

从上式可知，线路的有功损耗与功率因数的平方成反比，功率因数提高后可大幅减少线路的有功损耗。如功率因数由 0.6 提高到 0.85，线路损耗降 50% 以上。

2）可以提高设备的利用率，提高电网的输送能力。电气设备的视在功率用下式表示：

$$S = \frac{P}{\cos\phi} \qquad (3\text{-}22)$$

由上式可知，在保持 S 不变时，功率因数提高后，可多输送有功功率，或在 P 不变时，设备的安装容量可减少。这对新安装的设备，可减少初投资。

3）可使发电机按照额定容量输出。同步发电机在额定功率因数运行时，可以输出额定功率。如果低于额定功率因数运行，为了保证电枢电流和励磁电流不超过额定值，则发电机的视在容量和有功功率都要降低，使其运行于不经济状态。

4）可以改善电压质量。从式 $\Delta U = \dfrac{PR + QX}{U_N}$ 可知，提高功率因数，减少线路输送的无功负荷 Q，ΔU 将有所下降。目前电网电压不足的主要原因是无功电源小。因此，为了提高电压质量，降低线路电压损耗，从电网的安全经济运行出发，做好无功补偿工作，实行无功功率就地补偿，并适当安装有载调压变压器是解决电压质量的关键所在。

2. 提高功率因数的方法

提高功率因数的实质，就是解决无功电源问题。采用降低各用电设备所需的无功功率改善其功率因数的方法，称为提高自然功率因数法；采用供应无功功率的设备以补偿用电设备所需的无功功率，以提高其功率因数的方法，称为提高功率因数的补偿法。

（1）提高自然功率因数的方法

自然功率因数即是未经补偿的实际功率因数。在供电系统中，使功率因数变化的主要用电设备是异步电动机和变压器。它们是提高自然功率因数的主要对象。

异步电动机需要的无功功率大部分用来建立磁场，即励磁功率，它主要决定于外加电压，与负荷大小没关系。当电压升高时，励磁功率增加，功率因数下降。

异步电动机在空载时，由于转速接近同步转速，转差率 $S \approx 0$，所以转子电流近似等于零，定子从电网吸收的电流基本上用于建立磁场，所以功率因数很低。随着负荷的增加，定子电流中的有功分量增加，定子的功率因数也增高，当为额定负载时，功率因数为额定值。因此，异步电动机提高自然功率因数主要方法是提高负荷系数。另外，应尽量缩短空载运行的时间，必要时装设空载限制器：即电动机空载时自动将其从电源上切除。

如条件允许，一些设备可采用直流电源，如起重机和电焊机等，可以减少无功功率的需求量。

对新安装的电动机，要正确计算所需要的功率和起动转矩。负荷系数要合适，合理的选择电动机的容量，容量选择过大，不但会因为负荷系数低而使功率因数恶化，增加线路有功损耗，而且还会造成浪费。

与异步电动机相似，变压器所需要无功功率大部分是励磁功率，它决定于变压器的铁心结构、铁心材料、加工工艺和外加电压，与负荷大小无关，一般用空载电流占额定电流的百分数表示。当变压器的平均负荷低于额定负荷的30%时，应考虑更换合适的变压器。

（2）提高功率因数的补偿法

采用补偿方法来提高功率因数，一般有两方法：一是采用同期调相机；二是装设电力电容器。

同期调相机就是空载运行的同步电动机，在过励磁情况下，输出感性的无功功率。与采用电力电容器补偿相比，有功功率的单相损耗较大，具有旋转部分，需专人监护，运行时有噪声。但在短路故障时较为稳定，损坏后可修复继续使用。由于其容量较大，一般用于电力系统较大的变电站中，工业企业较少采用。在工业企业中普遍采用的补偿方法是装设电力电容器，与同期调相机相比，移相电力电容器有下列优点：无旋转部件，不需专人维护管理；安装简单；可以自动投切，按需要增减其补偿量；有功功率损耗小。缺点：电力电容器的无功功率与其端电压的平方成正比，因此电压波动对其影响较大；寿命短，损坏后不易修复；对短路电流的稳定性差；切除后有残留电荷，危及人身安全。

尽管如此，电力电容器的优点是主要的，所以依旧被广泛用来提高功率因数。

3. 采用电力电容器的补偿方式

所谓补偿方式是指电力电容器安装在何处补偿效果好。为了使电网安全经济运行和保证用户的正常用电，首先要减少无功功率在电网中的流动。因此，无功补偿的基本原则就是就地补偿，尽量做到电网少送无功负荷。为此在用户处安装电力电容器，就地解决用户对无功功率的需要。企业的补偿方法可分为个别补偿、分组补偿和集中补偿3种。

1）个别补偿。个别补偿主要用于低压配电网，电力电容器直接接在用电设备附近，如图3-36所示。这样可以减少对企业供电线路和企业内部低压配电线路及配电变压器无功功率的供应，相应地减少了线路和变压器中的有功电能损耗。适当地配置低压电容器，可以减少车间线路的导线截面面积及变压器的容量，对已运行的线路和变压器，则可提高其输出容量，是最佳的补偿方法。其缺点是电容器的利用率低，投资大。另外，操作不当还可能产生自励现象而使电动机受到损坏。所以个别补偿只适用于运行时间长的大容量电动机，其所需要补偿的无功负荷很大，且由较长线路供电的情况。

2）分组补偿。将移相电容器接于车间的低压配电母线上，如图3-37所示。其特点是能补偿变电站低压母线前变压器的无功需要和所有有关高压系统的无功功率。因此补偿效果不如个别补偿好。但是这种补偿方式可以减小变压器的视在功率，可使主变压器的容量选得小一些。这种补偿方式在企业中使用得很普遍。

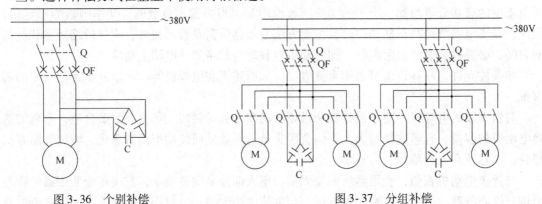

图3-36　个别补偿　　　　　　　　　图3-37　分组补偿

3）集中补偿。将高压电容器组集中装设在工厂变配电站的6～10kV母线上。这种补偿方式只能补偿6～10kV母线以前线路上的无功功率，而母线后的厂内线路的无功功率得不到补偿，所以这种补偿方式的经济效果较前两种补偿方式差。但这种补偿方式的初投资较少，便于集中运行维护，而且能对工厂高压侧的无功功率进行有效的无功补偿，以满足工厂总功率因数的要求，所以这种补偿方式在一些大中型工厂中应用得相当普遍。

图3-38是接在变配电站6～10kV母线上的集中补偿的并联电容器组接线图。这里的电容器组采用△联结，装在成套电容器柜内。为了防止电容器击穿时引起相间短路，所以三角形联结的各边，均接有高压熔断器保护。

由于电容器从电网上切除时有残余电压，残余电压最高可达电网电压的峰值，这对人是很危险的，因此必

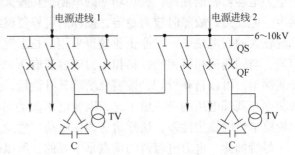

图3-38　集中补偿的并联电容器组接线图

须装设放电装置，图3-38中的电压互感器TV一次线圈就是用来放电的。为了确保可靠放电，放电回路中不得装设熔断器或开关。室内高压电容器装置宜设置在单独的电容器室内，当电容器组的容量较小时，可设置在高压配电室内，但与高压配电装置的距离不得小于1.5m。

3.6　成套配电装置

成套配电装置是由制造厂制造的各种开关柜组合而成，是成套供应的设备。开关柜（又称为成套开关或成套配电装置）是以断路器为主的电气设备，是指生产厂家根据电气一次主接线图的要求，将有关的高低压电器（包括控制电器、保护电器、测量电器）以及母

线、载流导体和绝缘子等装配在封闭的或敞开的金属柜体内，作为电力系统中接受和分配电能的装置。成套配电装置是变配电站中重要元件之一。在接收和分配电能过程中，成套配电装置起着重要的作用：①在电力系统正常工作状态时，起着接收和分配电能的作用。②在系统故障时，起着保护、切断故障、迅速恢复正常运行的作用。

3.6.1　高压开关柜

1. "五防"的功能

高压开关柜应用在 3～35kV 系统。我国生产的高压开关柜都是"五防型"的。开关柜要求中的五防是指：①防止误分、误合断路器。②防止带负荷分合隔离开关（或防止带负荷将手车拉出或推进）。③防止带电合接地刀闸。④防止带接地分合断路器。⑤防止进入带电的开关柜内部。"五防"柜从电气和机械联锁上采取了措施，实现了高压安全操作程序化，防止了误操作，提高了安全性和可靠性。

2. 高压开关柜分类

按断路器安装方式分为移开式（手车式）和固定式。

1）移开式或手车式（用 Y 表示）。表示柜内的主要电器元件（如：断路器）是安装在可抽出的手车上的，由于手车柜有很好的互换性，因此可以大大提高供电的可靠性，常用的手车类型有：隔离手车、计量手车、断路器手车、PT 手车、电容器手车和站用变手车等，如 KYN28A－12。

2）固定式（用 G 表示）。表示柜内所有的电器元件（如：断路器或负荷开关等）均为固定式安装的，固定式开关柜较为简单经济，如 XGN2－10、GG－1A 等。

按柜体结构可分为金属封闭铠装式开关柜、金属封闭间隔式开关柜、金属封闭箱式开关柜和敞开式开关柜 4 大类。

金属封闭铠装式开关柜（用字母 K 来表示）主要组成部件（例如：断路器、互感器、母线等）分别装在接地的用金属隔板隔开的隔室中，如 KYN28A－12 型高压开关柜。

金属封闭间隔式开关柜（用字母 J 来表示）与铠装式金属封闭开关设备相似，其主要电器元件也分别装于单独的隔室内，但具有一个或多个符合一定防护等级的非金属隔板，如 JYN2－12 型高压开关柜。

金属封闭箱式开关柜（用字母 X 来表示）开关柜外壳为金属封闭式的开关设备，如 XGN2－12 型高压开关柜。

敞开式开关柜，无保护等级要求，外壳有部分是敞开的开关设备，如 GG－1A（F）型高压开关柜。

3. 金属铠装中置式高压开关柜

（1）中置式开关柜的结构

中置式开关柜其小车断路器导轨至于中间隔层，断路器隔离插头中心线对中问题易保证，精度高，互换性强。KYN28－12 铠装中置式金属封闭开关设备适用于 3.6～12kV 三相交流 50Hz 电网，作为接收和分配电能，并对电路实行控制、监测和保护之用，可用于单母线、单母线分段系统或双母线系统。图 3-39 为 KYN28－12 开关柜的外形和基本结构剖面图。KYN28－12 开关柜有 4 个隔室，A：母线室；B：断路器室；C：电缆室；D：低压小室（仪表、继电保护）。

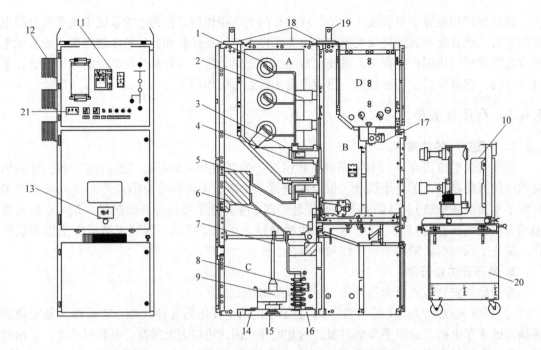

图 3-39　KYN28－12 开关柜外形和基本结构剖面图

1—母线　2—绝缘子　3—静触头　4—触头盒　5—电流互感器　6—接地开关　7—电缆终端
8—避雷器　9—零序电流互感器　10—断路器手车　11—控制和保护单元　12—穿墙套管　13—丝杆机构操作孔
14—连接板　15—电缆夹　16—接地排　17—二次插头　18—压力释放板　19—起吊耳　20—运输小车　21—带电显示器

（2）开关柜的操作

开关柜所有的操作都在开关柜的门关闭时进行。断路器的手动机构如图 3-40 所示。

1）断路器手车的操作。

● 手动将手车从试验/隔离位置插入到运行位置。

① 将控制线插头（即二次插头）插入控制线插座。②确认断路器处于分闸位置（若未分闸就分闸）。③将手柄插入到丝杆机构的插口中。④顺时针方向转动曲柄，直到转不动为止（约 20 转）。⑤这时手车处于运行位置。⑥观察位置指示器。⑦拔出手柄，其间不应转动，以免手车位置外移，开关不到位，而影响指示与控制。

注意：手车不允许停留在运行位置和试验/隔离位置之间的任何中间位置。

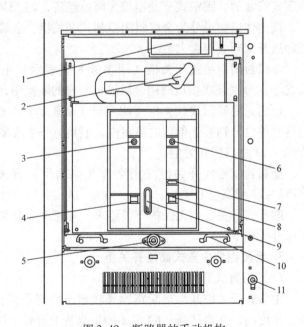

图 3-40　断路器的手动机构

1—控制线插座　2—控制线插头　3—机械的 ON 按钮
4—储能状况指示器　5—丝杆机构手柄插口　6—机械的 OFF 按钮
7—机构的操作次数　8—机械的开关位置指示器　9—储能杠杆
（仅手动机构需要）　10—滑动手把　11—接地开关操动机构

70

- 手动将手车从运行位置移到试验/隔离位置。

按上述进入运行位置的操作，倒序操作。观察位置指示器。

- 将手车从试验/隔离位置移到维修小车上。

①打开断路器室的门。②拔起控制线插头，将其锁定在存放位置（就在手车上）。③将维修小车推到开关柜正面，通过小车高度调节器调整工作台的高度，让其定位销对准柜前的定位孔之后，再将小车往前一推，使定位销顺利插入定位孔，维修小车通过锁键与开关柜锁定。④向内侧压滑动把手，解除手车与开关柜的联锁，将手车拉到维修小车上。⑤松开滑动把手，将手车锁定在工作台上。⑥操作锁键释放杠杆，将维修小车从开关柜移开。

- 将手车从维修小车上移到开关柜内（试验/隔离位置）。

按将手车从试验/隔离位置移到维修小车上的操作顺序，倒序操作。

2）断路器的操作。

弹簧储能。对配有储能电动机的断路器，储能自动完成。若储能电动机损坏，则应手动储能。对配有手动储能机构的断路器，将储能杠杆插入插口，反复上下运动，直至指示出已能储能状况（约25次）。达到储能状况时，储能机构自动脱扣，储能杠杆的进一步运动就无效。

断路器的分闸和合闸。操作就地或远方控制按钮，观察开关分合闸状态指示器，断路器每操作一个循环，操作次数计数器就自动加1。运行中的断路器在一般情况下，不能由人直接进行断路器的合、分闸操作。

3）接地开关的操作。接地开关有一个快速合闸机构，仅当手车处于试验/隔离位置时，接地开关才能操作。开关柜门关闭且当闭锁状态解除后，才允许关合接地开关。

手动分闸和合闸。操作步骤如下：

➤ 将滑板压至接地开关操作孔底部。如果接地开关处于合闸位置，它已处于此位置，插入接地开关操作杆。

➤ 顺时针方向转动曲柄，关合接地开关；反时针方向转动曲柄，断开接地开关。转动角度约为180°，转动时动作应连贯。

➤ 观察接地开关的机械/电气的位置指示。

➤ 取下曲柄，接地开关关合时，滑板保留在打开位置。

4）电缆室门的操作。电缆室门若装有机械或电气强制闭锁装置，仅当接地开关合闸时，电缆室门才允许被打开，且只有关闭电缆门后，接地开关才允许被分闸。操作步骤如下：

➤ 将断路器手车移至试验位置或移出柜外。

➤ 操作接地开关至合闸位置。

➤ 用专用钥匙松开电缆室门锁，打开电缆室门。

➤ 完成检修后，关闭电缆室门。

➤ 操作接地开关至分闸位置。

➤ 将断路手车推至试验或工作位置。

5）电气/机械的指示/监控。开关柜运行时，应观察二次区域内的所有的运行数据和状态指示，警惕任何异常情况。

4. 间隔式开关柜

间隔式开关柜由固定式壳体和手车两部分组成，如图 3-41 所示，JYN2-10 型开关柜。

壳体用钢板和绝缘板分隔成手车室、母线室、电缆室和继电器及仪表室 4 个部分。壳体的前上部位是继电器、仪表室，下门内是手车室及断路器的排气通道，门上装有观察窗，底部左下侧为二次电缆进线孔，后上部为主母线室，下封板与接地开关有联锁，仪表板上面装有电压指示灯，当母线带电时灯亮，表示不能拆卸上封板。

手车用钢板制成，底部装有 4 只滚轮，可以沿水平方向移动，还装有接地触点导向装置，脚踏锁定机构及手车杠杆推进机构的扣擎，手车分为断路器手车、电压互感器手车、电流互感器手车、避雷器手车、所用变压器手车、隔离开关手车及接地手车 7 种。

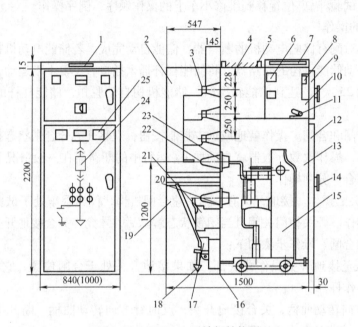

图 3-41　JYN2-10 开关柜结构图

1—回路铭牌　2—主母线室　3—主母线　4—盖板　5—吊环　6—继电器　7—小母线室　8—电度表　9—二次仪表门
10—二次仪表室　11—接线端子　12—手车门　13—手车室　14—门锁　15—手车（图内为真空断路器手车）
16—接地主母线　17—接地开关　18—电缆　19—电缆室　20—下静触点　21—电流互感器　22—上静触点
23—触电盒　24——次接线方案　25—观察窗

5. 箱式开关柜

图 3-42 所示为 XGN2-10 型开关柜。柜内分为断路器室、母线室、电缆室和继电器室，室与室之间用钢板隔开。

断路器室在柜体下部，断路器的传动由拉杆和操动机构联挂，断路器上接线端子与电流互感器连接，电流互感器与上隔离开关的接线端子连接，断路器下接线端子与下隔离开关的接线端子连接，断路器室还设有压力通道。开关柜为双面维护，前面检修断路器室的二次元件，维护操作机构，机械联锁及传动部分，检修断路器。后面维护主母线和电缆终端。在断路器室和电缆室均装有照明灯。前方的下部设有和柜宽方向平行的接地铜母线。

72

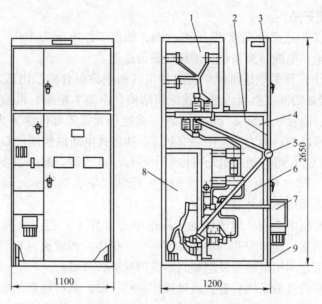

图 3-42　XGN2-10 箱式固定柜结构图

1—母线室　2—压力释放通道　3—仪表室　4—组合开关室　5—手力操动及联锁钩
6—主开关室　7—电磁或弹簧机构　8—电缆室　9—接地母线

3.6.2　低压成套配电装置

低压成套配电装置包括电压等级 1kV 以下的开关柜、动力配电柜、照明箱、控制屏（台）、直流配电屏及补偿成套装置。这些设备作为动力、照明配电及补偿之用。低压抽出式开关柜如图 3-43 所示。

1. GCS 型低压抽出式开关柜

GCS 型低压抽出式开关柜适用于发、供电等行业，作为三相交流频率为 50（60）Hz、额定工作电压为 380（660）V、额定电流为 4000 A 及以下的发、供电系统中的配电、电动机集中控制、电抗器限流、无功功率补偿。

开关柜构架采用全拼装和部分焊接两种结构形式。装置严格区分的各功能单元室、母线室、电缆室；各相同单元室互换性强；各抽屉面板有合、断、试验、抽出等位置的明显标识。母线系统

图 3-43　低压抽出式开关柜

全部选用 TMY－T2 系列硬铜排，采取柜后平置式排列的布局，以提高母线的动稳定、热稳定能力和改善接触面的温升；电缆室内的电缆与抽屉出线的连接采用专用连接件，简化了安装工艺过程，提高了母线连接的可靠性。

2. MNS 型低压开关柜

MNS 型低压开关柜适用于交流 50（60）Hz，额定工作电压为 660V 及以下的系统，用于发电、输电、配电、电能转换和电能消耗设备的控制。

MNS 型低压抽出式开关柜是由模块化组件组装而成的组合型抽出式低压开关柜（以下简称为装置）。该设备的基本框架为组合装配式结构，由基本柜架，再按方案变化需要，加上相应的门、封板、隔板、安装支架以及母线、功能单元等零部件组装成一台完整的装置。可组合成受电柜、母联柜、动力配电中心（PC）、抽出式电动机控制中心和小电流的动力配电中心（抽出式 MCC）、可移动式电动机控制中心和小电流动力配电中心（可移式 MCC）。

动力配电中心（PC）柜内割分成 4 个隔室：母线隔室、功能单元隔室、电缆隔室、控制回路隔室。隔室之间用钢板分隔。

抽出式电动机控制中心和小电流的动力配电中心（MCC）柜内分成 3 个隔室，即柜体上部或后部的母线隔室、柜体前部的功能单元隔室、柜体后部或柜前右部的电缆隔室。母线隔室与功能单元隔室之间用阻燃型发泡塑料制成的功能板分隔。

抽屉单元有可靠的机械联锁装置，通过操作手柄控制，具有明显的准确合闸、试验、抽出和隔离等位置，如图 3-44 所示。8E/4 为在 8E（200mm）高度空间组装 4 个抽屉单元。8E/2 为在 8E 高度空间组装 2 个抽屉单元。E = 25mm。

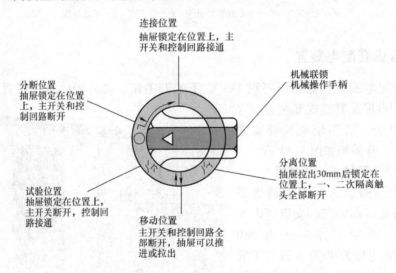

图 3-44　8E/4 和 8E/2 抽屉开关操作手柄的位置

3. 低压开关柜的主要电器元件

1）电源及馈线单元断路器主选 AH 系列。也可选用其他性能更先进的或进口 M 系列、F 系列。AH 型断路器具有性能好、结构紧凑、重量较轻、系列性强的特点。价格相对较低，维护使用方便，各项性能指标能满足本装置的要求。

2）抽屉单元（电动机控制单元、部分馈电单元）断路器主选 CM1、TG、TM30 系列塑壳断路器，部分选用 NZM-100A 系列。这些开关均有性能好、结构紧凑、短飞弧或无飞弧、技术经济指标高的特点，能满足本装置的要求。

3）隔离开关及熔断器式隔离开关选 Q 系列。该系列可靠性高、分断能力强，并可以实现机械联锁。

4）熔断器主选 NT 系列。

5）交流接触器选用 B 系列、LC1 – D 系列。

3.6.3 全封闭组合电器（GIS）

将 SF_6 断路器和其他高压电器元件（除主变压器外），按照所需要的电气主接线安装在充有一定压力的 SF_6 气体金属壳体内所组成的一套变电站设备称为气体绝缘变电站，有时也可称为气体绝缘开关设备或全封闭组合电器（简称为 GIS）。

GIS 一般包括断路器、隔离开关、接地开关、电流互感器、电压互感器、避雷器、母线、进出线套管或电缆连接头等元件。

1. GIS 结构性能特点

1）由于采用 SF_6 气体作为绝缘介质，导电体与金属地电位壳体之间的绝缘距离大大缩小，因此 GIS 的占地面积和安装空间只有相同电压等级常规电器的百分之几到百分之二十左右。电压等级越高，占地面积比例越小。

2）全部电器元件都被封闭在接地的金属壳体内，带电体不暴露在空气中，运行中不受自然条件的影响，其可靠性和安全性比常规电器好得多。

3）SF_6 气体是不燃不爆的惰性气体，所以 GIS 属防爆设备，适合在城市中心地区和其他防爆场所安装使用。

4）只要产品的制造和安装调试质量得到保证，在使用过程中除了断路器需定期维修外，其他元件几乎无需检修，因而维修工作量和年运行费用大为降低。

5）GIS 设备结构比较复杂，要求设计制造安装调试水平高。GIS 价格也比较贵，变电站建设一次性投资大。但选用 GIS 后，变电站的土建费用和年运行费用很低，因而从总体效益讲，选用 GIS 有很大的优越性。

2. GIS 的母线筒结构

1）全三相共体式结构。三相母线、三相断路器和其他电器元件都采用共箱筒体。三相共箱式结构的体积和占地面积小、消耗钢材少、加工工作量小，但其技术要求高。额定电压越高，制造难度越大。

2）不完全三相共体式结构。母线采用三相共箱式，而断路器和其他电器元件采用分箱式。

3）全分箱式结构。包括母线在内的所有电器元件都采用分箱式筒体。

在 GIS 内部各电器元件的气室间设置使气体互不相通的密封气隔。设置气隔有以下好处：可以将不同 SF_6 气体压力的各电器元件分隔开；特殊要求的元件（如避雷器等）可以单独设立一个气隔；在检修时可以减少停电范围；可以减少检修时 SF_6 气体的回收和充放气工作量；有利于安装和扩建工作。

3. GIS 断路器的布置

GIS 断路器按布置方式可分为立式和卧式；断路器开断装置因断口数量不同有 2～3 个灭弧室（一个断口对应一个灭弧室）以及相应的开断装配；GIS 断路器操动机构基本为液压操动机构、压缩空气操动机构和弹簧操动机构。

4. GIS 的出线方式

GIS 的出线方式主要有以下 3 种：

1）架空线引出方式。在母线筒出线端装设充气（SF_6）套管。

2）电缆引出方式。在母线筒出线端直接与电缆头组合。

3）母线筒出线端直接与主变压器对接。此时连接套管一侧充有 SF_6 气体，另一侧则有变压器油。

5. 126-GLKA 型 GIS

126-GLKA 型 GIS 有额定电压为 126kV、252kV、363kV 和 550kV 的系列产品。

126kV 产品，其断路器及其他电器元件均采用三相共箱式结构；252kV 产品的母线为三相共箱式，而断路器等则采用分箱式构造；363～550kV 产品为全分箱式结构。

每一间隔单元配有就地控制柜，在就地控制柜上可对本间隔单元所有设备进行控制，也可通过切换开关切换到主控室的集控屏上进行控制。

断路器配用气动操动机构，采用集中供气的压缩空气系统，压缩空气系统一次压力为 3MPa，经减压阀降压至 1.5MPa 后供气到操动机构。

该型号 GIS 装用的断路器型号为 126-SFMT-320C，其灭弧室和瓷柱式 SFMT 型 SF_6 断路器的完全相同。所有三相灭弧室装在同一的金属筒体内，并用绝缘件分隔开，以减少邻相间的影响。126-SFMT 型断路器的结构如图 3-45 所示。断路器气室的 SF_6 气体额定压力为 0.5MPa，比其他电器元件气室高 0.1MPa。

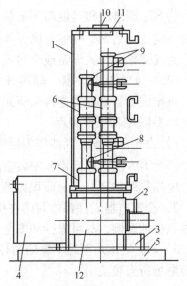

图 3-45 126-SFMT 型断路器的结构图
1—外壳 2—下壳 3—储气筒 4—操动机构
5—基座 6—灭弧室 7—绝缘支撑
8—下接头 9—上接头 10—防爆
孔盖板 11—吸附剂 12—连接箱

3.7 电气设备的运行、维护及事故处理

3.7.1 断路器的运行、维护及事故处理

1. 高压断路器运行的一般要求

1）断路器应有制造厂铭牌，断路器应在铭牌规定的额定值内运行。

2）断路器的分、合闸指示器应易于观察且指示正确，油断路器应有易于观察的油位指示器和上下限监视线；SF_6 断路器应装有密度继电器或压力表，液压机构应装有压力表。

3）断路器的接地金属外壳应有明显的接地标志。

4）每台断路器的机构箱上应有调度名称和运行编号。

5）断路器外露的带电部分应有明显的相色漆。

6）断路器允许的故障跳闸次数，应列入《变电站现场运行规程》。

7）每台断路器的年动作次数应作出统计，正常操作次数和短路故障开断次数应分别统计。

2. 断路器的巡视检查

1）运行和备用的断路器必须定期进行巡视检查。巡视检查的周期：有人值班的变电站每天当班巡视不少于 3 次，无人值班的变电站每周不少于 1 次。

2）新投运断路器的巡视检查，周期应相对缩短，每天不少于 4 次。投运 72h 后转入正常巡视。

3）夜间闭灯巡视，有人值班的变电站每周 1 次，无人值班的变电站每月两次。

4）气象突变时，应增加巡视。

5）雷雨季节雷击后应立即进行巡视检查。

6）高温季节高峰负荷期间应加强巡视。

7）SF_6 断路器巡视检查项目：

① 对于有 SF_6 压力表的断路器，每日定时检查 SF_6 气体压力，并和对应温度下的水平比较，判断是否正常；对于装 SF_6 密度继电器的断路器，应监视密度继电器动作及闭锁情况；禁止在 SF_6 气体不足时，分、合断路器。②断路器各部分及管道无异声（漏气声、振动声）及异味，管道夹头正常。③套管无裂痕，无放电声和电晕。④引线连接部位无过热，引线弛度适中。⑤断路器分、合闸位置指示正确，并和当时实际运行工况相符。⑥接地完好。⑦巡视环境条件，附近无杂物。⑧进入室内检查前，应先抽风 3min，使用监测仪器检查无异常后，方可进入开关室。

8）真空断路器巡视检查项目：

① 分合闸位置指示正确，并与当时实际运行工况相符。②支持绝缘子无裂痕及放电异常。③真空灭弧室无异常。④接地完好。⑤引线接触部位无过热，引线弛度适中。

9）电磁机构巡视检查项目：

① 机构箱门平整、开启灵活，关闭紧密。②检查分、合闸线圈及合闸接触器线圈无冒烟异味。③直流电源回路线端子无松脱，无铜绿或锈蚀。④定期测试合闸保险完好。

10）液压操作机构巡视检查项目：

① 机构箱门平整、开启灵活，关闭紧密。②检查油箱油位正常，无渗漏油。③高压油的油压在允许范围内。④每天记录油泵启动次数。⑤机构箱内无异味。⑥记录巡视检查结果，在运行记录簿上记录检查时间，巡视人员姓名和设备状况。

3. 断路器的正常运行和维护

1）断路器的正常运行维护项目：

① 不带电部分的定期清扫。②配合停电进行传动部位检查，清扫瓷瓶积存的污垢及处理缺陷。③按设备使用说明书规定对机构添加润滑油。④SF_6 断路器根据需要补气，渗油处理。⑤检查合闸熔丝是否正常，核对容量是否相符。

2）执行了断路器正常维护工作后应记入记录簿待查。

4. 断路器的操作

1）高压断路器的操作要求。

① 断路器投运前，应检查接地线是否全部拆除，防误闭锁装置正常，防止带地线合闸送电。操作前应检查控制回路和辅助回路的电源正常，检查机构已储能，保证直流和交流动力电源电压在正确合格的范围内。检查油断路器油位、油色正常；真空断路器灭弧室无异常；SF_6 断路器气体压力在规定的范围内；各种信号正确、表计指示正常；防止断路器爆炸故障或合不上断路器的异常情况。

② 长期停运超过 6 个月的断路器，在正式执行操作前应通过远方控制方式进行试操作

2～3次，无异常后方能按拟定的方式操作。操作前，检查相应隔离开关和断路器的位置，确认继电保护已按规定投入。

③ 操作控制把手时，不能用力过猛，以防损坏控制开关；不能返回太快，以防时间短断路器来不及合闸。操作中应同时监视有关电压、电流、功率等表计的指示及红绿灯的变化。操作开关柜时，应严格按照规定的程序进行，防止由于程序错误造成闭锁、二次插头、隔离挡板和接地刀闸等元件损坏。

④ 断路器（分）合闸动作后，应到现场确认本体和机构（分）合闸指示器以及拐臂、传动杆位置，保证断路器确已正确（分）合闸，同时检查断路器本体有无异常。

断路器合闸后应检查：红灯亮，机械指示应在合闸位置；送电回路的电流表、功率表及计量表是否指示正确；电磁机构电动合闸后，立即检查直流盘合闸电流表指示，若有电流指示，说明合闸线圈有电，应立即拉开合闸电源，检查断路器合闸接触器是否卡涩，并迅速恢复合闸电源；弹簧、液压操动机构，在合闸后应检查是否储能。

断路器分闸后的检查：绿灯亮，机械指示应在分闸位置；检查表计指示正确。

⑤ 小车式断路器允许停留在运行、试验、检修位置，不得停留在其他位置。检修后，应推至试验位置，进行传动试验，试验良好后方可投入运行。小车式断路器无论在工作位置还是在试验位置，均应用机械联锁把小车锁定，防止小车式断路器移动位置。

⑥ 进入室内 SF_6 开关设备区，需先通风15min，并检测室内氧气密度正常（大于18%），SF_6 气体密度小于1000mL/L。处理 SF_6 设备泄漏故障时必须戴防毒面具，穿防护服。GIS设备的电气闭锁不得随意停用。

⑦ 正常运行时，组合电器汇控柜闭锁控制钥匙应取下，放置在钥匙箱内，按防误闭锁管理规定使用。

2）高压断路器操作的一般原则。

① 断路器合闸送电或跳闸后试送，人员应远离断路器现场，以免因带故障合闸造成断路器损坏，发生意外。② 远方合闸的断路器，不允许带工作电压手动合闸，以免合入故障回路使断路器损坏或引起爆炸。③ 当断路器出现非对称分、合闸时，根据具体情况是否可恢复对称运行，然后再做其他处理。④ 断路器经分合后，应到现场检查其实际位置，以免传动机构开焊，绝缘拉杆折断或支持绝缘子碎裂，造成回路实际未拉开或未合上。⑤ 拒绝跳闸或保护有故障回路的断路器，不得投入运行或列为备用。以防止断路器不能自动跳闸而造成事故扩大。

3）高压断路器停送电操作的注意事项。

① 控制开关在预合、预分位置时，应检查红、绿灯是否闪光。合闸、分闸位置停留时间不宜太长。

② 断路器操作后应当检查分合闸指示器、信号等判断其位置外，还应通过仪表来判断其操作是否正确，保证断路器操作在正确的位置。

③ 断路器合闸操作后，对于 SF_6 断路器应检查 SF_6 和操作压力是否正常；液压机构应检查操作压力是否正常；弹簧机构应当检查机构是否已储能；电磁机构应检查合闸保险是否完好。防止断路器合不上闸或合闸闭锁的现象。

④ 断路器在运行中，严禁进行慢分闸、慢合闸。

⑤ 断路器合闸前，变电站必须检查继电保护及安全自动装置按规定投入。断路器合闸

后，变电站必须检查确认三相均已接通。断路器操作时，若远方操作失灵，变电站规定允许就地操作时，必须进行三相同时操作，不得进行分相操作。

4）操作断路器时操作机构应满足：

① 电磁机构在合闸操作前，检查合闸母线电压、控制母线电压均在合格范围。

② 操作机构箱门关好，栅栏门关好并上锁，脱扣部件均在复归位置。

③ SF_6 断路器压力正常。

④ 液压机构压力正常。

5）运行中断路器几种异常操作的规定：

① 电磁机构严禁用杠杆或千斤顶进行带电合闸操作。

② 无自由脱扣的机构严禁就地操作。

③ 液压操作机构，如因压力异常导致断路器分、合闸闭锁时，不准擅自解除闭锁进行操作。

6）断路器故障状态下的操作规定：

① 断路器运行中，由于某种原因造成 SF_6 断路器气体压力异常（如突然降至零等），严禁对断路器进行停、送电操作，应立即断开故障断路器的控制（操作）电源，及时采取措施，将故障断路器退出运行。

② 分相操作的断路器操作时，发生非全相合闸，应立即将已合上相拉开，重新操作合闸一次，如果仍不正常，则应拉开合上相切断该断路器的控制（操作）电源，查明原因。

③ 分相操作的断路器操作时，发生非全相分闸，应立即切断控制（操作）电源，手动将拒动相分闸，查明原因。

5. 断路器的异常运行和事故处理

（1）运行中的不正常现象及处理

1）运行人员在断路器运行中发现任何不正常现象（液压机构异常、SF_6 气压下降或有异声，分合闸指示不正确等）时，应及时予以消除，不能及时消除的，报告上级领导并记入相应运行记录簿和设备缺陷记录簿内。

2）运行人员若发现设备有威胁电网安全运行且不停电难以消除的缺陷时，应向值班调度员汇报，及时申请停电处理，并报告上级领导。

（2）断路器有下列情形之一者，应立即申请停电处理

1）套管有严重破损和严重放电现象。

2）SF_6 气室严重漏气发出操作闭锁信号（或气压低于下限）。

3）真空断路器出现真空破坏的"哑哑"声。

4）液压机构压力降低，操作闭锁。

（3）电磁操作机构常见的异常现象及可能的原因

1）拒绝合闸。

① 操作电源及二次回路故障（直流电压低于允许值，熔丝熔断，辅助接点接触不良，二次回路断线，合闸线圈或合闸接触器线圈烧坏等），如将操作开关的手柄置于合闸位置信号灯不发生变化，可能是操作回路断线或熔断器熔断造成的。② 操作把手返回过早。③ 机械部分故障（机构卡死，连接部分脱扣等），如：跳闸信号消失，合闸信号灯发光，但随即熄灭而跳闸信号灯复亮。这可能是机械部分有故障而使锁住机构未能将操作机构锁在合闸位置

造成的。应注意，当操作电压过高时也会发生这种现象，此时由于合闸时产生强烈的冲击，因此也会产生不能锁住的现象。④SF$_6$开关因气体压力降低而闭锁。⑤SF$_6$开关弹簧机构合闸弹簧未储能。⑥液压机构压力降低至不许合闸。

2）拒绝分闸。

① 操作电源及二次回路故障（熔丝熔断、辅助接点接触不良、跳闸线圈断线等）。②机械部分故障。③SF$_6$开关因气体压力降低而闭锁。④液压机构压力降低至不许分闸。

3）电磁操作机构区别电气和机械故障，在操作时应检查直流合闸电流，如没有冲击说明是电气故障，有冲击则说明是机械故障。

（4）液压操作机构的异常现象及处理

1）压力异常，压力表压力指示与贮氮筒行程杆位置不对应，与正常情况比较，压力表指示过高为液压油进入贮氮筒，压力表指示低为贮氮气泄漏；此时应申请调度，停用该开关。

2）液压机构低压油路漏油，如果压力未降低至闭锁位置，可以短时维护运行；但要注意监视油压的变化并申请调度停用重合闸装置，汇报上级主管部门安排处理。有旁路的应申请调度用旁路开关代替运行，无旁路开关的应由调度安排停电处理。

3）液压机构压力降低至不允许分合闸时，不许用该开关进行解列、闭合环网操作。

4）液压机构压力降低，但未降至不许油泵打压的压力时（液压机构无漏油现象发生），可以手动打压至正常；降低至不许打压位置时则不允许打压；压力降低至不许分合闸时，应立即对开关采取防慢分措施（用卡子卡住该开关传动机构并将该开关转为非自动），汇报调度用旁路开关代替其运行或直接停用。

5）液压机构压力过高，若压力过高而电触点压力表的电接点可以断开油泵电源时，应适当放压至合格压力，汇报主管部门安排处理；若压力过高而压力表电接点未能断开油泵电源时，运行人员应立即拉开油泵电源隔离开关，放压至合格压力，通知上级主管部门立即处理。

（5）断路器的事故处理

1）断路器动作分闸后，运行人员应立即记录故障发生时间，停止音响信号，并立即进行事故巡视检查，判断断路器本身有无故障。

2）断路器对故障分闸线路实行强送后，无论成功与否，均应对断路器外观进行仔细检查。

3）断路器故障分闸时发生拒动，造成越级分闸，在恢复系统送电时，应将发生拒动的断路器脱离系统并保持原状，待查清拒动原因并消除缺陷后方可投入。

4）SF$_6$断路器发生意外爆炸或严重漏气等事故，运行人员接近设备要慎重，室外应选择从顺风向接近设备，室内必须要通风，戴防毒面具，穿防护服。

3.7.2 高压隔离开关的运行

1. 隔离开关的操作方法

1）无远方操作回路的隔离开关，拉动隔离开关时保证操作动作正确，操作后应检查隔离开关位置是否正常。

2）必须正确使用防误操作装置，运行人员无权解除防误操作装置（事故情况除外）。

3）手动操作，合闸时应迅速果断，但不宜用力过猛，以防震碎瓷瓶，合上后检查三相接触情况。合闸时发生电弧应将隔离开关迅速合上，禁止将隔离开关再行拉开。拉隔离开关时应缓慢而谨慎，刚拉开时如发生异常电弧应立即反向，重新将隔离开关合上。如已拉开，电弧已断，则禁止重新合上。拉、合隔离开关结束后，机构的定位闭锁销子必须正确就位。

4）电动操作，必须确认操作按钮分、合标志，操作时看隔离开关是否动作，若不动作要查明原因，防止电动机烧坏。操作后，检查刀片分、合角度是否正常并拉开电动机电源隔离开关。倒闸操作完后，拉开电动操作总电源隔离开关。

5）带有地刀的隔离开关，主、地隔离开关间装有机械闭锁，不能同时合上，但都在断开位置时，相互间不能闭锁。这时应注意操作对象，不可错合隔离开关，防止事故发生。

2. 运行中的故障及处理

（1）隔离开关拒分拒合或拉合困难

1）传动机构的杆件中断或松动、卡涩。如销孔配合不好、间隙过大、轴销脱落、铸铁件断裂、齿条啮合不好、卡死等，无法将操动机构的运动传递给主触头。

2）分、合闸位置限位止钉调整不当。合闸止钉间隙太小甚至为负值，未合到后位被提前限位，致使合不上。间隙太大，当合闸力很大时易使四连杆杆件超过死点，致使拒分。

3）主触点因冰冻、熔焊等特殊原因导致拒分或分闸困难。

4）电动机构电气回路或电动机故障造成拒分拒合。

在检修时要仔细观察，对症修理，切勿在超过死点的情况下强行操作。

（2）隔离开关接触部分过热

隔离开关及引线接点温度一般不得超过70℃，极限温度为110℃。接触部分过热由下列原因引起：

1）接触表面脏污或氧化使接触电阻增大，应用汽油洗去脏污，铜表面氧化可用00号砂布打磨；镀银层氧化可用25%的氨水浸泡20min后用清水冲洗干净，再用硬尼龙刷除去表面硫化银层，复装后接触表面涂一层中性凡士林。

2）触头调整不当，接触面积小，应重新调整触头接触面，使之符合要求。

3）触头压紧弹簧变形或压紧螺栓松动，应更换弹簧或重新压紧螺栓，调整弹簧压力。

4）隔离开关选择不当，额定电流偏小，或负荷电流增加，应更换额定电流较大的隔离开关。

3.7.3 高压负荷开关的运行

1）负荷开关在出厂前均应经过严格装配、调整并试验。一般情况下，其内部不需要再拆卸或重新调整。

2）投入运行前，绝缘子应擦干净，各传动部分应涂润滑油。

3）进行几次空载分、合闸的操作，触头系统和操作机构均无任何呆滞、卡死现象。

4）接地处的接触表面要处理打光，保证良好接触。

5）母线固定螺栓要拧紧，同时负荷开关的连接母线要配置合适，不应使负荷开关受到来自母线的机械应力。

6）负荷开关只能开断和关合一定的负荷电流，一般不允许在短路情况下操作。

7）负荷开关的操作一般比较频繁，注意并预防紧固零件在多次操作后松动，当总的操作次数达到规定限度时，必须检修。

8）当负荷开关与熔断器组合使用时，高压熔件的选择，应考虑在故障电流大于负荷开关的开断能力时，必须保证熔件先熔断，然后负荷开关才能分闸。

9）产气式负荷开关在检修以后，要按规定调整行程和闸刀张开角度。

10）对油负荷开关要经常检查油面，缺油时要及时注油，以预防在操作时引起爆炸，并为了安全起见应将这种油浸式负荷开关的外壳可靠接地。

3.8 电气设备的在线监测与状态检修

3.8.1 在线监测与状态检修简介

1. 在线监测

随着传感器技术、信号处理技术和计算机技术的发展与应用，利用集中型绝缘在线监测装置连续自动监测电容型设备的绝缘参数、监测环境温度、湿度和系统谐波、频率以及电压等非绝缘参数。监测所得的参数经相应的软硬件综合处理分析，可以对被监测设备绝缘状况进行定时监视或随时监视。当有设备出现"超标"等异常情况时，监测系统即自动报警，将绝缘监测从预防性阶段进入到预知性阶段，使测试的有效性、灵敏性都大大提高。集中连续自动的绝缘在线监测是高压电力设备绝缘监测的重要手段，也是输变电设备开展状态检修的重要支撑。

在线监测系统的主要功能可实现对电力设备状态的参数的连续检测、传输和分析处理，并可实现越限报警，提示设备可能有潜在缺陷。根据设备状态综合诊断的需要，在线监测系统一般宜采取对多个状态量进行综合监测的方式，并可扩展到整个变电站。

根据实际需要，在线监测系统可以进行必要的简化配置，如仅由检测单元组成，有的就地显示监测数据（如避雷器泄漏电流表）或通过通信设备实时远距离传输数据，或定期采集数据等。

2. 设备状态的划分

对于在线监测系统所获取的数据，应进行综合比较和分析，并结合被监测设备的运行工况、交接和预防性试验数据及其他信息，进行全面分析设备状态评价。

设备状态一般分为正常状态、注意状态、异常状态和严重状态 4 种。

1）正常状态。运行数据稳定，所有状态量符合标准，各种状态量处于稳定且在规程规定的标准限值以内，可以正常运行的设备状态。

2）注意状态。单项或多项状态量变化趋势朝接近标准限值方向发展，但未超过标准限值，仍可以继续运行，但应加强运行监视的设备状态。

3）异常状态。单项重要状态量变化较大，或几个状态量明显异常，已接近或略微超过标准限值，已影响设备的性能指标或可能发展成严重状态，设备仍能继续运行但应监视运行，并应适时安排停电检修的设备状态。

4）严重状态。单项或几个重要状态量严重超过标准限值，需要尽快安排停电检修的设备状态。

3. 状态检修

状态检修也称为预知性维修，这种维修方式以设备当前的实际工作状况为依据，通过高科技状态检测手段，识别故障的早期征兆，对故障部位、故障严重程度及发展趋势做出判断，从而确定最佳维修时机。状态检修是当前耗费最低、技术最先进的维修制度。它为设备安全、稳定、长周期和全性能优质运行提供了可靠的技术和管理保障。

3.8.2　断路器的在线监测与状态检修

1. 断路器的状态监测技术在状态检修中的应用

断路器状态检修的关键在于如何及时、正确判断其性能和状态，利用在线监测技术，可以实时监测和预知断路器的运行状态，可以为断路器的状态检修提供最真实可靠的依据，这样就可以实现预警式检修，减少停电、操作和检修次数，降低检修和维护费用，彻底摆脱因无检测手段所呈现的不该修也修、该修不修和出事以后再修的盲目被动局面，将断路器的隐患控制在萌芽之中，保证断路器始终处于完好状态。目前，断路器在线监测的项目和内容主要如下：

1）灭弧室电寿命的监测与诊断动作次数，记录合分次数，过限报警。

2）断路器机械故障地监测与诊断。合分线圈电流波形监测，非正常报警；合分线圈回路断线监测；监测行程，过限报警；监测合分速度，过限报警；机械振动，非正常报警；液压机构打压次数、打压时间、压力等；弹簧机构弹簧压缩状态，电动机工作时间；关键部分的机械振动信号；合、分闸线圈电流和电压波形的测检；线圈电流波形中包含着许多操作系统的信息，如线圈是否接通、铁心是否卡涩，脱扣是否有障碍等；合、分闸机械特性，即速度、过冲、弹跳和撞击等，这些信息也可从振动波形中有所反映；控制回路通断状态监测。这对因辅助开关不到位或接触不良造成的拒分、拒合故障有很好的监视作用；操动机构储能完成状况。

3）绝缘状态的监测。绝缘状态的监测内容包括气体断路器气体压力、过限报警、闭锁和局部放电。

4）载流导体及接触部位温度的监测。

5）SF_6其他成分的监测。主要通过测量SF_6分解物判断内部的放电情况。

2. 断路器状态信息的收集

重视断路器运行、检修、试验数据的积累和分析，建立一套包括交接验收资料、运行情况资料和检修试验资料等在内完整的断路器档案，并最好实行设备档案的动态计算机化管理，是开展断路器状态检工作的基础和首要任务。SF_6高压断路器状态信息必备的资料如下：

1）原始资料。原始资料主要包括铭牌参数、型式试验报告、订货技术协议、设备建造报告、出厂试验报告、运输安装记录以及交接验收报告等。

2）运行资料。运行资料主要包括运行工况记录信息、历年缺陷及异常记录、巡检情况和不停电检测记录等。

3）检修资料。检修资料主要包括检修报告、例行试验报告、诊断性试验报告、部件更换情况和检修人员对设备的巡检记录等。

4）其他资料。其他资料主要包括同型（同类）设备的运行、修试、缺陷和故障的情况、其他影响断路器安全稳定运行的因素等。

3. 断路器状态的划分、评价

正确判断断路器的状态是选择断路器检修策略的依据。断路器及其部件的状态分为正常状态、注意状态、异常状态和严重状态4种。断路器状态的评价分为部件状态评价和整体状态评价两部分。

1）断路器部件状态评价。断路器有许多功能相对独立的单元或部件，它们能否正常运行直接影响断路器的健康运行水平。根据SF_6高压断路器各部件的独立性，将断路器分为本体、操动机构（液压机构、弹簧机构、液压弹簧机构和气动机构等）、并联电容和合闸电阻4个部件，所以对断路器的状态量的评价可按部件划分分别确定评价标准。

2）断路器整体状态评价。断路器整体评价应综合其部件的评价结果。当所有部件评价为正常状态时，整体评价为正常状态；当任一部件状态为注意状态、异常状态或严重状态时，整体评价应为其中最严重的状态。

4. 断路器状态检修

SF_6高压断路器检修工作分为A类检修、B类检修、C类检修和D类检修4类。其中A、B、C类是停电检修，D类是不停电检修。

1）A类检修。A类检修指SF_6高压断路器的整体解体性检查、维修、更换和试验，主要包括现场全面解体检修、返厂检修。

2）B类检修。B类检修指SF_6高压断路器局部性的检修，部件的解体检查、维修、更换和试验，主要包括本体部件更换、本体主要部件处理和操动机构部件更换等。

3）C类检修。C类检修指对SF_6高压断路器常规性检查、维护和试验，主要包括预防性试验、清扫、维护、检查和修理等。

4）D类检修。D类检修指对SF_6高压断路器在不停电状态下进行的带电测试、外观检查和维修，主要包括绝缘子外观目测检查、对有自封阀门的充气口进行带电补气工作、对有自封阀门的密度继电器/压力表进行更换或校验工作、防锈补漆工作（带电距离够的情况下）、更换部分二次元器件。

根据设备评价结果，制定相应的检修策略。

1）正常状态的检修策略。被评价为正常状态的SF_6高压断路器，执行C类检修。C类检修可按照正常周期或延长一年并结合例行试验安排，在C类检修之前可以根据实际需要适当安排D类检修。

2）注意状态的检修策略。被评价为注意状态的SF_6高压断路器，执行C类检修。如果单项状态量扣分导致评价结果为注意状态时，应根据实际情况提前安排C类检修。如果仅由多项状态量合计扣分导致评价结果为注意状态时，可按正常周期执行，并根据设备的实际状况，增加必要的检修或试验内容。在C类检修之前可以根据实际需要适当加强D类检修。

3）异常状态的检修策略。被评价为异常状态的SF_6高压断路器，根据评价结果确定检修类型，并适时安排检修。实施停电检修前应加强D类检修。

4）严重状态的检修策略。被评价为严重状态的SF_6高压断路器，根据评价结果确定检修类型，并尽快安排检修。实施停电检修前应加强D类检修。

断路器状态检修策略选择的应注意：

1）装配和安装不当是造成断路器运行故障的因素。因此，断路器状态监测应从产品监造、施工监理及验收等环节抓起，重视工频耐压等出厂、交接试验，确保投入运行的断路器处于良好状态。

2）SF_6气体含水量超标，应更换吸附剂、换气及干燥处理。必要时检查气室密封情况。

3）SF_6气体异常泄漏时，应确定泄漏部位，视漏气严重程度作相应处理。

4）断路器等效开断次数或累计开断的电流值达到标准极限值时应进行解体检修，必要应更换本体。

5）当断路器等效开断次数或累计开断电流值达到极限值时，应进行预防性试验项目检查，在有条件的情况下，可采用新的测试方法检查触头磨损量，如动态电阻测试等以确定是否需要检修。

6）当断路器、隔离开关导电回路电阻值超标时，应结合负荷电流、故障电流大小及开断情况综合分析，以确定开关的检修方案。

7）当断路器操动机构机械特性不符合要求，或机构变形、卡涩、拒分、拒合，泄漏、压力异常及其他缺陷时，应检查、检修机构。

8）断路器投运一年后，宜进行机械特性的测试和机构的维护、检查，开关本体大修时，应同时进机构的检修，机构的全面检查一般不宜超过 5 年，或按制造厂要求进行。

3.9　技能训练

3.9.1　真空断路器的检修与调整

1. 实训目的

1）学会真空断路器灭弧室的真空度的检测及判断。

2）学会灭弧室触头电磨损值的检测和处理。

3）学会对真空断路器机械参数进行调整。

2. 灭弧室的真空度及其检测

根据相关规定，要满足真空灭弧室的绝缘强度，真空度不能低于 6.6×10^{-2} Pa，工厂制造的新真空灭弧室要达到 7.5×10^{-4} Pa。

真空灭弧室中真空度降低的原因有以下两点：①真空灭弧室漏气：主要是焊缝不严密，或密封部位存在微小漏孔造成的。②真空灭弧室内部金属材料含气释放：在真空灭弧室最初几次电弧放电过程中，触头材料中会释放出一些残存的微量气体，使真空度在一段时间内降低。当这些微量气体排尽之后，真空度将维持不变。

由于真空灭弧室中真空度会降低，当其降低到一定数值时会影响它的工作性能和耐压水平，因此必须在真空断路器大、小修时测量真空灭弧室的真空度。目前采用的检测方法有以下几种。

（1）火花计法

火花计法比较简单，但只适合玻璃管真空灭弧室。使用时，让火花探漏仪在灭弧室表面移动，在其高频电场作用下内部有不同的发光情况。可以根据发光的颜色来判断真空灭弧室的真空度。若管内有淡青色辉光，则其真空度在 10^{-3} Pa 以上；如呈蓝红色，说明管子已经失效；如管内已处于大气状态，则不会发光。

（2）观察法

观察法只能对玻璃管真空灭弧室进行观察并作定性的判断。真空灭弧室内部真空度降低时常常伴随着电弧颜色改变及内部零件氧化，所以应定期对玻璃外壳的真空灭弧室进行观察。正常时内部的屏蔽罩等部件表面颜色很明亮，在开断电流时发出的是蓝色弧光；当真空度降低严重时，内部的屏蔽罩等部件表面颜色就会变得灰暗，开断电流时发出的是暗红色弧光。

（3）工频耐压法

工频耐压法在检修中比较常用。对于真空断路器，要定期对断路器主回路对地、相间及断口进行交流耐压试验。检测方法如下：断路器处于分闸状态时，在触头间施加额定电压，如果真空灭弧室内部发生持续火花放电，则表明真空度严重降低，否则就表明真空度符合要求。对于真空度严重劣化的真空灭弧室，采用工频耐压法是一种简单有效的方法。

（4）真空度测试仪

相对以上方法，利用真空度测试仪定量测量真空度要准确得多，目前比较精确的方法是磁控法。主要使用的真空度测试仪有 VCTT-ⅢA 型和 ZKZ-Ⅲ 型等。该方法较适用于制造厂对真空灭弧室的真空度的检测。

3. 灭弧室触头电磨损值的检测和处理

（1）触头电磨损原因及规定值

真空灭弧室的触头接触面经过多次开断电流后会逐渐被磨损烧灼（通常称为电磨损），触头厚度减小，波纹管行程变大，接触电阻增大，这对开关的灭弧性能和导电性能会产生不良影响。制造厂对各种型号真空灭弧室触头的电磨损值都有明确规定，当电磨损值达到规定时，灭弧室就不能继续使用。

（2）检测方法

真空断路器在第一次安装调试中应测量出动导电杆露出某一基准线的长度，并做好记录，以此作为原始参考。在以后每次检修时复核该长度，其值与第一次原始值之差就是触头的电磨损值。

也可通过定量的方法判断触头的电磨损值，也就是测量接触电阻。在检修时要测量导电回路的电阻，一般要求测量值不大于出厂值的 1.2 倍。

（3）处理方法

触头的电磨损值达到或超过规定值时（不超过 2mm），必须更换真空管。更换时，最好三相一起更换，并把它们调整到规定的尺寸，通过相关试验后再使用。这是因为原来的触头已有磨损，真空管的波纹管由于安装尺寸的关系，与新管已经不一样了，不加以调整将降低波纹管的使用时间。如果触头的电磨损值未达到厂家规定值，或接触电阻明显增大但未超过规定，可对触头间隙进行调整后继续使用，但应检测灭弧室的真空度。如真空度不满足要求，应更换灭弧室。调节触头时要注意触头的弹跳，两者要协调考虑，寻找一个动态的平衡点。

4. 真空断路器机械参数的调整

（1）触头开距调整

1）触头开距对真空灭弧室的影响。触头开距指断路器在分闸状态时，灭弧室动、静触头间的距离。根据使用电压的不同，触头开距的选择一般是 3～6kV 开距为 8～10mm，12kV 开距为 10～15mm，40.5kV 开距为 20～25mm。触头开距选择与触头材料也有关系。

触头开距对真空灭弧室绝缘影响很大，开距尺寸从零开始增大，绝缘水平也随之提高。当开距增大到某一数值后，绝缘水平的变化就不大了，若继续增大开距，将严重影响真空灭弧室的机构寿命。

2）触头开距调整方法。在灭弧室动、静触头刚接触时，参照灭弧室固定部件上的任意一点在动触杆上做一个标记，然后将动触杆分闸到位，参照固定部件同一点在动触杆上再做一个标记，动触杆上两个标记点之间的距离即为触头开距。旋转动触杆连接件来调整开距。对以橡胶垫、毡垫作为分闸定位的真空断路器，增加垫的厚度，可减小开距、反之则增大开距。

（2）压缩行程调整

真空灭弧室动触头由分闸位置运动与静触头接触后，触头弹簧被压缩的距离，称为压缩行程。压缩行程调整很重要，其重要性在于：①在一定程度的电磨损状态下，保证触头有较大的接触压力；②保证动触头合闸过程中的缓冲；③提高断路器分闸瞬间的速度，改善灭弧性能。

不同型号的真空断路器，在测量压缩行程时都有其指定的位置。通常用调节绝缘拉杆长度和操动机构输出连杆长度来调整单相或三相的压缩行程。

（3）分、合闸速度测试

断路器的分、合闸速度，一般是指触头在闭合前或分离后，一段行程内的平均速度。真空断路器在出厂前，分、合闸速度已由厂家调试合格，故在安装和检修中一般可不再测试，但出现下列情况之一时，必须进行测试：①更换了真空灭弧室。②重新调整了触头行程。③更换或改变了触头弹簧、分闸弹簧或弹簧机构的合闸弹簧。④操动机构或传动机构进行了解体检修。

由于真空断路器触头行程较小，通常采用附加触点配合机械特性测试仪或示波器来测量真空断路器分、合闸速度。

收紧分闸弹簧，可以提高分闸速度，但过多地收紧分闸弹簧，会导致断路器分闸末期受到大的机械冲击力并且降低合闸速度，所以在调试中要综合考虑这些因素。

（4）三相同期性调整

结合压缩行程调整，通过旋转动触杆连接，可以调整三相触头分、合闸时触头接触和分离时的同步性。

3.9.2　跌落式熔断器的操作

1. 实训目的

1）掌握跌落式熔断器的操作流程。

2）学会正确地操作方法，掌握操作要领安全注意事项。

2. 操作前的准备

1）填写检修工作票、倒闸操作票。

2）将变压器的负荷侧全部停电。

3）穿绝缘靴、戴绝缘手套及护目镜，使用绝缘杆，站在绝缘台垫上进行操作。

4）一人操作，一人监护。

3. 操作安全要点

1）送电操作时，先合两边相，后合中相。

2）停电操作时，先拉中相，后拉两边相。

3）有风时，先拉下风侧边相，后拉上风侧边相，防止弧光短路。

4. 更换熔丝的操作

1）取下熔丝管，RW3 型用绝缘杆顶静触头（鸭嘴）；RW4 及 RW7 型则拉熔丝管上端的操作环（即 3 顶、4 拉）。

2）打磨被电弧烧伤的熔丝管静、动触头。

3）调整熔丝管静、动触头的距离及紧固件，熔丝应位于消弧管的中部偏上处。

4）更换熔丝前应检查熔丝管与产气管是否良好无损伤，损坏应更换。

5）更换熔丝时应压接牢固，接触良好，防止造成机械损伤。

6）送电操作时，先用绝缘杆金属端钩穿入操作环，令其绕轴向上转到接近静触头的地方，稍加停顿，看到上动触头确已对准上静触头，迅速向上推，使上动触头与上静触头良好接触，并被锁紧机构锁在这一位置，然后轻轻退下绝缘杆。

3.9.3 电容器实训

1. 实训目的

1）学会电容器双极对外壳的绝缘电阻测量的方法。

2）掌握用电流电压表法测量电容器的电容量。

2. 实训项目

项目1：双极对壳的绝缘电阻测定。

（1）操作步骤

1）绝缘电阻表的选用：低压电容器使用1000V绝缘电阻表，对于高压电容器采用2500V绝缘电阻表。

2）试验前先将电容器充分放电，确认电荷放净后，将套管擦干净。

3）所有引出线端子短路后接绝缘电阻表的"L"端子上，绝缘电阻表的"E"端子接在绝缘拉杆上。

4）将绝缘电阻表摇至额定转速（120r/min）后，绝缘拉杆触及电容器的外壳。

5）待表针稳定后，读取数值，即为双极对壳的绝缘电阻。

（2）注意事项

1）读数后，先将绝缘杆离开外壳，再停止转动绝缘电阻表。否则，由于电容器放电，可能将绝缘电阻表烧坏。

2）试验后应双极对地放电。

（3）结果分析及处理

1）对于新安装的电容器应大于2000MΩ，对于运行中的电容器应大于1000MΩ。

2）极对外壳绝缘电阻不合格的电容器，大部分是由于装配套管内部受潮引起的。因此，将外瓷套卸下，用干燥的布将外瓷套的内表面及内瓷套的外表面擦干净，消除潮气后，一般绝缘电阻是能恢复的。

项目2：用电流电压表法测量电容器的电容值。

（1）操作步骤

用电流电压表法测量电容器的电容值如图3-46所示。

在被测电容器两端加低电压（~220V），测得电流

I_C，由 $X_C = \dfrac{U}{I_C}$ 可得：

$$C = \frac{I_C}{2\pi f U} \times 10^6 \qquad (3-23)$$

式中，C 为测得的电容值（μF）；I_C 为电流表的读数（A）；U 为电压表读数（V）；f 为电源频率（Hz）。

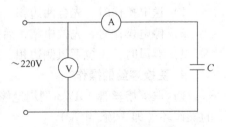

图3-46　用电流电压表法
测量电容器的电容值

（2）结果分析

电容器当其介质受潮，元件击穿短路时，电容器的电容值将比正常值大；出现严重缺油等其他缺陷时，电容值可能减少。因此，电容器电容值的变化反映了电容器的内部状态。为此规程规定：电容器电容值的偏差不应超过额定值的 ±10%。

（3）注意事项

1）对于元件串有熔丝保护的电容器，投入运行后，由于允许在断开部分不良并联元件的情况下，继续运行，对这种电容器运行中测得的电容值只供对比用，不作为是否可以继续运行的判断依据。

2）某些已经击穿的电容器元件，在长期停止运行后，由于油蜡的作用，击穿点呈高阻状态。因此，用低压进行电容测量时，效果不够灵敏。若用高压测量就比较理想，因为在高压作用下，故障元件会被击穿。因此，测量的电容值能反映客观实际。为使低电压测量电容器的电容值能反映实际情况，最好在电容器从电网切除后，24h 内进行测量，或在耐压试验后立即进行。

3.9.4　手车开关的操作实训

1. 实训目的

1）熟悉手车开关本体所处的 3 种位置和手车开关的 5 种状态。

2）学会手车开关柜的操作方法。

2. 实训内容

（1）认识手车开关的位置和状态

手车开关本体所处的 3 种位置，即工作位置、试验位置、检修位置。

1）工作位置。手车开关本体在开关柜内，一次插件（动、静插头）已插好。

2）试验位置。手车开关本体在开关柜内，且开关本体限定在"试验"位置，一次插件（动、静插头）在断开位置。

3）检修位置。手车开关本体在开关柜外。

手车开关有 5 种状态，即运行状态、热备用状态、试验状态、冷备用状态和检修状态。

1）运行状态。手车开关本体在"工作"位置，开关处于合闸状态，二次插头插好，开关操作电源、合闸电源均已投入，相应保护投入运行。

2）热备用状态。手车开关本体在"工作"位置，开关处于分闸状态，二次插头插好，开关操作电源、合闸电源均已投入，相应保护投入运行。

3）试验状态。手车开关本体在"试验"位置，开关处于分闸状态，二次插头插好，开关操作电源、合闸电源均已投入，保护投入不确定。

4）冷备用状态，手车开关本体在"试验"位置，开关处于分闸状态，二次插头拔下，开关操作电源、合闸电源均未投入，相应保护退出运行。

5）检修状态，手车开关本体在"检修"位置（在开关柜外），二次插头拔下，开关操作电源、合闸电源均未投入，相应保护退出运行，已做好安全措施。

手车式开关允许停留在运行、试验、检修位置，不得停留在其他位置。检修后，应推至试验位置，进行传动试验，试验良好后方可投入运行。手车式开关无论在运行还是检修位置，均应用机械联锁将手车锁定。当手车式开关推入柜内时，应保持垂直缓缓推入。处于试验位置时，必须将二次插头插入插座，断开合闸电源，释放弹簧储能。

（2）手车开关柜的操作

1）从柜外向柜内推进手车操作。

①确认断路器处于断开位置。②将手车放到转运车上并与之锁定。③用钥匙打开柜门，柜门开启应大于90°。④将带有手车的转运车推到柜前，分别调节4个手轮的高度，使托盘接轨的高度与柜体手车导轨高度一致，并将托盘前的左右两个导向杆与中间锁杆分别插入柜体左右侧导向孔和中间锁孔内，锁钩靠拉簧的作用将自动钩住柜体中隔板，转运车即与柜体锁定在一起。⑤手车推入时，先用手向内侧拨动锁杆手柄与手车托盘解锁，接着将断路器小车直接推入断路器小室内，松开双手并锁定在试验位置。⑥将二次插头插入二次插座并锁定。⑦将锁钩手柄板向左侧，解开转运车与开关柜的锁钩，将转运车移开，关闭开关柜门并锁定。

2）从试验位置向工作位置推进手车。

①确认断路器与接地开关处于断开位置。②插入手车操作摇把，顺时针方向摇动摇把，即可摇动手车至工作位置。手车到工作位置后，摇动手柄即摇不动，同时伴随有锁定响动声，其对应位置指示灯也同时指示其所在位置。

3）从工作位置抽出手车。

①确认断路器处于断开位置。②插入手车操作摇把，逆时针方向摇动摇把，即可摇动手车至试验位置。手车到试验位置后，摇动手柄即摇不动，其对应位置指示灯也同时指示其所在位置。

4）从柜内抽出手车。

①确认断路器处于断开位置。②用钥匙打开柜门，柜门开启应大于90°。③将二次插头拔出。④将带有手车的转运车推到柜前，分别调节4个手轮的高度，使托盘接轨的高度与柜体手车导轨高度一致。并将托盘前的左右两个导向杆与中间锁杆分别插入柜体左右侧导向孔和中间锁孔内，锁钩靠拉簧的作用将自动钩住柜体中隔板，转运车即与柜体锁定在一起。⑤先用手向内侧拨动锁杆手柄与开关柜体解锁，接着将断路器小车直接拉出至转运车上，松开双手并锁定在转运车的锁定位置上。⑥将锁钩手柄扳向左侧，解开转运车与开关柜的锁钩，将转运车移开，关闭开关柜门并锁定。

5）断路器的合、分闸。

①手车面板上设有手动按钮，供调试人员在调试断路器时使用。②运行中的断路器在一般情况下，不能由人直接进行断路器的合、分闸操作。

6）合、分接地开关。

①接地开关的操作轴端在柜体右前部。接地开关的操作应使用制造厂提供的专用操作手把。进行接地开关合闸操作前应首先确认手车已退到试验位置或移出柜外，查看带电显示器的指示确认电缆不带电，确认开关柜后门板没有打开，确认接地开关处于分闸状态。将专用操作手把插入接地开关的操作轴轴端，顺时针转动操作手把，就可完成接地开关的合闸操作。②进行接地开关分闸操作前应首先确认开关柜后门板已经完全盖好，确认接地开关处于合闸状态。将专用操作手把插入接地开关的操作轴轴端，逆时针转动操作手把，就可完成接地开关的分闸操作。

7）打开开关柜后门板。

①打开开关柜后门板之前，应先将接地开关合闸。②安装开关柜后门板。安装开关柜

90

后门板之前，接地开关必须处于合闸状态，否则，安装将无法进行。安装开关柜后门板前还需特别注意检查电缆室内的杂物是否清理干净。

3.10 习题

1. 电弧的产生和熄灭需要经过哪几个过程？
2. 高压断路器有何作用？按灭弧介质的不同可分为哪几类？
3. 简述断路器、隔离开关和负荷开关的区别。
4. 断路器的操动机构有几种？
5. 简述高压隔离开关的用途。
6. 熔断器有何作用，如何分类？
7. 母线有何作用？常用的母线材料有几种？
8. 常用的硬母线的型式有几种，各有何特点？
9. 简述电压互感器的作用和特性。
10. 电压互感器在运行中应注意什么？
11. 电压互感器的电压比误差和角误差是什么？
12. 电压互感器的准确度等级是什么？如何表示？
13. 电压互感器常见的故障有哪些？
14. 简述电流互感器的作用、工作原理和特性。
15. 电流互感器在运行中应注意什么？
16. 电流互感器的准确度等级是什么？如何规定？
17. 造成电流互感器开路的原因有哪些？有何现象？如何处理？
18. 分别画图说明电压互感器和电流互感器的接线方式。
19. 在电力系统中电容器的作用是什么？电容器端电压的变化对电容器有何影响？
20. 电容器在接线时必须注意什么问题？在什么情况下电容器需要串联？什么情况下电容器需要并联？
21. 单相电容器组接入三相电网时采用三角形联结或星形联结？各有何特点，国标上如何规定？
22. 电容器为何要加装放电电阻？对放电装置有何要求？
23. 运行中的电容器组的过电压是如何引起的？
24. 什么是电容器的合闸涌流？
25. 电容器组的操作应注意哪些问题？
26. 电容器运行中的异常情况有哪些？如何处理？
27. 提高功率因数的方法有几种？提高功率因数的补偿方法有几种？
28. 高压开关柜的"五防"指的是什么？
29. 全封闭组合电器（GIS）是什么？
30. 真空灭弧室的真空度的检测方法有几种？
31. 操作跌落式熔断器时，应注意什么？
32. 什么是在线监测？设备的状态如何划分？
33. 如何根据断路器的设备评价结果，制定相应的检修策略。

第4章　电力变压器

4.1　电力变压器的工作原理、结构和联结组别

4.1.1　概述

电力变压器是应用电磁感应原理，在频率不变的基础上将电压升高或降低，以利于电力的输送、分配和使用。

电力变压器按功能分为升压变压器和降压变压器两大类。在电力系统中，发电厂用升压变压器将电压升高；工厂变配电站用降压变压器将电压降低。二次侧为低压的降压变压器，称为"配电变压器"。

电力变压器按容量系列分为 R8 系列和 R10 系列两大类。所谓 R8 系列是指容量等级是按 $R8 = \sqrt[8]{10} \approx 1.33$ 倍数递增的。在我国，旧的变压器容量等级采用此系列，如 100kV·A、135kV·A、180kV·A、240kV·A、560kV·A、750kV·A、1000kV·A 等。所谓 R10 系列是指容量等级是按 $R10 = \sqrt[10]{10} \approx 1.26$ 倍数递增的。R10 系列的容量等级较密，便于合理选用，这是国际电工委员会（IEC）推荐的，我国新的变压器容量等级均采用此系列，如100kV·A、125kV·A、160kV·A、200kV·A、250kV·A、315kV·A、400kV·A、500kV·A、630kV·A、800kV·A、1000kV·A 等。

电力变压器按相数分为三相变压器和单相变压器。电力变压器按结构形式分为心式变压器和壳式变压器。如果绕组包在铁心外围，则为心式变压器。如果铁心包在绕组外围，则为壳式变压器。电力变压器按调压方式分为无励磁调压和有载调压变压器两大类。电力变压器按绕组数目分为双绕组变压器、三绕组变压器和自耦变压器 3 大类。电力变压器按冷却介质分为干式、油浸式和充气式等。而油浸式变压器又分为油浸自冷式、油浸风冷式和强迫油循环风冷（或水冷）式 3 种类型。电力变压器按其绕组导体材料分为铜绕组和铝绕组两种类型。由于铜绕组变压器在运行中损耗低，现在被广泛应用，如 S9 系列。电力变压器的全型号的表示和含义如下：

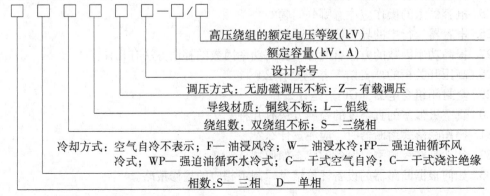

4.1.2 电力变压器的工作原理和结构

1. 变压器的工作原理

图 4-1 是单相变压器原理图，在闭合的铁心上，绕有两个互相绝缘的绕组，和电源连接的一侧称为一次侧绕组；输出电能的一侧称为二次侧绕组。当交流电源电压 $\dot{U}_1$ 加到一次侧绕组后，就有交流电流 $\dot{I}_1$ 通过该绕组，在铁心中产生交变的磁通 Φ。交变的磁通 Φ 沿铁心闭合，同时交链一、二次绕组，在两个绕组中分别产生感应电动势 $\dot{E}_1$ 和 $\dot{E}_2$。如果二次侧带负载，便产生二次电流 $\dot{I}_2$，即二次绕组有电能输出。

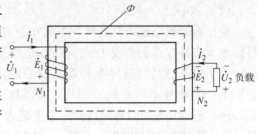

图 4-1　单相变压器原理图

由电磁感应定律可得：

一次绕组的感应电动势的有效值为

$$E_1 = 4.44 f N_1 \Phi_m \qquad (4-1)$$

二次绕组的感应电动势的有效值为

$$E_2 = 4.44 f N_2 \Phi_m \qquad (4-2)$$

式中，f 为电源的频率（Hz）；N_1、N_2 分别为一、二次侧绕组的匝数；Φ_m 为主磁通的最大值。

由式 （4-1）、(4-2) 可得：$\dfrac{E_1}{E_2} = \dfrac{N_1}{N_2}$ $\qquad (4-3)$

由式 （4-3）可知：变压器一、二次侧的感应电动势之比等于一、二次绕组的匝数之比。

若忽略变压器一、二次侧的漏电抗和电阻，可以近似的认为

$$\frac{E_1}{E_2} = \frac{N_1}{N_2} \approx \frac{U_1}{U_2} = K \qquad (4-4)$$

在式 （4-4） 中，K 为变压器的电压比。

可见，变压器一、二次侧的匝数不同，导致一、二次绕组的电压不等，改变变压器的电压比就可以改变变压器的输出电压。

2. 变压器的主要结构

变压器的主要结构包括器身、油箱、冷却装置、保护装置、出线装置和变压器油，如图 4-2 所示。器身又称心体，是变压器最重要的部件，其中包括铁心、绕组、绝缘、引线和分接开关等部件。油箱一般有平顶桶式和钟罩式两种形式。油箱上还设有放油阀门、蝶阀、油样阀门、接地螺栓和铭牌等零部件。冷却装

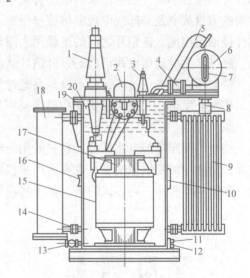

图 4-2　变压器的主要结构

1—高压套管　2—分接开关　3—低压套管　4—气体继电器　5—防爆管　6—储油柜　7—油位表　8—吸湿器　9—散热器　10—铭牌　11—接地螺栓　12—油样阀门　13—放油阀门　14—蝶阀　15—绕组　16—信号温度计　17—铁心　18—净油器　19—油箱　20—变压器油

置包括散热器。保护装置包括储油柜、油表、防爆管、吸湿器、测温元件、热虹吸（净油器）和气体继电器等。出线装置包括高、中、低压套管等。

器身装配成一个整体后放在油箱之中，再装上以上辅助装置，充满变压器油即完成了一台变压器的组装。

（1）铁心

变压器的铁心结构有两种：壳式和心式。心式又叫内铁式，是变压器最常采用的结构，目前绝大多数变压器都是心式。铁心是变压器的磁路部分，为了提高磁路的磁导率并降低铁心的涡流损耗，铁心采用了高磁导率的冷轧硅钢片，其厚度一般为 0.25 ~ 0.35mm。硅钢片表面涂有绝缘漆，主要是为了降低涡流损耗。铁心截面的形状，如图 4-3 所示。小容量变压器一般做成方形或长方形，而大型变压器为了节省材料并充分利用线圈内圆空间，铁心的截面都做成多级阶梯形，并在铁心中设计了散热油道，将铁心运行时产生的热量通过循环绝缘油带走，达到良好的冷却效果。

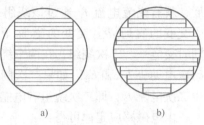

图 4-3　铁心截面的形状
a）矩形截面　b）多级阶梯形截面

变压器在运行中，必须将铁心及各金属零部件可靠地接地，与油箱同处于地电位。铁心及固定铁心的金属结构、零部件均处在强电场中。在电场作用下，它们具有较高的对地电位。如果不接地，它与接地的夹件及油箱之间有电位差产生，在电位差的作用下，易引发放电和短路故障，短路回路中将有环流产生，使铁心局部过热。另外，在绕组周围铁心及各零部件几何位置不同，感应出来的电动势大小不同，若不接地，也会存在持续性的微量放电。持续的微量放电及局部放电现象将逐步使绝缘击穿。因此，通常是将铁心的任意一片及金属构件经油箱接地。硅钢片之间的绝缘用来限制涡流的产生，其绝缘电阻值很小，不均匀的电场、磁场产生的高压电荷可以通过硅钢片从接地处流向大地。

铁心不允许多点接地，多点接地会通过接地点形成回路在铁心中造成局部短路，产生涡流，使铁心发热，严重时将使铁心绝缘损坏甚至导致变压器烧毁。

（2）绕组

绕组是变压器的电路部分，它一般用绝缘的铜或铝导线绕制。绕制线圈的导线必须包扎绝缘，最常用的是纸包绝缘，也有采用漆包线直接绕制的。电力变压器的绕组采用同心式结构，如图 4-4 所示。同心式的高、低压绕组同心地套在铁心柱上，一般情况下，总是将低压

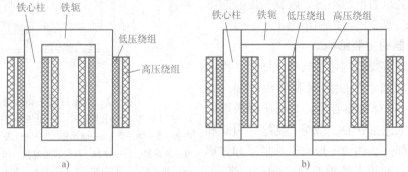

图 4-4　变压器的绕组采用同心式结构
a）单相　b）三相

94

绕组放在靠近铁心处，将高压绕组放在外面。高压绕组与低压绕组之间，以及低压绕组与铁心柱之间都留有一定的绝缘间隙和散热通道（油道或气道），并用绝缘纸筒隔开。绝缘距离的大小，取决于绕组的电压等级和散热通道所需要的间隙。当低压绕组放在靠近铁心柱时，因为低压绕组与铁心柱所需的绝缘距离比较小，所以绕组的尺寸可以缩小，整个变压器的体积也就减小了。

（3）油箱与冷却装置

变压器的器身浸在充满变压器油的油箱里。变压器油既是绝缘介质，又是冷却介质，变压器油受热后形成对流，将铁心和绕组的热量带到箱壁及冷却装置，再散发到周围空气中。变压器油箱分为吊器身式（平顶式）和吊箱壳式（钟罩式）两种形式。由于钟罩式油箱结构合理、体积小、质量轻，现场安装检修不需要重型起吊设备和运输工具等优点，现在大型变压器广泛采用钟罩式油箱，平顶式油箱只在容量较小的变压器中使用。

平顶式油箱箱壁上焊有散热管或安装散热管和净油器的连接法兰盘、吊耳、放油阀门、铭牌等；箱盖上开有安装各种附件的孔洞；底部设有带运输滚轮的底座。

钟罩式油箱分为上节油箱和下节油箱两部分，在上节油箱的拱顶及箱壁上焊有装设各个附件的结构件，如高、中、低压套管升高座；高、中压分接开关的升高座；散热器管接头及挂钩、风扇支持件及进线盒底板、储油柜连接法兰及柜脚固定板、端子箱及配线底板、铭牌底板、吊拌等，钟罩式油箱如图4-5所示。

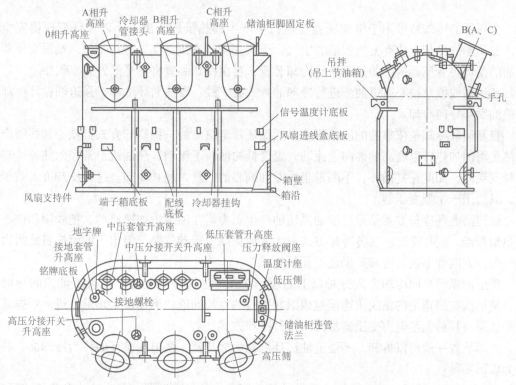

图4-5　钟罩式油箱（110kV 三绕组变压器用）

下节油箱有槽形和盘形两种，为了节省油量，多采用槽形油箱，钟罩式油箱的下节油箱外形如图4-6所示。在下节油箱上布置有器身定位件、放油阀门管接头、密封胶条护框、吊轴及吊轴槽钢、小车底板、接地螺栓等。在下节油箱底部还焊有 4 或 8 块千斤顶底板,用于顶起变压器。

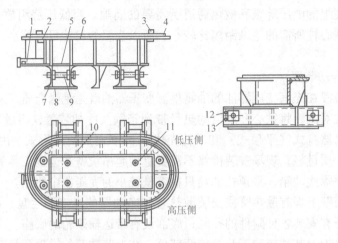

图 4-6　钟罩式油箱的下节油箱(用于 110kV 级)外形图
1—放油门管接头　2—千斤顶底板　3—器身定位件　4—密封胶条护框　5—槽底
6—箱底　7—吊拌槽钢　8—小车底板　9—吊轴　10—槽壁
11—定位钉　12—地字牌　13—接地螺栓

变压器的冷却装置用于将变压器在运行中产生的热量散发出去,以保证变压器安全运行。变压器的冷却介质有变压器油和空气,干式变压器直接由空气进行冷却,油浸变压器通过油的循环将变压器内部的热量带到冷却装置,再由冷却装置将热量散发到空气中。

变压器线圈及铁心通过油流进行冷却的方式有 3 种:自然循环冷却、强迫油循环冷却和强迫油循环导向冷却。

自然循环冷却是依靠油的温差形成自然循环带走热量的一种冷却方式:铁心和线圈产生的热量将油加热,温度高的油向上流动,温度低的油向下流动,热油流上升经散热器冷却后又降到底部,如此往复循环,不断带走线圈和铁心的热量,使其冷却。这种冷却方式效果一般,只适用于小型变压器。

强迫油循环冷却方式是通过潜油泵使油产生压力,在油道中加速流动,把线圈和铁心中的热量带走,进行冷却。这种冷却方式虽大大地提高了冷却效果,但由于油流按自然阻力进行分配,方向性不强,冷却效果还不算最好。

强迫油循环导向冷却方式针对以上问题,在强迫油循环的基础上增设了油流的导向装置,使油流按照指定的路线快速流过线圈和铁心的冷却油道,迅速带走热量,进一步提高了冷却效果。目前大型电力变压器都采用这种冷却方式。

冷却装置一般可以拆卸,不强迫油循环的称为散热器,强迫油循环的称为冷却器。具体分为以下 4 种:

1)自然冷却装置,又称为不吹风散热器,用于小容量变压器,分为片式和扁管式两种,如图 4-7 所示。扁管式散热器一般为可拆卸型,散热容量较小时,散热片或管也可直接焊在变压器上。片式散热器省料、质量小,节省变压器油,但机械强度较差,焊接工艺要求高。

2)吹风冷却装置,又称为风冷散热器,用于中等容量的变压器中。在不吹风散热器的

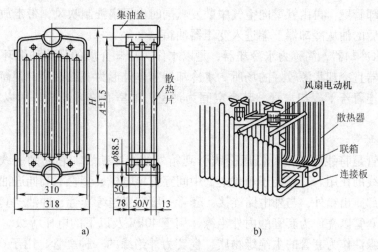

图 4-7　散热器

a）片式（固定）　b）扁管式

基础上增加风扇就成为风冷散热器，管式风冷散热器使用比较普遍，要求风冷扁管散热器在不吹风时的散热能力达到额定散热量的 60% 。散热器的风扇有不自动控制和自动控制两种方式，自动控制方式可按变压器负载电流或上层油温来控制风扇的启停。

3）强油风冷冷却装置，简称为风冷却器，用于大容量变压器中。它与风冷散热器的区别就是增加了强迫油循环系统，使油流速度加快，冷却效率提高。该冷却器由冷却管、上下集油室、潜油泵、风扇、油流继电器和净油器等组成，如图 4-8 所示。为增大散热面积，冷却管上装有金属片或缠绕金属带，与集油室焊接成一整体。集油室内设有隔板，将冷却管分为 3 或 5 个部分，以使油流折流，增强冷却效果。净油器内装活性氧化铝吸附剂，装于冷却器下部，与下集油室连接。运行时潜油泵将变压器顶层的高温油送入冷却管内经几次折流后

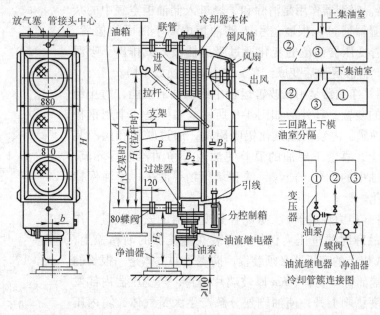

图 4-8　强油风冷冷却装置

97

将热量传给冷却管壁，再由管壁向空气中散发。同时由风扇强制吹风，带走放出的热量，加速冷却，冷却后的油从冷却器下端进入变压器油箱。

4）强油水冷却器，简称为水冷却器，是以水作为冷却介质的强迫油循环冷却装置，用于大容量变压器且冷却水源较好的场合。水冷却器本体外形为一圆钢筒，钢筒上、下部为水室，水室之间连着若干冷却水管，其余空间为油室，油室有许多隔板，用以增加油的折行路径。

（4）绝缘套管

变压器套管是将线圈的高、低压引线引到箱外的绝缘装置，它起到引线对地（外壳）绝缘和固定引线的作用。套管装于箱盖上，中间穿有导电杆，套管下端伸进油箱与绕组引线相连，套管上部露出箱外，与外电路连接。套管一般有瓷绝缘套管、冲油式套管、电容式套管等。瓷绝缘套管以瓷作为套管的内外绝缘，用于40kV及以下的电压等级。充油式套管以纸绝缘筒和绝缘油作为套管的主绝缘物质，瓷套为外绝缘的一种套管，用于60kV及以上的电压等级。电容式套管以绝缘纸绕制的电容芯子为主绝缘，配以瓷套及其他附件组成，用于110kV及以上电压等级。

（5）保护装置

变压器的保护装置包括：储油柜、吸湿器、净油器、气体继电器、防爆管、事故排油阀门、温度计和油标等。

1）储油柜。储油柜安装在变压器顶部，通过弯管及阀门等与变压器的油箱相联。储油柜侧面装有油位计，储油柜内油面高度随变压器油的热胀冷缩而变动。储油柜的作用是保证变压器油箱内充满油，减少油与空气的接触面积，缓解绝缘油在温度升高或降低时体积变化的影响，防止绝缘油的受潮和氧化。储油柜的大小根据变压器的油量来确定，一般为变压器油箱容积的8%~10%。

2）吸湿器。吸湿器作用是清除和干燥进入储油柜空气中的杂质和潮气，吸湿器通过一根联管引入储油柜内高于油面的位置。柜内的空气随着变压器油位的变化通过吸湿器吸入或排出。吸湿器内装有硅胶，硅胶受潮后变成红色，应及时更换或干燥。

3）净油器。净油器是用于改善运行中绝缘油的性能，防止绝缘油继续老化的装置，其外形如图4-9所示。主体是一个用钢板焊成的圆筒形油罐，内装活性氧化铝吸附剂，通过联管和阀门装在变压器油箱上，靠上下层油的温差使油通过净油器进行环流，同时吸附剂将油中的水分、渣滓、酸和氧化物等滤去，使油保持清洁和延缓老化。

4）防爆管（压力释放）。防爆管是变压器的安全装置，作为变压器内部故障时的过压力保护，安装在变压器的油箱盖上，规定800kV·A以上的变压器必须装设。防爆管的主体是一根长的钢质圆管，其端部管口装有3mm厚玻璃片密封，当变压器内部发生故障时，温度急剧上升，使油剧烈分解产生大量气体，箱内压力剧增，玻璃将破碎，气体和油从管口喷出，流入储油坑，防止

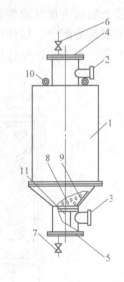

图4-9　净油器外形图
1—容器　2、3—法兰
4—上盖　5—底盖　6、7—阀
门　8—滤网　9—除酸硅胶
10—吊环　11—支撑架

油箱爆炸起火和变形。防爆管下面有一小联通管与储油柜相通，目的是达到油面一致、压力一致，防止气体继电器误动作。图 4-10 是变压器防爆管、吸湿器、气体继电器的安装位置。压力释放器在全密封变压器中替代了防爆管，作用相同，结构较为复杂，安装后不得随意打开，否则油将溢出。压力释放器带有信号接点，动作时会发出信号。

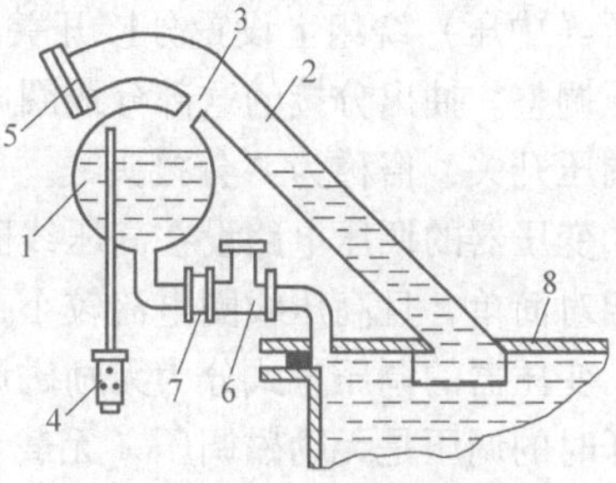

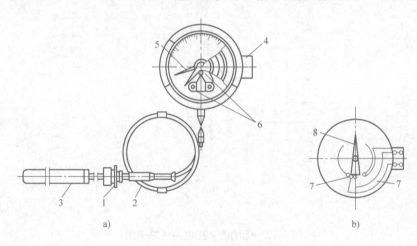

图 4-10　变压器防爆管、吸湿器、
气体继电器的安装位置示意图
1—储油柜　2—防爆管　3—联通管　4—吸湿器
5—防爆膜　6—气体继电器　7—蝶阀　8—箱盖

5）气体继电器。气体继电器安装在储油柜与变压器的联管中间，作为变压器内部故障的主保护。当变压器内部发生故障产生气体或油箱漏油使油面降低时，气体继电器动作，发出信号，若事故严重，可使断路器自动跳闸，对变压器起保护作用。

6）温度计。变压器的温度计直接监视着变压器的上层油温，可分为水银温度计、信号温度计、电阻温度计3 种类型，所有油浸变压器均设有水银温度计；1000kV·A 及以上增装信号温度计；8000kV·A 及以上再增装电阻温度计。信号温度计如图 4-11 所示。

图 4-11　信号温度计
a）结构图　b）回路图
1—管接头　2—金属软管　3—测温管　4—接线盒　5—指针
6—上下限触点指针的位置　7—下限触点　8—动触点

信号温度计的测温管插入箱盖上的注油管座中，而温度计安装在箱壁上，以便于观察。信号温度计上设有电接点，当油温达到整定值时会发出信号或者自动启动冷却风扇。

7）油位计。油位计是用来监视变压器油箱内油位变化的装置。变压器的油位计都装在储油柜上，管式油位计应用比较广泛，为便于观察，在油管附近的油箱上标出油温在 −30℃、20℃和 40℃温度下的 3 个油面线标志。

（6）分接开关

为了使配电系统得到稳定的电压，必要时需要利用变压器调压。变压器调压的方法是在高压（中压）绕组上设置分接开关，用以改变线圈匝数，从而改变变压器的变压比，进行电压调整。抽出分接的这部分线圈电路称为调压电路。这种调压的装置称为分接开关，或称为调压开关，俗称为"分接头"。

变压器的调压电路设在高压线圈上是因为高压线圈套在中低压线圈的外面，引出分接抽头相对简单，且高压线圈电流较小，技术上难度小、节省材料、较易制造。

变压器的调压方式分为无励磁调压和有载调压两种。当二次侧不带负载，一次侧与电网断开时的调压是无励磁调压（无载调压）。适用于电压较稳定，调整范围和频度都不大的地方；有载调压可在变压器带负荷运行的情况下进行，这种调压方式效果好，不受条件限制，但变压器价格较贵。对应以上两种调压方式，变压器的分接开关也分为两大类：无励磁分接开关和有载分接开关。

1）无励磁分接开关。按照高压线圈抽头方式的不同，无励磁分接开关可分为中性点调压、中性点反接调压、中部调压和中部并联调压4种方式。其调压电路的原理图如图4-12所示。

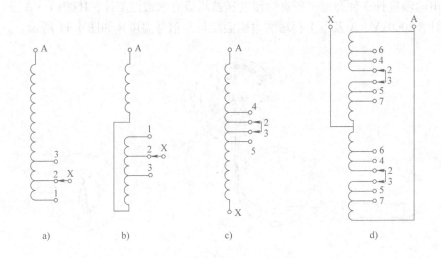

图4-12　无励磁调压电路的原理图

a) 中性点调压　b) 中性点反接调压　c) 中部调压　d) 中部并联调压

调压范围均为 ±5% （分接开关有 3 个分接位置：-5%、0%、5%）或 ±2×2.5%（分接开关有 5 个分接位置：-5%、-2.5%、0%、2.5%、5%），0% 档即一次绕组是接在额定电压的电源上，二次绕组则输出额定电压。如果电源电压比一次绕组的额定电压低时，可以把分接头移到 -5% 或 -2.5% 档。如果电源电压比一次绕组的额定电压高时，可以把分接头移到 +5% 或 2.5% 档。因为变压器的主磁通幅值 $\Phi_{\mathrm{m}} \approx \dfrac{U_1}{4.44fN_1}$，当电源电压升高（降低）时，匝数增加（减少），才能保证主磁通 Φ_{m} 不变和二次侧的输出电压为额定值不变。调压的原则是"低往低调，高往高调"。无载调压变压器的分接开关如图4-13所示。

2）有载调压分接开关。有载调压分接开关是在变压器带负荷（励磁）的状态下，切换分接头位置的。因此，切换分接头的过程中必然要在某一瞬间同时连接两个分接头（桥接），以保证负载电流的连续性。但是，在桥接的两个分接头间，必须串入阻抗以限制循环

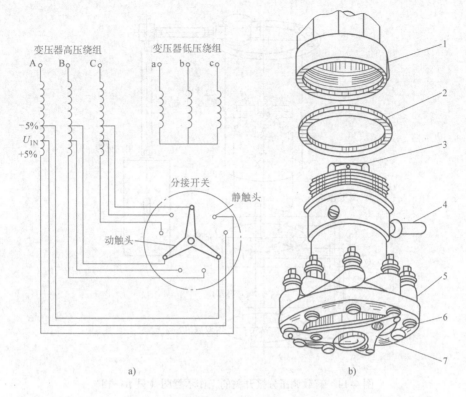

变压器高压绕组　　　变压器低压绕组

分接开关

静触头

动触头

a)　　　　　　　　　　　b)

图 4-13　无载调压变压器的分接开关

a）分接头接线图　b）分接开关外形图

1—帽　2—密封垫圈　3—操动螺母　4—定位钉　5—绝缘座　6—静触头　7—动触头

电流，保证不发生分接间短路，使分接切换顺利进行。

在短路的分接电路中串接阻抗，开关就可由一个分接头过渡到下一个分接头。因此，该电路称为过渡电路，串接的阻抗称为过渡阻抗。若这个阻抗是电抗性的，则为电抗式有载分接开关；若这个阻抗是电阻性的，则称为电阻式有载分接开关。通常采用电阻式有载分接开关。

目前使用的有载调压分接开关是有触点的、机电式的，切换开关的触头系统结构很多，也较为复杂，T 型有载调压分接开关是一种典型的有载调压分接开关。有载调压分接开关的电路分为调压电路、选择电路和过渡电路 3 个部分。调压电路与无载调压分接开关一样，是变压器线圈调压时所形成的电路；选择电路是选择线圈分接头所设计的一套电路，相应的机构为分接头选择器和转换选择器等。而过渡电路就是短路分接头间串接阻抗的电路，相应的机构为切换开关（包括快速机构）。此外，开关的操作还有电动的驱动机构。有载调压分接开关的工作示意图，如图 4-14 所示。图中各分接通过引线接到选择器的相应触头上，为防止选择器触头烧伤，分接抽头的选择必须在不带负荷的情况下进行。为此，分接与选择电路的动、静触头分为单双数两组。当双数组分接经动触头 S2 及切换开关带负载工作时，单数组的动触头 S1 处于空载状态，可进行分接选择。同样，单数组动触头工作时，双数组的动触头可在不带负载的情况下选择一个分接。

过渡电路的静触头同样分为单数侧触头和双数侧触头，单数侧静触头 K1 与选择电路中

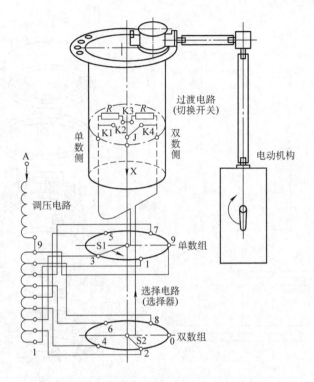

图 4-14　有载调压分接开关的工作示意图（只示一相）

调压电路中：A—线圈端，1~9—分接头；选择电路中：1~9—静触头，S1、S2—动触头；

过渡电路中：K1、K2、K3、K4—静触头，J—动触头，R—过渡电阻，X—电流引出线

单数组动触头 S1 的引出线连接，双数组静触头 K4 和动触头 S2 的引出线相连，而两个过渡电阻支路则分别接到静触头 K2 及 K3 上。切换时动触头 J 在弹簧储能释放机构的带动下快速由 K1 顺序切换到 K4 或由 K4 顺序切换到 K1。在切换过程中，动触头 J 需开断桥接回路中的循环电流。为增加触头的使用寿命，采取了加过渡电阻限流、触头上加焊铜钨合金、快速切换等措施，可使触头的电寿命达到 5 万次以上。

图 4-15 给出了有载调压分接开关选择电路和过渡电路切换分接的工作程序。图中只画出了变压器的 A 相绕组。整个切换过程可归纳为接通某一分接→选择下一分接→选择结束→切换开始→桥接两分接→切换结束→接通下一分接。

4.1.3　电力变压器的联结组别

电力变压器的联结组别，是指变压器一、二次绕组因联结方式不同而形成变压器一、二次侧对应的线电压之间的不同相位关系。为了形象地表示一、二次绕组线电压之间的关系，采用"时钟表示法"，即把一次绕组的线电压作为时钟的长针，并固定在"12"上，二次绕组的线电压作为时钟的短针，短针所指的数字即为三相变压器的联结组别的标号，该标号也是将二次绕组的线电压滞后于一次绕组线电压的相位差除以 30°所得的值。这里介绍配电变压器常见的几种联结组别。

（1）$\curlyvee$ yn0 联结的配电变压器

变压器$\curlyvee$ yn0 联结的接线图和相量图如图 4-16 所示。图中"·"表示同名端，其一次

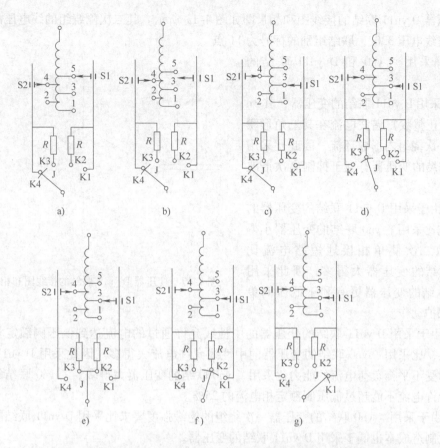

图 4-15　有载调压分接开关选择电路和过渡电路切换分接的工作程序

a）接通 4 分接　b）向 3 分接选择　c）选择到 3 分接　d）向单数侧切换

e）桥接 4、3 分接　f）切换到单数侧　g）切换结束，接通 3 分接

线电压与对应的二次线电压之间的相位差为 0°。联结组别的标号为零点。

（2）D yn11 联结的配电变压器

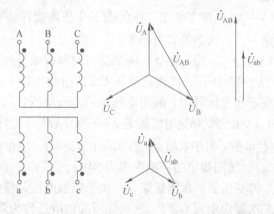

图 4-16　变压器 Y yn0 联结的接线图和相量图

变压器 D yn11 联结的接线图和相量图如图 4-17 所示。其二次侧绕组的线电压滞后于一次侧绕组线电压 330°，联结组别的标号为 11 点。

（3）采用 Ƴ yn0 和 D yn11 联结的特点

1）采用 D yn11 联结的变压器，其 3n 次（n 为正整数）谐波电流在其三角形联结中的一次绕组内形成环流，因此比采用 Ƴ yn0 联结的变压器有利于抑制高次谐波电流。

2）由于采用 D yn11 联结的变压器的零序阻抗比采用 Ƴ yn0 联结的变压器小得多，导致二次侧单相接地短路电流比 Ƴ yn0 联结的变压器大得多，因此采用 D yn11 联结的变压器更有利于低压侧单相接地保护动作。

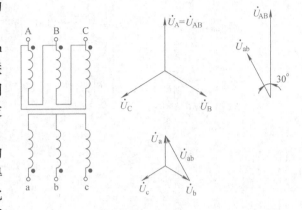

图 4-17　变压器 D yn11 联结的接线图和相量图

3）由于采用 D yn11 联结的变压器的中性线允许通过的电流达到低压侧额定相电流的 75%以上，比采用 Ƴ yn0 联结的变压器的中性线允许电流大得多。因此采用 D yn11 联结的变压器承受不平衡负荷电流的能力比采用 Ƴ yn0 联结的变压器大得多。Ƴ yn0 联结的变压器中性线允许电流不能超过低压侧额定相电流的 25%。

4）由于采用 Ƴ yn0 联结的变压器一次绕组的绝缘强度要求比采用 D yn11 联结的变压器低，因此制造成本也低于采用 D yn11 联结的变压器。

4.2　电力变压器的运行及维护

4.2.1　电力变压器的允许运行方式

1. 变压器的技术参数

1）额定容量 S_N（kV·A）。指在额定工作状态下变压器能保证长期输出的容量。由于变压器的效率很高，规定一、二次侧的容量相等。

2）额定电压 U_N（kV 或 V）。指变压器长时间运行时所能承受的工作电压。一次额定电压 U_{1N} 是指规定加到一次侧的电压；二次额定电压 U_{2N} 是指变压器一次侧加额定电压时，二次侧空载时的端电压，在三相变压器中，额定电压指的是线电压。

3）额定电流 I_N（A）。变压器的额定电流是变压器在额定容量下允许长期通过的电流。三相变压器的额定电流指的是线电流。对于单相变压器 $S_N = U_N I_N$；对于三相变压器 $S_N = \sqrt{3} U_N I_N$。

4）额定频率 f_N（Hz）。我国规定的标准频率为 50Hz。

5）阻抗电压 U_d%。将变压器二次侧短路，一次侧施加电压并慢慢升高电压，直到二次侧产生的短路电流等于二次额定电流 I_{2N} 时，一次侧所加的电压称为阻抗电压 U_d，用相对于额定电压的百分数表示：$U_d\% = \dfrac{U_d}{U_{1N}} \times 100\%$。

6）空载电流 $I_0\%$。当变压器二次侧开路，一次侧加额定电压 U_{1N} 时，流过一次绕组的电流为空载电流 I_0，用相对于额定电流的百分数表示：$I_0\% = \dfrac{I_0}{I_{1N}} \times 100\%$。

空载电流的大小主要取决于变压器的容量、磁路的结构、硅钢片质量等因素，它一般为额定电流的 3%~5%。

7）空载损耗 P_0。指变压器二次侧开路，一次侧加额定电压 U_{1N} 时变压器的损耗，它近似等于变压器的铁损。空载损耗可以通过空载实验测得。

8）短路损耗 P_d。指变压器一、二次绕组流过额定电流时，在绕组的电阻中所消耗的功率。短路损耗可以通过短路实验测得。

9）额定温升。变压器的额定温升是以环境温度为 40℃ 作参考，规定在运行中允许变压器的温度超出参考环境温度的最大温升。国标规定，绕组的温升限值为 65℃，上层油面的温升限值为 55℃，以确保变压器上层油温不超过 95℃。

10）冷却方式。为了使变压器运行时温升不超过限值，通常要进行可靠的散热和冷却处理，变压器铭牌上用相应的字母代号表示不同的冷却循环方式和冷却介质。

2. 变压器额定运行的允许温度和温升

在额定使用条件下，变压器全年可按额定容量运行。为了保证变压器的安全运行，在运行中必须监视变压器的允许温度和温升。

1）允许温度。变压器的允许温度，是根据变压器所使用材料的耐热强度而规定的最高温度。

油浸式电力变压器的绝缘属于 A 级，即浸渍处理过的有机材料，如纸、木材和棉纱等，其允许温度为 105℃。变压器在运行中温度最高的部件是线圈，其次是铁心，变压器的油温最低。线圈的匝间绝缘是电缆纸，超过允许温度，在几秒钟内就会烧毁。所以线圈的允许温度，就是电缆纸的允许温度。能测量的是线圈的平均温度，运行时线圈的温度不超过 95℃。

变压器上层油的温度一般比线圈温度低 10℃。为了便于监视变压器运行时各部件的平均温度，规定以变压器上层油温来确定变压器的允许温度。在正常情况下，为了使变压器油不过快氧化，规定上层油温不超过 85℃。为了防止油质劣化，规定变压器上层油温最高不超过 95℃。

变压器在运行时，电流在线圈中要产生线圈损耗（铜损）；磁通在铁心中交变要产生铁心损耗（铁损），这两部分损耗全部转变为热量，使线圈和铁心发热，变压器的温度升高，对于油浸自冷（自然空气冷却）和油浸风冷（油浸吹风冷却）的变压器来说，铁心和线圈产生的热量，一部分使自身的温度升高，另一部分则传递给变压器油，再由变压器油传递给油箱和散热器。当变压器油的温度高于周围介质的温度时，变压器油就向外散热，变压器的温度与周围介质的温差越大，向外散热越快。当单位时间内变压器内部产生的热量等于单位时间内散发出的热量时，变压器的温度不再升高，达到了热稳定状态。若此温度没有超过允许温度，变压器在热强度方面是没有问题的，否则变压器绝缘的老化速度将加快，温度超过允许温度越高，老化的越快，当绝缘老化到一定程度时，其机械强度大为降低。在电动力的作用下，会使绝缘层破裂，而失去绝缘作用，很容易在高电压作用下击穿，使变压器不能运行，所以变压器的绝缘不允许超过允许温度。

用电阻法测出的变压器线圈温度是平均温度。变压器运行中线圈的最高温度较其平均温度高10℃左右。因此，规定变压器运行时线圈温度不超过95℃，就是为了保证线圈最高温度不超过105℃。

根据变压器运行经验，变压器线圈温度连续地维持在95℃时，可以保证变压器有较经济的寿命（约20年），影响这个寿命的主要原因就是温度。

变压器油的温度，由油箱下部至箱盖是逐渐升高的。下层和中层的油温要比上层油温低，规定的油温是指上层油的允许温度。上层油温最高不超过95℃，是为了在周围介质温度为40℃时，线圈的温度不超过105℃。

油温超过85℃时，油的氧化加快。试验数据表明：油温从85℃开始每升高10℃，氧化速度增加一倍。油的氧化速度越快，油老化的越快，其绝缘性能和冷却效果越低。因此在运行中要严格控制油的温度。

2）允许温升。变压器的允许温度与周围空气最高温度之差为允许温升。周围空气最高温度规定为40℃。同时还规定：最高日平均温度为30℃，最高年平均温度为20℃，最低气温为 −30℃，并且海拔高度不超过1000m。

由于变压器内部热量传播不均匀，因此变压器内部各部位的温差很大，这不但对变压器的绝缘级强度有很大影响，而且温度升高时，绕组的电阻还会增加，使其损耗增加。因此，要对变压器在额定负荷时，各部分温升做出规定：绕组（A级绝缘油浸自冷或非导向强迫油循环）温升限值为65℃，上层油的温升限值为55℃。

3）允许温度与允许温升的关系。允许温度 = 允许温升 +40℃（周围空气的最高温度）。

当周围空气温度超过40℃后，就不允许变压器带满负荷运行，因为这时变压器温度与周围空气温度之差减少了，散热困难，会使线圈发热。当周围空气温度低于40℃时，尽管变压器温度与周围空气温度之差增大，有利散热，但线圈散热能力受结构参数的限制，提高不了。例如：一台油浸自冷式变压器，当周围空气温度为32℃时，其上层油温为60℃，这时变压器上层油温度没超过95℃，上层油的温升为(60 − 32)℃ =28℃，没超过允许温度值55℃，变压器可正常运行。若周围空气温度为44℃，上层油温为99℃，虽然上层油的温升(99 − 44)℃ =55℃，没有超过允许值，但上层油温度却超过了允许值，故不允许运行。若周围空气温度为 −20℃，上层油温为45℃，这时上层油温虽未超过95℃最高允许值，但上层油的温升为[45 − (−20)]℃ =65℃，却超过了允许的温升值，也不允许运行。

因此，只有变压器的上层油温及其温升值均不超过允许值时，才能保证变压器安全运行。

3. 变压器的允许过负荷运行方式

变压器有一定的过负荷能力，允许变压器可以在正常和事故的情况下过负荷运行。所谓变压器的过负荷能力是指变压器在较短的时间内所输出的最大容量。即在不损坏变压器的线圈绝缘和不降低变压器使用寿命的条件下，变压器的输出容量可大于变压器的额定容量。变压器的过负荷能力可分为正常过负荷能力和事故过负荷能力。

（1）变压器的正常过负荷

根据国家标准（GB 1094—1996）规定，变压器正常使用的最高年平均气温为20℃。如果变压器的安装地点的平均气温 $Q_{0.av} \neq 20℃$ 时，则每升高1℃，变压器的容量就要减少1%，因此变压器的实际容量 S_T 为

$$S_{\text{T}} = \left(1 - \frac{Q_{0.\,\text{av}} - 20}{100}\right)S_{\text{N.\,T}} \tag{4-5}$$

应该指出，一般所说的平均气温是指户外温度。由于变压器运行时发热，一般室内温度按高于户外 8℃ 考虑。因此室内变压器的实际容量 S_{T} 为

$$S_{\text{T}} = \left(0.\,92 - \frac{Q_{0.\,\text{av}} - 20}{100}\right)S_{\text{N.\,T}} \tag{4-6}$$

油浸式电力变压器在必要时可以过负荷运行而不致影响其使用寿命。变压器的正常过负荷与下列因素有关：

1）由于昼夜负荷不均衡而允许过负荷。变压器因昼夜负荷不均衡而允许的过负荷系数 K_{OL}，可根据日负荷率 β 和最大负荷持续时间 t 的关系曲线查图 4-18 求得。

如果缺乏负荷率资料，也可根据过负荷前变压器油箱上层油温升值，参照表 4-1 来确定变压器允许过负荷系数及允许过负荷的持续时间。

2）由于夏季负荷轻而允许冬季过负荷。根据变压器的典型负荷曲线，如果在夏季（6~8月）最大负荷低于变压器的实际容量时，则夏季负荷每降低 1%，在冬季（11、12、1、2四个月）可过负荷 1%，但以 15% 为限。其允许过负荷倍数 K'_{OL} 可按下式计算：

$$K'_{\text{OL}} = 1 + \frac{S_{\text{T}} - S_{\max}}{S_{\text{T}}} \leqslant 1.\,15 \tag{4-7}$$

上述两种过负荷规定可以叠加使用，但总的过负荷倍数对于室外的变压器不超过 30%，对于室内的变压器不超过 20%。即变压器总的过负荷能力可用下式表示：

$$S_{\text{T(OL)}} = (K_{\text{OL}} + K'_{\text{OL}} - 1)S_{\text{T}} \leqslant (1.\,2 \sim 1.\,3)S_{\text{T}} \tag{4-8}$$

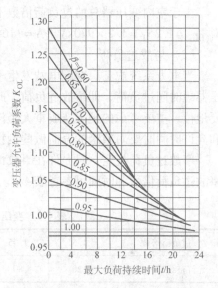

图 4-18　油浸式变压器允许过负荷系数与日负荷率及最大负荷持续时间的关系曲线

式中，系数 1.2 适用于室内的变压器，系数 1.3 适用于室外的变压器。干式变压器一般不考虑正常过负荷。

表 4-1　自然冷却或风冷却油浸电力变压器允许过负荷系数及允许过负荷时间（h：min）

过负荷系数	过负荷前上层油温升/℃					
	18	24	30	36	42	48
1.05	5:50					
1.10	3:50	5:25				1:30
1.15	2:50	3:25	4:50	4:00		0:10
1.20	2:05	2:25	2:50	2:10	3:00	
1.25	1:35	1:40	1:50	1:20	1:25	
1.30	1:10	1:15	1:15	0:45	0:35	
1.35	0:55	0:50	0:50	0:25		
1.40	0:40	0:35	0:30	0:15		
1.45	0:25	0:25	0:15			
1.50	0:15	0:10				

【例 4-1】 某一 10/0.4kV 车间变电站，室内装有一台 1000kV·A 油浸式电力变压器。已知该车间的平均日负荷率 $\beta = 0.7$，最大负荷持续时间 $t = 8h$，夏季的平均日最大负荷为 850kV·A，当地平均气温为 15℃。试求该变压器的实际容量和冬季时的过负荷能力。

解： 1）先求变压器的实际容量。由式（4-6）得：

$$S_T = \left(0.92 - \frac{15 - 20}{100}\right) \times 1000kV·A = 970kV·A$$

2）变压器冬季时的过负荷能力。由 $\beta = 0.7$、最大负荷持续时间 $t = 8h$ 查图 4-18 得 $K_{OL} = 1.12$，由式（4-7）可得：$K'_{OL} = 1 + \frac{970 - 850}{970} = 1.12$。

总的过负荷系数为 $K_{OL} + K'_{OL} - 1 = 1.12 + 1.12 - 1 = 1.24$

由于室内变压器总的过负荷倍数不允许超过 1.2，故该变压器的冬季最大过负荷能力为

$$S_{T(OL)} = 1.2S_T = 1.2 \times 970kV·A = 1164kV·A$$

（2）事故过负荷

当电力系统或工厂变配电站发生事故时，为保证对重要车间和设备的连续供电，允许变压器短时间过负荷，即事故过负荷。此时变压器效率的高低，绝缘损坏率的增加等已退居次要地位，主要考虑的是不造成重大经济损失，确保人身和设备安全。因此在确定过负荷倍数和允许时间时要对绝缘的寿命做些牺牲，但也不能使变压器有显著的损坏。

事故过负荷规定，只允许在事故情况下使用，对于自然和风冷的油浸式变压器，允许的事故过负荷倍数和时间可参考表 4-2。若有制造厂家规定的资料时，应按制造厂规定执行。

表 4-2 变压器允许事故过负荷的倍数和时间

过负荷倍数	1.3	1.45	1.60	1.75	2.00	2.40	3.00
允许持续时间/min	120	80	30	15	705	3.5	1.5

（3）变压器过负荷运行时的注意事项

变压器正常过负荷运行前，应投入全部工作冷却器，必要时投入备用冷却器；事故过负荷时，工作冷却器和备用冷却器应全部投入。变压器出现过负荷时，运行人员应立即汇报当值调度员，设法转移负荷。变压器过负荷期间应每 0.5h 抄表一次，并加强监视。变压器过负荷运行后，应将过负荷的大小和持续时间等作详细记录。对严重过负荷事故，还应在变压器技术档案内详细记载。

4. 变压器电源电压允许变化范围

变压器的外加一次电压可以比额定电压高，但不得超过相应分接头电压值的 105%，无论分接头在何位置，如果所加一次电压不超过相应额定电压的 5%，则变压器二次侧可带额定负荷。有载调压变压器在各分接位置的容量，应遵守制造厂的规定，并在《变电站现场运行规程》中列出。无载调压变压器在额定电压 ±5% 范围内改变分接头位置，其额定容量不变。

电源电压低于变压器所用分接头的额定电压，将使变压器的输出电压降低，影响电压的质量，但对变压器本身没有危害。但是，当电源电压高于变压器所用分接头的额定电压太多时，对变压器的运行将产生不良影响。因为变压器电源电压升高时，变压器的主磁通增加，可能使铁心饱和，使变压器铁损增加，使变压器的温度升高，对变压器的运行不利。因此规

定变压器的外加一次电压不得超过相应分接头电压值的 105%。就变压器本身来讲,解决电源电压高的唯一办法是利用变压器的分接头进行调压。

4.2.2 电力变压器运行中的检查和维护

1. 变压器的检查与维护

(1) 检查周期

在有人值班的变电站,所内变压器每天至少检查一次,每周应有一次夜间检查;无人值班的变电站每周至少检查一次;室外柱上变压器应每月巡视检查一次;新设备或经过检修的变压器在投运 72h 内、在变压器负荷变化剧烈、天气恶劣(如大风、大雾、大雪、冰雹和寒潮等)、变压器运行异常或线路故障后,应增加特殊巡视。

(2) 变压器的定期外部检查

1) 变压器的油温、油位和油色应正常,储油柜的油位应与温度相对应,各部位应无渗、漏油。

变压器上层油温不应高于 85℃。变压器油温突然增高,可能是其内部有故障或散热装置有堵塞所致。

油温升高可导致油面过高。若油面过低,有两种可能:一是漏油严重;二是油表管上部排气孔或吸湿器排气孔堵塞而出现的假油面。

储油柜内油的颜色应是透明微带黄色和半蓝色,如呈红棕色则有两种可能:一是油面计本身脏污,二是由于变压器油老化变质所致。一般变压器油每年应进行一次滤油处理,以保证变压器油在正常状态下运行。

2) 检查变压器的声音是否正常。当变压器正常运行时,有一种均匀的"嗡嗡"电磁声,如果运行中有其他声音,则属于声音异常。

3) 检查套管是否清洁,有无破损裂纹和放电痕迹,套管油位应正常。

4) 各冷却器手感温度应相近,电风扇、油泵运转正常,油流继电器工作正常。

5) 检查引线是否过松、过紧,接头的接触应良好不发热,无烧伤痕迹。检查电缆和母线有无异常情况,各部分电气距离是否符合要求,无发热迹象;检查变压器的接地线,是否接地良好。

6) 吸湿器应畅通,吸湿剂干燥,不应饱和、变色。

7) 压力释放器或安全气道防爆膜应完好无损。

8) 气体继电器的油阀门应打开,应无渗漏油。

9) 变压器的所有部件不应有漏油和严重渗油,外壳应保持清洁。

10) 室内安装的变压器,应检查门、窗、门闩是否完整,房屋是否漏雨,照明和温度是否适宜,通风是否良好。

(3) 新装或检修后变压器投入运行前的检查项目

1) 各散热管、净油器及瓦斯继电器与油枕间阀门开闭应正常。

2) 要注意安全排除内部空气,强油循环风冷变压器在投入运行前应启用全部冷却设备,使油循环运转一段时间,将残留气体排出,如轻瓦斯保护装置连续动作,则不得投入运行。

3) 检查分接头位置正确,并做好记录。

4）吸湿器应畅通，油封完好，硅胶干燥未变色，数量充足。

5）气体继电器安装方向，净油器进出口方向，潜油泵电风扇运转方向正确；变压器外壳接地、铁心接地、中性点接地情况良好，电容式套管电压抽取端应不接地。

2. 变压器的负荷检查

1）应经常监视变压器电源电压的变化范围，应在 ±5% 额定电压以内，以确保二次电压质量。如电源电压长期过高或过低，应通过调整变压器的分接开关，使二次电压趋于正常。

2）对于安装在室外的变压器，无计量装置时，应测量典型负荷曲线。对于有计量装置的变压器，应记录小时负荷，并画出日负荷曲线。

3）测量三相电流的平衡情况。对Ｙyn0接线的三相四线制的变压器，其中线电流不应超过低压线圈额定电流的25%，超过时应调节每相的负荷，尽量使各相负荷趋于平衡。

3. 变压器的投运和停运

1）在投运变压器之前，运行人员应仔细检查，确认外部无异物，临时接地线已拆除，分接开关位置正常，各阀门状态正确。变压器及其保护装置在良好状态，具备带电运行条件。

2）新安装或停用两个月及以上的变压器投运前，应进行试验，合格后方可投运。

3）新投运的变压器必须在额定电压下做冲击合闸试验，新安装的变压器做5次；大修后的变压器做3次。

4）变压器投运或停运操作顺序应在《变电站现场运行规程》中加以规定，并须遵守下列各项：

①强油循环风冷变压器投运前应先启用冷却装置。②变压器的充电应当在装有保护装置的电源侧进行。③新装、大修、事故检修或换油后的变压器，在施加电压前静置时间不应少于以下规定：35kV 及以下：3~5h；110kV 及以下：24h；220kV：48h；待消除油中的气泡后，方可投入运行。

5）在110kV 及以上中性点直接接地的系统中，投运和停运变压器时，操作前必须先将中性点接地。正常运行时中性点运行方式由调度确认。

4. 瓦斯保护装置的运行

1）变压器运行时，本体和有载分接开关的重瓦斯保护装置均应投入运行，动作于跳闸。

2）变压器在运行中滤油、补油、换潜油泵或更换净油器的吸附剂时，应将重瓦斯改投动作于信号。

3）当油位计的油面异常升高或呼吸系统有异常现象，需要打开放气或放油阀门时，应先将重瓦斯改投动作于信号。

5. 变压器分接开关的运行维护

（1）无载调压变压器分接开关的运行维护

无载调压变压器，当变换分接头位置时，应先正反方向转动5圈，再调至所需位置，测量直流电阻合格后，方可运行。对运行中不需要改变分头位置的变压器，每年应结合预防性试验将分接头正反方向转动5圈，并测量直流电阻合格，方可运行。

（2）有载调压变压器分接开关的运行与维护

1）运行人员应根据调度下达的电压曲线，自行调压操作。操作后应认真检查分头动作和电压电流的变化情况，并作好记录。每天操作次数不准超过 10 次（每调一个分接头为一次），每次间隔最少 1min。

2）当变压器过负荷 1.2 倍及以上时，禁止操作有载分接开关。

3）运行中调压开关重瓦斯保护应投跳闸。当轻瓦斯信号频繁动作时，应作好记录，汇报调度，并停止进行调压操作，分析原因及时处理。

4）有载调压开关应每半年取油样进行试验，其耐压不得低于 30kV，当油耐压在 25～30kV 之间，应停止调压操作，若低于 25kV 时，应立即安排换油。当运行时间满一年或调压次数达 4000 次时应换油。

5）新投入的调压开关，第一年需吊心检查一次，之后在切换次数达 5000 次或运行时间达 3 年，应将切换部分吊出检查。

6）两台有载调压变压器并列运行时，允许在变压器 85% 额定负荷下调压，但不得在单台主变压器上连续调节两档，必须在一台主变压器调节一档后再调节另一台主变压器一档，每调一档后要检查电流变化情况，是否过负荷。降压时应先调节负荷电流大的一台，再调节负荷电流小的一台；升压时与此相反。调节完毕应再次检查主变压器分接头是否在同一位置，并注意负荷的分配。

（3）变压器有载调压开关巡视检查项目

1）电压表指示应在变压器规定的调压范围内。

2）位置指示灯与机械指示器的指示应正确反映调压档次。

3）计数器动作应正常并及时做好动作次数的记录。

4）油位、油色应正常，无渗漏。

5）气体继电器应正常，无渗漏。

（4）有载调压开关电动操作出现"连动"（即操作一次，调节 2 个及以上分头）现象

应在指示盘上出现第二个分头位置后立即切断电动机电源，然后用手摇到适当的分头位置，汇报并组织检修。

4.3 电力变压器常见故障及处理

运行人员发现运行中的变压器有不正常现象（如漏油、油位过高或过低、温度异常、声响不正常及冷却系统异常等）时，应立即汇报，设法尽快消除故障。

1. 变压器内部的异常声音

变压器在正常运行时，由于周期性变化的磁通在铁心中流过，而引起硅钢片间的振动，产生均匀的"嗡嗡"声，这是正常的，如果产生不均匀的其他声音，均是不正常现象。

变压器运行发生异常声音有以下几种可能：

1）过负荷及大负荷起动造成负荷变化大。变压器由于外部原因，像过电压（如中性点不接地系统中单相接地，铁磁共振等）均会引起较正常声音大的"嗡嗡"声，但也可能随负载的急剧变化，呈现"割割割"突击的间歇响声，同时电流表，电压表也摆动，是容易辨别的。

2）个别零件松动。铁心的夹紧螺栓或方铁松动，可发出非常惊人的锤击和刮大风之声。如"叮叮叮"或"呼…呼…"之声。此时指示仪表和油温均正常。

3）内部接触不良放电打火。铁心接地不良或断线，引起铁心对其他部件放电，而发生劈裂声。

4）系统有接地或短路及铁磁谐振。由于铁心的穿心螺栓或方铁的绝缘损坏，使硅钢片短路而产生大的涡流损耗，致使铁心长期过热，硅钢片片间绝缘损坏，最后形成"铁心着火"而发出不正常的鸣音。

由于线圈匝间短路，造成短路处严重局部过热，以及分接开关接触不良局部发热，使油局部沸腾发出"咕噜咕噜"像水开了似的声音。

上述情况，变压器保护装置应动作，将变压器从电网上切除。否则，应手动切除防止事故扩大。

2. 温度不正常

在正常冷却条件下，变压器的温度不正常，且不断升高。此时，值班人员应检查：

1）变压器的负荷是否超过允许值。若超过允许值，应立即调整。

2）校对温度表，看其是否准确。

3）检查变压器的散热装置或变压器的通风情况。若温度升高的原因是散热系统的故障，如蝶阀堵塞或关闭等，不停电即能处理，应立即处理，否则应停电处理。若通风冷却系统的电风扇有故障，又不能短时间修好，可暂时调整负荷，使其为风机停止时的相应负荷。若经检查结果证明散热装置和变压器室的通风情况良好，温度不正常，油温较平时同样负荷时高出10℃以上，则认为是变压器内部故障。应立即将变压器停运修理。

3. 储油柜内油位的不正常变化

若发现变压器储油柜的油面，比此油温正常油面低时，应加油。加油时，将气体保护装置改接到信号。加油后，待变压器内部空气完全排除后，方可将气体保护装置恢复正常状态。

如大量漏油使油面迅速下降时，禁止将气体继电器动作于信号，必须采取停止漏油的措施，同时加油至规定油面。

为避免油溢，当油面因温度升高而逐渐升高，在可能高出油面指示计时，应放油，使油面降至适当高度。

4. 储油柜喷油或防爆管喷油

储油柜喷油或防爆管薄膜破碎喷油，表示变压器内部已经严重损伤，喷油使油面下降到一定程度时，气体保护动作，使变压器两侧断路器跳闸。若气体保护未动，油面低于箱盖时，由于引线对油箱绝缘的降低，造成变压器内部有"吱吱"的放电声，此时，应切断变压器的电源，防止事故扩大。

5. 油色明显变化

油色明显变化时，应取油样化验，可以发现油内有碳质和水分，油的酸价增高，闪点降低，绝缘强度降低。这说明油质急剧下降，容易引起线圈对地放电，必须停止运行。

6. 套管有严重的破损和放电现象

套管瓷裙严重破损和裂纹，或表面有放电及电弧的闪络时，会引起套管的击穿。由于此时发热很剧烈，套管表面膨胀不均，而使套管爆炸。此时变压器应停止运行，更换套管。

7. 气体保护装置动作时的处理

气体保护装置动作分两种情况：一是动作于信号，不跳闸；二是气体保护既动作于信号又动作于跳闸。

1）瓦斯保护装置动作于信号而不跳闸。当瓦斯保护装置信号动作而不跳闸时，值班人员应停止声音信号，对变压器进行外部检查，查明原因。其原因可能是因漏油、加油和冷却系统不严密，以致空气进入变压器内；因温度下降和漏油，致使油面缓慢降低；变压器故障，产生少量气体；由于保护装置二次回路故障等原因引起的。

当外部检查未发现变压器有异常现象时，应查明气体继电器中气体的性质。

若气体不可燃，而且是无色无嗅的，混合气体中主要是惰性气体，氧气含量大于16%，油的闪点不降低，说明是空气进入变压器内，变压器可以继续运行。

若气体是可燃的，则说明变压器内部有故障：如气体为黄色不易燃，说明是木质绝缘损坏。若气体为灰黑色且易燃，氢气的含量在30%以下，有焦油味，闪点降低，说明油因过热而分解或油内曾发生过闪络故障。若气体为浅灰色且带强烈臭味，可燃，说明是纸或纸板绝缘损坏。

若上述分析对变压器内潜伏性的故障不能正确判断，则可采用气相色谱分析法作出适当的判断。

2）气体继电器动作于跳闸其原因可能是变压器内部发生严重故障；油位下降太快；保护装置二次回路有故障；在某些情况下，如变压器修理后投入运行，油中空气分离出来得太快，也可能使断路器跳闸。

在未查明变压器跳闸的原因前，不准重新合闸。

8. 变压器的自动跳闸

变压器移自动跳闸时，如有备用变压器应将备用变压器投入，然后查明原因。如检查结果不是由内部故障引起的，而是由于过负荷、外部短路或保护装置二次回路故障造成的，则变压器可不经外部检查重新投入运行，否则需进行内部检查，测量线圈的绝缘电阻等，以查明变压器的故障原因。原因查明并处理后方可投入运行。

9. 变压器着火

变压器着火时，应首先断开电源，停用冷却器，使用灭火装置灭火。若油溢在变压器顶盖上着火时，则应打开下部油门放油至适当油位；若是变压器内部故障引起着火，则不能放油，以防变压器发生爆炸。如有备用变压器，应将其投入运行。

10. 分接开关故障

若发现变压器油箱内有"吱吱"的放电声，电流表随着响声发生摆动，气体继电器可能发出信号，经化验油的闪点降低，此时可初步认为是分接开关故障，其故障原因可能是：

1）分接开关弹簧压力不足，触头滚轮压力不均，使接触面积减少，以及因镀银层的机械强度不均而严重磨损等引起分接开关在运行中烧毁。

2）分接开关接触不良，引出线焊接不良，经不起短路冲击而造成分接开关故障。

3）分接开关操作有误，使分接头位置切换错误，而使分接开关烧毁。

4）分接开关绝缘材料性能降低，在大气过电压和操作过电压下绝缘击穿，造成分接开关相间短路。

有载分接开关故障可能有下列原因：

1）过渡电阻在切换过程中被击穿烧毁，在烧断处发生闪络，引起触头间的电弧越拉越长，并发生异常声音。

2）分接开关由于密封不严而进水，造成相间闪络。

3）由于分接开关滚轮卡住，使分接开关停在过渡位置上，造成相间短路而烧毁。

4.4　电力变压器的在线监测及状态检修

4.4.1　在线监测和检测技术在变压器状态检修中的应用

变压器状态评估的关键是状态信息的收集，变压器的运行工况状态信息可通过巡视检查和定期试验项目获得。日常巡视和常规测量技术无法满足及时获取变压器状态信息的需要，应积极应用一些先进的在线监测技术，及时掌握和跟踪变压器状态参量的变化开展变压器状态检修。目前，成熟的在线监测技术如：变压器红外测温故障诊断、油中溶解气体、局部放电、铁心电流、套管介损、器身振动等得到了较为广泛的发展和应用。

1. 变压器红外监测

目前，设备事故在全部事故中占的比率最高，而在众多的停电事故中，因设备局部过热引起的停电检修时有发生。传统监测温度的办法是"接触式"的，工作量大，浪费时间且不经济，测温范围狭窄，结果不准确，操作不方便、不安全。基于以上所述，电力设备的温度监测必须改变测温的接触方式，寻找新途径，开展遥感遥测技术，在不接触运行设备的前提下，进行不停电、不停机的测温。非接触红外测温技术，恰好满足了电力系统的要求。

通过对变压器红外测温，可以直观、明了地发现诸如接头发热、本体局部过热、冷却系统堵塞，储油柜、套管虚假油位、油路堵塞、套管受潮介损增大等缺陷，对变压器状态评价起着不可估量的作用。

2. 色谱在线监测

在变压器故障诊断中，变压器油色谱分析是最灵敏和有效的方法。变压器油中气体离线色谱分析的基本做法是在现场从变压器中提取试油样，将试油样送到化学分析实验室，由专家进行分析和评价，试验环节较多，操作手续较烦琐，检测周期较长，而且难以即时发现类似匝间绝缘缺陷等突发性故障。因而国内外都致力于在线监测装置的研制，以实现连续检测，及时发现故障。目前国内一些厂家和院校已经研制并开发出在线分离和分别检测变压器油中 H_2、CO、CH_4、C_2H_2、C_2H_4 和 C_2H_6 6 种溶解气体的在线监测装置并在电力系统中得到广泛的应用。

3. 变压器局部放电监测

变压器油纸绝缘中如果含有气隙，由于气体介质的介电常数小而击穿场强比油、纸都低，因而在外施高压下气隙将是最薄弱环节。但刚放电时，一般放电量较小，如不超过几百皮库；当外施高压下油中也出现局部放电时，放电量可能有几千到几十万皮库。强烈的局部放电（如 106pC 以上），即使时间很短（如几秒钟），就会引起纸层损坏。而持续时间较短强度不大的局部放电，并不会马上损伤纸层；但如果局部放电在工作电压下不断发展，会加速油质老化、气泡扩大、形成高分子量的蜡状物等，更促使局部放电的加剧。

目前，取得较好应用效果的局部放电在线监测方法主要有脉冲电流法、超声法和超高频法 3 种方法。

4. 变压器器身振动在线监测

运行中变压器器身的振动是由于变压器本体（铁心、绕组等的统称）的振动及冷却装置的振动产生的，国内外的研究表明，变压器本体振动的根源在于：①硅钢片的磁滞伸缩引起的铁心振动。②硅钢片接缝处和叠片之间存在着因漏磁而产生的电磁吸引力，从而引起铁心的振动。③当绕组中有负载电流通过时，负载电流产生的漏磁引起绕组的振动。

由于变压器在制造过程中已采取了必要的措施来减小冷却装置的振动，冷却装置的振动引起的变压器器身振动可忽略不计，可以看出变压器器身表面的振动与变压器绕组及铁心的压紧状况、绕组的位移及变形密切相关。因此，利用振动在线监测电力变压器夹件、绕组和铁心等松动故障是可能的。

4.4.2 电力变压器状态信息的收集、变压器状态的划分与评价

设备信息收集与管理是开展状态检修评估的基础，要在设备制造、投运、运行、维护、检修和试验等全过程中，通过对投运前基础信息、运行信息、试验检测数据、历次检修报告和记录、同类型设备的参考信息等特征参量进行收集、汇总，为设备状态的评价奠定基础。

1. 变压器状态信息的必备资料

变压器的状态信息源包括设备的静态信息、动态信息和环境信息3大类。静态信息是指运行前的原始资料信息，可作为判断设备状态所提供的原始"指纹"信息，也是状态检修的基础信息；动态信息来源于设备运行和检修等各环节的信息，该信息是判断设备状态和检修决策的直接依据；环境信息是判断设备状态的重要基础参考信息。静态信息与动态信息组合分析，可以描述设备的变化趋势，对状态判断与检修决策具有重要意义。而通过环境信息的收集和积累，逐步找出其影响设备健康状况的内在规律，可以更加科学地指导状态检修的开展。

变压器状态信息的主要资料如下：

1）原始资料。原始资料包括铭牌参数、型式试验报告、订货技术协议、设备监造报告、出厂试验报告、运输安装记录以及交接验收报告等。

2）运行资料。运行资料包括运行工况记录信息、历年缺陷及异常记录、巡检情况和不停电检测记录等。

3）检修资料。检修资料包括检修报告、例行试验报告、诊断性试验报告、有关反事故措施执行情况、部件更换情况和检修人员对设备的巡检记录等。

4）其他资料。其他资料包括同型（同类）设备的运行、修试、缺陷和故障的情况、相关反事故措施执行情况和其他影响变压器安全稳定运行的因素等。

2. 变压器状态的划分、评价

1）变压器状态的划分。变压器的状态分为正常状态、注意状态、异常状态和严重状态。

2）变压器状态评价。变压器状态评价分为部件状态评价和整体状态评价两部分。

① 变压器部件状态评价。变压器部件可分为本体、套管、分接开关、冷却系统以及非电量保护（包括轻重瓦斯、压力释放阀以及油温油位等）5个部件。所以对变压器的状态量

的评价可按部件划分分别确定评价标准。

② 变压器整体状态评价。变压器的整体评价应综合其部件的评价结果，当所有部件评价为正常状态时，整体评价为正常状态；当任一部件状态为注意状态、异常状态或严重状态时，整体评价应为其中最严重的状态。

3. 变压器状态量评价周期

1）设备的状态评价分为定期评价和动态评价，定期评价在编制年度检修计划之前进行一次，一般在 8 月进行。动态评价在设备状态量（巡检、红外检测、高压试验和油化验等数据）及运行工况（系统短路冲击和过电压）发生异常时，对具体设备有针对性地进行。

2）新设备投运后（即经过投运前的全项目高压试验、各部位检查和投运后的巡检及红外检测）第 40 天进行一次初始评价。

3）停运 6 个月以上的备用设备重新投运后，并经巡检及红外检测，第 10 天进行一次评价。

4）对列入当年检修计划的设备，在检修前 30 天及检修完成后 10 天内各评价一次。

4.4.3 电力变压器状态检修策略的选择

检修策略以设备状态评价结果为基础，参考风险评估结果，在充分考虑电网发展、技术进步等情况下，对设备检修的必要性和紧迫性进行排序，并依据国家电网公司相关输变电设备状态检修导则等技术标准确定检修方式、内容，并制定具体检修方案。

变压器检修工作分为 A 类检修、B 类检修、C 类检修和 D 类检修 4 类。各地区应根据检修工作实际情况，对照分类原则确定检修类别。

A 类检修指吊罩、吊心检查，本体油箱及内部部件的检查、改造、更换、维修，返厂检修，相关试验。

B 类检修包括：油箱外部主要部件更换（套管或升高座、储油柜、调压开关、冷却系统、非电量保护装置和绝缘油）；主要部件处理（套管或升高座、储油柜、调压开关、冷却系统、绝缘油）；现场干燥处理，停电时的其他部件或局部缺陷检查、处理、更换工作，相关试验。

C 类检修包括：按《输变电设备状态检修试验规程》规定进行试验；清扫、检查、维修。

D 类检修包括：带电测试（在线和离线）；维修、保养；带电水冲洗；检修人员专业检查巡视；冷却系统部件更换（可带电进行时）；其他不停电的部件更换处理工作。

4.5 电力变压器的经济运行

4.5.1 电力变压器并列运行的条件

1. 变压器并列运行的目的

1）提高变压器运行的经济性。当负荷增加到一台变压器的容量不够用时，可并列投入第二台变压器，而当负荷减少到不需要两台变压器同时供电时，可将一台变压器退出运行。

这样，可尽量减少变压器本身的损耗，达到经济运行的目的。

2）提高供电可靠性。当并列运行的变压器有一台损坏时，只要迅速将其从电网中切除，其他变压器仍可正常供电；检修某台变压器时，也不影响其他变压器的正常运行。这样可减少故障和检修时的停电范围。

2. 两台变压器并列运行必须满足的条件

1）联结组别标号相同。也就是所有并列变压器的一次电压和二次电压的相序和相位都应分别地对应相同，否则不能并列运行。假设两台并列运行的变压器，一台为Yyn0联结，另一台为Dyn11联结，则它们的二次电压将出现30°的相位差，从而在两台变压器的二次绕组间产生电位差，此电位差将在两台变压器的二次侧产生一个很大的环流，可能使变压器绕组烧毁。

2）电压比相等（即所有并列变压器的额定一次电压和二次电压必须对应相等）。如果并列变压器的电压比不同，则并列变压器二次绕组的回路内将出现环流，即二次电压较高的绕组将向二次电压较低的绕组供给电流，引起电能损耗，导致绕组过热甚至烧毁。所以并列运行的变压器的电压比必须相等，允许差值范围为 ±5%。

3）短路阻抗相等。由于并列变压器的负荷是按其阻抗电压值成反比分配的，如果并列变压器的阻抗电压不同，将导致阻抗电压较小的变压器过负荷甚至烧毁。因此并列变压器的阻抗电压必须相等，允许差值范围为 ±10%。

电压比不同（允许相差 ±5%）和阻抗电压不同（允许相差 ±10%）的变压器，在任何一台都不会过负荷的情况下，可以并列运行。

4.5.2 电力变压器的损耗和经济运行

1. 变压器的损耗和效率

变压器的效率是很高的。变压器的一次绕组从电源侧获得有功功率 P_1 的大部分都转变为输出功率 P_2。变压器在运行中产生的内部损耗包括：变压器铁损和铜损两部分。

（1）变压器的铁损 P_{Fe}

变压器一次侧加交流电压时，在铁心中产生交变的磁通，从而在铁心中产生的磁滞损耗和涡流损耗，称为变压器的铁损。变压器在空载运行时的损耗为

$$P_0 = I_0^2 R_1 + P_{Fe} \tag{4-9}$$

由于空载电流 I_0 和一次绕组电阻 R_1 都比较小，所以 $I_0^2 R_1$ 可以忽略不计，因此变压器的空载损耗主要是铁损。铁损与电源电压、频率有关，而与负载电流的大小和性质无关。

（2）变压器的铜损 P_{Cu}

当有电流通过变压器一、二次绕组时，就要产生一定的功率和电能损耗，即铜损：

$$P_{Cu} = I_1^2 R_1 + I_2^2 R_2 \tag{4-10}$$

可见变压器铜损的大小主要取决于负荷电流的大小。若 P_{CuN} 为变压器在额定负载时的铜损，其值近似为变压器的短路损耗，可通过短路试验测得，则变压器的在任意负载下的铜损可以表示为

$$P_{Cu} = I_1^2 R_1 + I_2^2 R_2 = \left(\frac{I_2}{I_{2N}}\right)^2 P_{CuN} = \beta^2 P_{CuN} \tag{4-11}$$

其中，$\beta = \dfrac{I_2}{I_{2N}}$ 为变压器的负载系数。可见变压器的铜损与负载系数的平方成正比。

（3）变压器的效率 η

变压器的效率：$\eta = \dfrac{P_2}{P_1} \times 100\% = \dfrac{P_2}{P_2 + P_{Fe} + P_{Cu}} \times 100\%$ （4-12）

变压器的效率一般在 95% 以上。当变压器负载的功率因数一定时，变压器的效率与负载系数的关系称为变压器的效率特性，如图 4-19 所示。从图中可以看出，当变压器的输出功率为 0 时，效率也为 0，随着输出功率的增加，效率也增加，当输出功率达到最大值后，随着负载电流的增加效率开始降低。这是因为变压器的铁损基本不变，而铜损则与负荷电流的平方成正比，当负载电流增加到一定程度后，铜损很快增大使得变压器的效率下降。可以证明，当变压器的铜损与铁损相等时，变压器的效率达到最大值。一般变压器的最大效率出现在负载系数为 0.5~0.6 时。

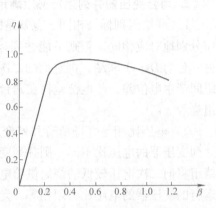

图 4-19　变压器的效率特性

2. 变压器的经济运行

所谓经济运行就是损耗最小、效率最高的运行方式。因为变压器的铜损等于铁损时效率最高，此时变压器带的负载最经济，所以通常以此作为变压器经济运行的依据。变压器的损耗按其性质可分为有功损耗和无功损耗。变压器在传递有功功率时产生的损耗，称为有功损耗，供给无功功率时产生的损耗，称为无功损耗。在研究并列变压器的经济运行时，应当把无功损耗折算成有功损耗，因此引入一个无功经济当量系数 K_q，其单位是 kW/kvar。

当 n 台容量相同的变压器并列运行时，要使其经济运行，必须符合下面的条件：

$$n\left(\frac{S}{nS_N}\right)^2 (P_d + K_q Q_d) = n(P_0 + K_q Q_0)$$ （4-13）

式中，S 为总负荷（kV·A）；S_N 为一台变压器的额定容量（kV·A）；n 为运行变压器的台数；P_0 为变压器空载运行时的有功功率（铁损）（kW）；Q_0 为变压器空载运行时的无功功率（kvar）；P_d 为变压器短路时的有功功率（铜损）（kW）；Q_d 为变压器满载时的无功损耗（kvar）；K_q 为无功经济当量系数（kW/kvar）；工厂变电站 $K_q = 0.02 \sim 0.15$。

其中，$Q_0 = I_0\% S_N \times 10^{-2}$，$I_0\%$ 表示空载电流占额定电流的百分数，为变压器铭牌数据。

$Q_d = U_d\% S_N \times 10^{-2}$，$U_d\%$ 表示阻抗电压的百分数，为变压器的铭牌数据。

式（4-13）中：$n\left(\dfrac{S}{nS_N}\right)^2 (P_d + K_q Q_d)$ 为 n 台变压器并列运行时总的线圈损耗；$n(P_0 + K_q Q_0)$ 为 n 台变压器并列运行时总的铁心损耗；

式（4-13）说明：当总负荷为 S 时投入 n 台变压器并列运行最经济。若负荷增加，铜损大于铁损，变压器的效率开始降低。当 n 台变压器的铜损大于 $n+1$ 台变压器的铁损时，再投入一台变压器就可以达到新的经济运行点；对已经处于经济运行点的并列运行的变压器，若负荷减小时，也会偏离经济运行点。当负荷减小到 n 台变压器的铜损小于或等于 $n-1$ 台变压器的铁损时，应停运一台变压器，使其回到经济运行点。由式（4-13）可得当总负

118

荷变化时，同型号、同容量变压器并列运行的台数，即若 n 台变压器并列运行，当负荷增加时，$S > S_N \sqrt{n(n+1)\dfrac{P_0 + K_q Q_0}{P_d + K_q Q_d}}$ 时，投入 $n+1$ 台比较经济；当负荷减少时，$S < S_N$ $\sqrt{n(n-1)\dfrac{P_0 + K_q Q_0}{P_d + K_q Q_d}}$ 时，投入 $n-1$ 台比较经济。

【例 4-2】 某工厂变电站有两台 SL7—500/10 电力变压器，电压比为 10/0.4kV，$\curlyvee$，yn0 接线，$U_d\% = 4$，$I_0\% = 3.2$，$P_0 = 1.08\text{kW}$，$P_d = 6.9\text{kW}$。计算变压器的经济运行方式？

解： $Q_d = U_d\% S_N \times 10^{-2} = 500 \times 4 \times 10^{-2} \text{kvar} = 20\text{kvar}$

$Q_0 = I_0\% S_N \times 10^{-2} = 500 \times 3.2 \times 10^{-2} \text{kvar} = 16\text{kvar}$

取 $K_q = 0.1$，n 与 $n-1$ 台变压器的临界负荷为

$$S_{cr} = S_N \sqrt{n(n-1)\frac{P_0 + K_q Q_0}{P_d + K_q Q_d}} = 500 \sqrt{2 \times (2-1)\frac{1.08 + 0.1 \times 16}{6.9 + 0.1 \times 20}} \text{kV} \cdot \text{A} = 388\text{kV} \cdot \text{A}$$

当实际负荷 $S < 388\text{kV} \cdot \text{A}$ 时，运行一台变压器比较经济。

当实际负荷 $S > 388\text{kV} \cdot \text{A}$ 时，运行二台变压器比较经济。

4.6 技能训练

4.6.1 电力变压器的一般检修

1. 实训目的

1）了解变压器一般检修的全过程。

2）掌握变压器一般检修的具体内容和技术要求。

2. 准备工作

300mm、200mm 活动扳手各一把，细砂布一张，导电复合脂少许，棉纱少许，绝缘棒（令克棒）一副，验电器一个。

3. 操作步骤

1）了解需检修配电变压器所在位置、数量、额定容量、存在缺陷等详细情况。

2）接到工作负责人"该线路已由运行转检修，接地线已封好，可以工作"的命令后赶赴现场。

3）到现场后首先核对停电线路、杆号及所检修的配电变压器是否与所接受的任务相符。

4）用验电器验电。确定该线路确实停电后，拉开配电变压器的低压刀闸。

5）用绝缘棒（令克棒）断开跌落式熔断器。

6）检查配电变压器油标是否在规定位置，油色是否正常，并由此判断是否需补充或更换变压器油。

7）检查吸湿器的干燥剂是否变色，必要时更换干燥剂。

8）检查高、低压瓷套管有无裂纹、伤痕、渗油现象，必要时更换或紧固瓷套管。

9）用 200mm 活动扳手沿顺时针方向拧住设备线夹下面的螺母，用 300mm 活动扳手沿

逆时针方向徐徐用力卸下设备线夹上面的螺母。

10）卸下设备线夹，检查设备线夹有无烧痕，用细砂布打磨其导电接触部位，并涂上一层导电复合脂。

11）用细砂布打磨锈蚀的螺母、垫片，并在导电连接部位涂抹导电复合脂。

12）装上设备线夹，用棉纱擦拭瓷套管、油标、吸湿器。

13）检查变压器箱盖螺栓紧固情况，检查橡胶垫有无损坏。如橡胶垫处有渗、漏油时，均匀紧固箱盖螺栓。

14）检查散热片是否有渗、漏油现象，并擦净油污。

15）检查变压器接地极、接地线，处理锈蚀、断股、松动现象。

16）用绝缘棒（令克棒）合上跌落式熔断器。

17）合上低压刀开关。

18）向工作负责人汇报检修工作已结束，可以送电。

4. 技术要求

1）油标应在规定位置，油色无混浊现象。

2）配电变压器本体、冷却装置及所有附件无缺陷，且不渗、漏油。

3）变压器顶盖上应无遗留杂物。

4）接地引下线无断股现象，接地可靠。

5）变压器各部位应清扫干净。

4.6.2　用钳型电流表测量配电变压器负荷电流

1. 实训目的

1）学会正确使用钳型电流表测量变压器的负荷电流。

2）掌握带电操作的安全注意事项，培养带电操作的安全意识。

2. 准备工作

T-301 型钳型电流表一块。

3. 操作步骤

1）选择量程。

2）钳入导线。

3）正确读数。

4. 技术要求

1）测量前应对被测电流进行粗略的估计，选择适当的量程。如果被测电流无法估计，应先把钳型电流表的量程放到最大档位，然后根据被测电流指示值，由大到小，转换到合适的挡位。倒换量程挡位时，应在不带电的情况下进行。

2）测量时将钳型电流表的钳口张开，钳入被测导线，闭合钳口使导线尽量位于钳口中心，在表盘上找到相应的刻度线。由表计的指示位置，根据电流表所在量程，直接读出被测电流值。

3）测量时，钳型电流表的钳口应闭合紧密。每次测量后，要把调节电流量程的档位放在最高档位。

4）测量 5A 以下电流时，为得到较为准确的读数，在条件允许时可将导线多绕几圈，放进钳口进行测量。测得的电流值除以钳口内的导线根数即为实际电流值。

5）测量时一人操作，一人监护，操作人员对带电部分应保持安全距离。此方法只适用于被测线路电压不超过500V的情况。

4.6.3 测量配电变压器的绝缘电阻

1. 实训目的

1）掌握测量变压器绝缘电阻的全过程及安全注意事项。

2）学会测量变压器绝缘电阻，并对测量结果进行分析。

2. 需要测量变压器绝缘电阻的情况

1）安装好的变压器在投入运行前，做交接试验时。

2）变压器大修后。

3）油浸式变压器运行1~3年，干式和充气式变压器运行1~5年。

4）搁置或停运6个月以上的变压器，投入运行前测量绝缘电阻并做油耐压试验。

3. 测量接线图

1）测量高压绕组对低压绕组及外壳之间的绝缘电阻，其接线如图4-20所示。绝缘电阻表的"E"端接低压绕组及外壳，"G"端接高压瓷套管的瓷裙，"L"端接高压绕组。

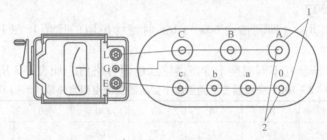

图4-20　测量高压绕组对低压绕组及外壳之间的绝缘电阻
1—瓷裙　2—接线端子

2）测量低压绕组对高压绕组及外壳之间的绝缘电阻，其接线如图4-21所示。绝缘电阻表的"E"端接高压绕组及外壳，"G"端接低压瓷套管的瓷裙，"L"端接低压绕组。

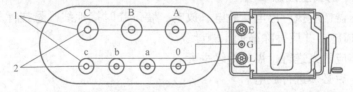

图4-21　测量低压绕组对高压绕组及外壳之间的绝缘电阻
1—瓷裙　2—接线端子

4. 操作的全过程

1）绝缘电阻表的选用。主要考虑绝缘电阻表的额定电压和测量范围是否与被测电气设备的绝缘等级相适应。测量3kV及以上变压器的绝缘电阻应选用2500V绝缘电阻表。

2）绝缘电阻表的检查。检查外观完好无破损；仪表进行开路试验时，表针应指向无穷大；仪表进行短路试验时，表针应"瞬间"指零；测试线的绝缘应良好，不得使用双绞线或平行线。

3）测量项目。

①高压绕组对低压绕组及外壳的绝缘电阻，简称为高对低及地。②低压绕组对高压绕组及外壳的绝缘电阻，简称为低对高及地。

4）操作过程。

① 将被测变压器退出运行，并执行验电、放电、装设临时接地线等安全技术措施；测量工作须由两人进行，应戴绝缘手套。②拆除变压器高、低压两侧的母线或导线。③将变压器高、低压瓷套管擦拭干净，然后用裸铜线在每个瓷套管的瓷裙上绕 2～3 圈，将高、低压瓷套管分别连接起来。④将变压器高压 A、B、C 和低压 O、a、b、c 接线端用裸铜线分别短接。⑤测量时应先将 E 和 G 与被测物连接好，用绝缘物挑起 L 线，待绝缘电阻表转速达 120r/min，再将"L"线搭接在高压绕组（或低压绕组）接线端子上，测量时仪表应水平放置，以120r/min的转速匀速摇动绝缘电阻表的手柄，待表针稳定 1min 后读取数据，撤下"L"线，再停绝缘电阻表。⑥测量前后均应进行绕组对地放电；测量完毕后，拆除相间短路线，并恢复原来接线。

5. 绝缘电阻合格值的标准

1）本次测得的绝缘电阻值与上次测得的数值，换算到同一温度下相比较，本次数值比上次数值不得降低 30%。

2）吸收比 $R_{60''}/R_{15''}$（即测量中 60s 与 15s 时绝缘电阻的比值）在 10～30℃ 时，应为 1.3 倍及以上。

3）3～10kV 变压器在不同温度下变压器绝缘电阻合格值，如表4-3 所示。

表 4-3　3～10kV 变压器在不同温度下变压器绝缘电阻合格值（3～10kV）

温度/℃	10	20	30	40	50	60	70	80
良好值/MΩ	900	450	225	120	64	36	19	12
最低值/MΩ	600	300	150	80	43	24	13	8

4）新安装的和大修后的变压器，其绝缘电阻合格值应符合上述规定。运行中的变压器则不得低于 10MΩ。

6. 操作过程中的安全注意事项

1）被测变压器，应执行停电、验电、放电、装设临时接地线、悬挂标示牌和装设临时遮栏等安全技术措施，并应拆除高低压侧母线。

2）测量工作应两人进行，需戴绝缘手套。

3）测量前、后必须进行放电。

4）测量时，应先摇动绝缘电阻表摇柄，再搭接"L"线。测量结束时，应先撤下"L"线，再停止摇动（即"先摇后搭、先撤后停"）。

5）测量过程中不应减速或停摇。

6）必要时，记录测量时变压器的温度。

4.6.4　油浸式配电变压器倒分接开关的操作

1. 实训目的

1）学会油浸式配电变压器倒分接开关的操作方法。

2）掌握变压器分接开关进行切换操作的全过程及安全注意事项。

3）学会用电桥测量变压器的直流电阻。

2. 变压器分接开关进行切换操作的全过程及步骤

切换无载调压分接开关，应在变压器停止运行的情况下进行。变压器停电后执行的有关安全技术措施：应拆开高压侧的母线，并擦净高压瓷套管；切换分接开关前、后均应测试高压绕组直流电阻；倒分接开关和测试高压绕组直流电阻应由两人进行。

变压器分接开关进行切换操作的全过程如下：

1）填写工作票、操作票，应设专人监护，操作人应戴绝缘手套。

2）执行安全技术措施，进行停电、验电、放电、装设临时接地线和悬挂标示牌等操作。

3）拆开高压侧母线。

4）先用万用表粗测高压绕组的直流电阻，再用电桥精确测量 R_{UV}、R_{VW}、R_{WU} 直流电阻，并作记录，测试前后应放电。

5）切换分接开关档位。倒分接开关具体操作方法如下：

①取下分接开关的护罩，松开并提起定位螺栓（或销子）。②反复转动分接开关的手柄（左右各 5 圈），以去除分接开关触头上的油污及氧化物。③调至预定的位置后，放下并紧固好定位螺栓（或销子）。

6）切换后，再用电桥精确测量 R_{UV}、R_{VW}、R_{WU} 直流电阻（测试前后应放电），并与切换前的测量数据作比较，其三相之间差别应不大于三相平均值的 2%，即：

$$\frac{R_{大} - R_{小}}{R_{平}} \times 100\% \leqslant 2\% \qquad R_{平} = \frac{R_{UV} + R_{VW} + R_{WU}}{3}$$

7）确认直流电阻合格后，拆除测试线，恢复变压器原接线。

8）执行工作票，拆除临时接地线及标示牌后，方可按操作票进行变压器送电操作。

3. 正确使用电桥（QJ-23 型）**测量直流电阻**

1）电桥平稳放置后，应检查外接检流计和外接电源的联片是否短接好；检查电源 B 和检流计 G 两个开关是否在断开位置；带锁扣的检流计应将锁扣打开；调整检流计调零器使表针指 0。

2）被测变压器应经充分放电，并用万用表欧姆挡粗测高压绕组的直流电阻。

3）将被测绕组通过测试线接在电桥 R_X 接线端钮上，测试线截面面积应较大、不宜过长，且连接点接触应良好。

4）根据万用表粗测数值选择合适的比率臂倍率，以便使比较臂的 4 档都能充分利用。选择比率臂倍率的原则：被测电阻 R_X 阻值为 1 ~ 9.999 选 0.001 档；R_X 为 10 ~ 99.99Ω 选 0.01 档；R_X 为 100 ~ 999.9Ω 选 0.1 档；R_X 为 1000 ~ 9999Ω 选 1 档；R_X 为 10 ~ 99.99kΩ 选 10 档；R_X 为 100 ~ 999.9kΩ 选 100 档。例如，用万用表粗测电阻值为 5.5Ω，则应选 0.001 档。

5）选好比率臂档位后，根据粗测值调好比较臂，如粗测值为 5.5Ω，比较臂×1000 档应置于 5，×100 档应置于 5，×10 档应置于 0，×1 档应置于 0。选好预置数，是为了防止损坏检流计并缩短测量时间。

6）测量时，应先按下 B 钮并锁住，等数分钟（变压器容量越大，充电时间越长），待测试电流稳定后，再按 G 钮。如按 G 钮时，检流计表针向"＋"方向偏转，则需增大比较臂数值，如表针向"－"方向偏转，则需减小比较臂数值。增大或减小数值的大小，应视表针偏转幅度大小而定。表针基本稳定时，可将 G 钮锁住后进行细调，即调整倍率最小（×1）的比较臂，直至检流计表针指 0 为止。

7）正确读取测量值，若测量结果比较臂 4 个档位的数字如下：×1000 档为 5，×100 档为 5，×10 档为 6，×1 档为 8；比率臂为 0.001 档，测量结果即为 5568×0.001＝5.568Ω。

8）测量完毕后，应先断开检流计 G 钮，再断开电源 B 钮，然后进行放电，再拆除测试线。

9）电桥用毕后，带锁扣的检流计应将锁扣锁好，防止把表针打坏；不带锁扣的，应将左下侧检流计的 3 个接线钮由"内接"改为"外接"。

10）电桥电源的电压不足时，会影响电桥的灵敏度（表现为表针不能指 0），应及时更换电池。

4. 操作的安全注意事项

切换变压器无载调压分接开关必须在变压器停电后进行，安全注意事项如下：

1）停电后的变压器应做好相应的安全技术措施，并拆除高压侧引线。

2）切换前，应初测高压绕组的直流电阻并记录，初测前后应放电。

3）切换时，要反复转动分接开关手柄，以消除触头上的氧化物和油污。

4）切换后，应再测高压绕组的直流电阻并与初测记录值对比，测量前后应放电。

5）使用电桥测量直流电阻时，按下"B"钮并锁住，待充电电流稳定后，再点按"G"钮。测量后，先释放 G 钮，再释放 B 钮。

4.7　习题

1. 变压器应如何分类？

2. 变压器的主要组成部分有哪些？各有何作用？

3. 变压器的铁心为何必须接地？是否允许变压器的铁心多点接地，为什么？

4. 简述同心式绕组的结构特点。

5. 变压器线圈及铁心通过油流进行冷却的方式有几种？各有何特点？

6. 变压器的调压方法有几种？简述有载调压的过程。

7. 什么是电力变压器的联结组别，常用的联结组别有几种，各有何特点？

8. 什么是变压器的允许温度和温升，为保证安全运行，对其有何规定？

9. 什么是变压器的过负荷能力，分为几种过负荷？变压器总的过负荷倍数如何规定？

10. 变压器的电源电压变化范围是如何规定的？

11. 变压器的负荷检查包括哪些内容？

12. 变压器常见的故障有哪些，如何处理？

13. 无载调压变压器如何进行分接开关的倒换操作？

14. 什么是变压器的经济运行？变压器的损耗有几种，和什么因素有关？

15. 变压器并列运行的条件是什么？

16. 画出测量变压器绝缘电阻的接线图，并简述操作过程。

17. 哪些在线监测技术在变压器状态检修中得到了应用？

第5章 倒闸操作

5.1 电工安全用具及使用

电工安全用具是保证操作者安全地进行电工作业，防止触电、防止电弧烧伤、高空坠落等必不可少的工具。它包括绝缘安全用具、一般防护安全用具及登高作业安全用具。

1. 绝缘安全用具

绝缘安全用具按用途可分为基本绝缘安全用具和辅助安全用具。

（1）基本绝缘安全用具

绝缘程度足以长时间承受电气设备的工作电压，能直接用来操作带电设备或接触带电体的工器具，称为基本绝缘安全用具。此类的安全用具有高压绝缘棒、绝缘夹钳、验电器、高压核相器以及钳型电流表等，如图5-1所示。

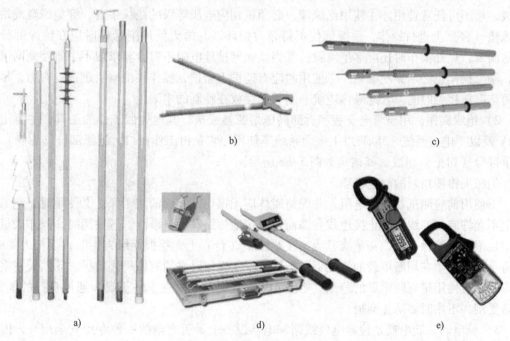

图5-1 基本绝缘安全用具

a）高压绝缘棒 b）绝缘夹钳 c）验电器 d）高压核相器 e）钳型电流表

1）绝缘棒又称为绝缘杆或操作杆。主要用来闭合或断开高压隔离开关、跌落式熔断器、柱上油断路器及安装和拆除临时接地线等。也可用于放电操作，处理带电体上的异物，以及进行高压测量、试验等。因此必须具有良好的绝缘性能和足够的机械强度。

125

高压绝缘棒由工作部分、绝缘部分、护环和握手部分组成，其结构如图5-2所示。工作部分一般用金属制成，用来直接接触带电设备。

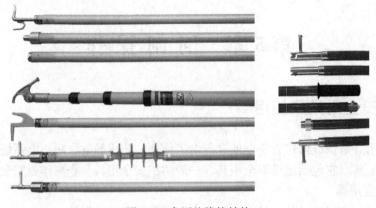

图5-2　高压绝缘棒结构

绝缘棒使用注意事项：

①使用前应先检查是否在有效期范围内，绝缘棒表面是否完好，连接是否紧固。②操作前，应用干布擦试棒的表面以保持清洁、干燥。③绝缘棒的使用必须符合被操作设备的电压等级，切不可任意选用。④使用绝缘棒，必须戴相应电压等级的绝缘手套，穿绝缘鞋或站在绝缘垫（台）上进行操作，手握部位不得超过护环。⑤雨天使用绝缘棒时应在绝缘部分安装防雨罩，户外操作时还应穿绝缘靴。⑥当接地网接地电阻不符合要求或不了解接地网情况时，晴天操作也必须穿绝缘靴。⑦使用时应有监护人监护，操作要准确、迅速、有力，尽量缩短与高压接触时间。⑧绝缘棒应统一编号，存放在特制的木架上。

2）绝缘夹钳。用于带电安装和拆卸高压熔断器或执行其他类似工作的工具，主要用于35kV及以下电力系统，35kV以上电力系统不使用。它是由工作钳口，绝缘部分（钳身）和握手部分（钳把）组成，其结构如图5-1b所示。

绝缘夹钳使用时的注意事项。

①使用前应测试其绝缘电阻，并保持钳体应无损伤，表面清洁干燥。②使用时，绝缘钳口上不允许装接地线，防止接地线晃荡而造成接地短路和触电事故。③使用时，操作人员应戴护目眼镜，绝缘手套，穿绝缘靴或站在绝缘垫（台）上，手握绝缘夹钳时，要精力集中，保持平衡。必须在切断负载的情况下进行操作。④操作时必须有监护人监护。⑤雨天在室外操作时，应使用带有防雨罩的绝缘夹钳。⑥绝缘夹钳应放置在室内干燥、通风良好的地方，以防受潮，不用时要防止磨损。

3）验电器。验电器是检验电气线路和电器设备上是否有电的一种专用安全用具，因验电的电压等级不同，分为高压和低压两种。

①低压验电器又称为电笔，适用于测试60～550V交直流电路是否有电和检查电气用具或电力导线是否漏电等故障（矿用验电器测量电压的范围是100～1000V）的专用安全用具，其种类可分钉旋具笔式、螺钉旋具式和组合式，它由氖管、电阻、弹簧、笔身、笔尖金属帽等组成，如图5-3所示。使用时必须按图5-4所示的方法握笔。②高压验电器。高压验电器中普遍使用的是回转验电器和具有声光信号的验电器，广泛应用于高压交流系统中，做为验

电工具使用。

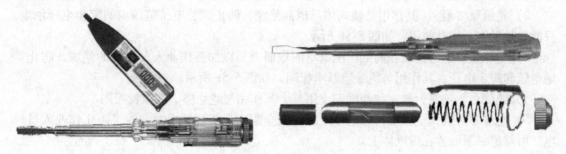

图 5-3　低压验电器

为检查指示器工作是否正常，可利用试验开关，按下后即发出音响和灯光信号，表示指示器工作正常。

高压验电器使用时的注意事项。

①使用前，应检查验电器的工作电压与被测设备的额定电压是否相符，是否在有效期内。结构应完好、无损坏、无裂纹、无污垢。②利用验电器的自检装置，检查验电器的指示器叶片是否旋转以及声、光信号是否正常。③使用高压验电器时，应两人进行，一人监护、一人操作，操作人必须戴符合耐

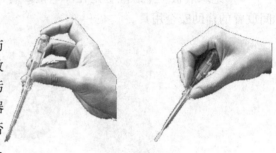

图 5-4　握笔姿势

压等级的绝缘手套，必须握在绝缘棒护环以下的握手部分，绝不能超过护环。④每次验电前应先在有电设备上验电，确认验电器有效后方可使用。⑤验电时，操作人的身体各部位应与带电体保持足够的安全距离。用验电器的金属接触电极逐渐靠近被测设备，一旦验电器开始回转，且发出声光信号，即说明该设备有电。此时应立即将金属接触电极离开被测设备，以保证验电器的使用寿命。⑥验电时，若指示器的叶片不转动，也未发出声、光信号，说明验电部位无电。⑦在停电设备上验电时，必须在设备进出线两侧各相分别验电，以防可能出现一侧或其中一相带电而未被发现。⑧验电时，验电器不应装接地线，除非在木梯木杆上验电，不接地不能指示者，才可装接地线。⑨验电器应按电压等级统一编号，并明示在验电器盒的外壳上。⑩验电器使用后应装盒并放入指定位置，保持干燥，避免积灰和受潮。

（2）辅助安全用具

辅助安全用具是指绝缘强度不足以承受电气设备的工作电压，只是用来加强基本安全用具的保安作用，用来防止接触电压、跨步电压和电弧烧伤等对操作人员造成伤害的用具。属于这一类的安全用具有绝缘手套、绝缘鞋、绝缘垫、绝缘台、绝缘绳、绝缘隔板和绝缘罩等，如图 5-5 所示。不能用辅助安全用具直接接触高压电气设备的带电部分。

1）绝缘手套：绝缘手套是用绝缘性能良好的特种橡胶制成的，外观如图 5-5a 所示。

使用和保管绝缘手套的注意事项。

①使用前，应检查是否在有效期范围内。②使用前，应进行外部检查，查看是否完好，表面有无损伤、磨损、破漏和划痕等。如有粘胶破损或漏气现象，严禁使用。

气密性检查：用两手抓住绝缘手套的上口两侧，将手套朝手指方向卷曲，当卷到一

定程度时，内部空气因体积减小、压力增大，若手套的手指鼓起，不漏气，即为良好。

2）绝缘靴（鞋）。其作用是使人体与地面绝缘，防止试验电压范围内的跨步电压触电。只能作辅助安全用具使用，如图5-5b所示。

3）绝缘垫。通常铺设在高低压配电室的地面上，以加强作业人员对地的绝缘，防止接触电压和跨步电压，其作用与绝缘靴基本相同，如图5-5c所示。

4）绝缘台。绝缘台是一种辅助安全用具，其作用与绝缘垫、绝缘靴相同。

5）绝缘罩。当作业人员与带电体之间的安全距离达不到要求时，为了防止作业人员触电，可将绝缘罩放置在带电体上。

使用及保管绝缘罩的注意事项：使用前应检查是否完好，是否在有效期范围内，并将其表面擦净；放置时应使用绝缘棒，戴绝缘手套操作，放置要牢靠。

6）绝缘隔板。绝缘隔板是在停电检修时，为防止检修人员接近带电设备而在两设备之间放置的辅助安全用具。

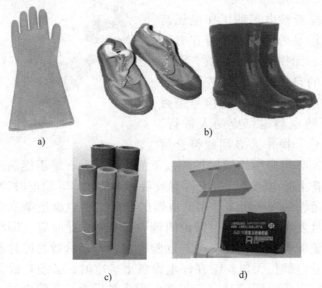

图 5-5　辅助安全用具
a）绝缘手套　b）绝缘鞋　c）绝缘垫　d）绝缘隔板

2. 一般防护安全用具

一般防护安全用具是指那些本身没有绝缘性能但可以起到作业中防止工作人员受到伤害的安全用具，它分为人体防护用具和安全技术防护用具。

（1）人体防护用具

此类防护用具的主要作用是保护人身安全。当工作人员穿戴必要的防护用具时，可以防止外来伤害，如安全帽、护目镜、防护面罩和防护工作服等。

（2）安全技术防护用具

1）携带型接地线又称为三相短路接地线，是在电气设备和电力线路停电检修时，防止突然来电，确保作业人员的安全，免遭伤害采取保证安全的技术措施。在全部停电或部分停电的电气设备向可能来电的各侧装设地线，悬挂标志牌并加装遮栏，其结构主要由线夹、绝缘操作棒、多股软铜线和接地端等部件组成如图5-6所示。

多股软铜线是接地线的主要部件，其中
3根短软铜线是为连接三相导线，接在线夹
上，另一端共同连接接地线，接地线的另一
端（接地端）连接接地装置，要求导电性
能好，其截面面积应不小于25mm²，最好选
用软铜线外面包有透明的绝缘塑料护套，以
预防外伤断股。

图5-6　接地线组成

使用和保管接地线的注意事项。

①接地线截面面积的选择应根据使用地点的短路容量来确定。②装拆顺序要正确，即装
设时先接接地端，后接导线端；拆除时先拆导线端，后拆接地端。连接要牢固，严禁用缠绕
方法进行接地或短路。接地点和工作设备之间不允许连接开关和熔断器。操作时必须两人进
行，一人操作、一人监护，多电源的线路及设备停电时，各回路均应加封地线。③每次使用
前应仔细检查软铜丝有无断股、损坏，各连接处要牢固，严禁使用不合格的导线作接地线或
短路线。加强对接地线的管理，每组接地线均应编号，存放在固定地点。④接地线通过一次
短路电流后，一般应予报废。

2）临时遮栏、栅栏。为了限制工作人员作业中的活动范围，防止其超过安全距离或在危险
地点接近带电部分，误入带电间隔，误登带电设备发生触电事故，在工作地点邻近带电设备和工
作地点周围安装遮栏、栅栏是保证安全的技术措施之一，同时也能防止非工作人员进入。

3. 登高作业安全用具

登高作业安全用具是在登高作业及上下过程中使用的专用工具或高处作业时防止高处坠
落制作的防护用具，如安全带、竹（木）梯、软梯、踩板、脚扣、安全绳和安全网等。

4. 安全标志

安全标志是由安全色，几何图形或图形符号构成的用以表达特定含义的安全信息，是保
证电气工作人员人身安全的重要技术措施。安全色是表达安全信息含义的颜色。在电气工程
中用黄、绿、红3色分别代表L1、L2、L3的3个相序，涂上红色的电器外壳表示其外壳带
电；灰色的电器外壳表示其外壳接地或接零；明敷接地扁钢或圆钢涂黑色；交流回路中的黄
绿双色绝缘导线代表保护线，浅蓝色代表中性线（工作零线）；在直流回路中，棕色代表正
极，蓝色代表负极。

5.2　倒闸操作的基本原则

1. 倒闸操作的概念及基本原则

电力系统中运行的电气设备，常常遇到检修、调试及消除缺陷的工作，这就需要改变电
气设备的运行状态或改变电力系统的运行方式。

当电气设备由一种状态转到另一种状态或改变电力系统的运行方式时，需要进行一系列
的操作，这种操作叫作电气设备的倒闸操作。倒闸操作可以通过就地操作、遥控操作、程序
操作完成。遥控操作、程序操作的设备应满足有关技术条件。

倒闸操作的基本原则是严禁带负载拉、合隔离开关，不能带电合接地刀闸或装设接地线。因此，制定停送电操作的原则如下：

1）停电操作的原则。先断开断路器，然后拉开负载侧隔离开关，再拉开电源侧隔离开关。

2）送电操作原则。先合上电源侧隔离开关，然后合上负载侧隔离开关，最后合上断路器。

倒闸操作的主要内容：电力线路的停、送电操作；电力变压器的停、送电操作；发电机的起动、并列和解列操作；电网的合环与解环；母线接线方式的改变（倒母线操作）；中性点接地方式的改变；继电保护自动装置使用状态的改变；接地线的安装与拆除等。

上述绝大多数操作任务是靠拉、合某些断路器和隔离开关来完成的。此外，为了保证操作任务的完成和检修人员的安全，需取下、装上某些断路器的操作熔断器和合闸熔断器，这两种被称为保护电器的设备，也像开关电器一样进行频繁操作。

2. 典型的操作票填写方法

（1）线路、断路器的检修

根据××变电站一次电气主接线图（见图5-7），断路器检修操作票见表5-1，线路检修操作票见表5-2。

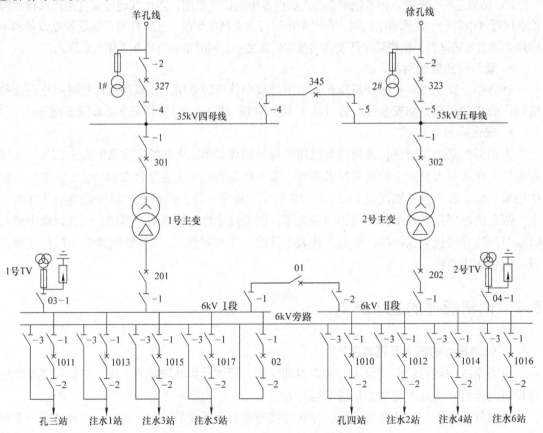

图5-7　××变电站一次电气主接线图

130

表 5-1 断路器检修操作票

变电站（发电厂）倒闸操作票

单位_____ 编号_____

发令人		受令人		发令时间：	年 月 日 时 分
操作开始时间： 年 月 日 时 分				操作结束时间： 年 月 日 时 分	
（　）监护下操作　　　　（　）单人操作　　　　（　）检修人员操作					

操作任务：孔三站 1011 开关由运行转检修

顺序	操作项目	√
1	拉开孔三站 1011 开关	
2	检查孔三站 1011 开关在开位	
3	拉开孔三站 1011 开关合闸保险	
4	拉开孔三站 1011-2 刀闸	
5	拉开孔三站 1011-1 刀闸	
6	在孔三站 1011 开关与 1011-2 刀闸间验明确无电压	
7	在孔三站 1011 开关与 1011-2 刀闸间装设 6kV1#地线一组	
8	在孔三站 1011 开关与 1011-1 刀闸间验明确无电压	
9	在孔三站 1011 开关与 1011-1 刀闸间装设 6kV2#地线一组	
10	拉开孔三站 1011 开关控制保险	

备注：

操作人：　　　　　　监护人：　　　　　　值班负责人（值长）：

表 5-2 线路检修操作票

变电站（发电厂）倒闸操作票

单位_____ 编号_____

发令人		受令人		发令时间：	年 月 日 时 分
操作开始时间： 年 月 日 时 分				操作结束时间： 年 月 日 时 分	
（　）监护下操作　　　　（　）单人操作　　　　（　）检修人员操作					

操作任务：孔三站 1011 线路由运行转检修

顺序	操作项目	√
1	拉开孔三站 1011 开关	
2	检查孔三站 1011 开关在开位	
3	拉开孔三站 1011-2 刀闸	
4	拉开孔三站 1011-1 刀闸	
5	在孔三站 1011-2 刀闸线路侧验明确无电压	
6	在孔三站 1011-2 刀闸线路侧装设 6kV3#地线一组	
7	在孔三站 1011-2 刀闸操作把手上悬挂"禁止合闸，线路有人工作"标示牌	

备注：

操作人：　　　　　　监护人：　　　　　　值班负责人（值长）：

操作票中的操作任务可由调度布置的操作任务或工作票的工作内容一栏确定。如果工作要求是检修断路器1011，那么变电站值班人员的任务是对1011断路器停电，并采取措施保证检修人员的安全。因此操作票中的"操作任务"一栏应写明："孔三站1011开关由运行转检修"。这一栏是要能体现出倒闸操作的目的。如果是线路检修，则写明"孔三站1011线路由运行转检修"，其区别在于所装设接地线位置不同。

根据倒闸操作的技术原则，这个操作的第一项应该是拉开1011开关（但该线路如装有自动装置，应提前考虑是否要退出相应的自动装置，并填写在拉开断路器项目之前），并确保断路器确已拉开。检查断路器位置的目的是防止拉隔离开关时断路器实际并未断开而造成带负荷拉隔离开关的误操作。另外，第3项中的"拉开孔三站1011开关合闸保险"应根据具体设备规定考虑，例如电磁操动机构断路器是防止在拉隔离开关的操作过程中断路器因某种意外误合闸。因为合闸保险是断路器自动合闸的电源通路，取下合闸保险后就排除了意外合闸的电源，但对非电磁操动机构的断路器上述这项意义就不大了。

拉隔离开关操作，也是根据倒闸操作的技术原则，遵循一定顺序停电操作，必须按照断路器、非母线侧隔离开关、母线侧隔离开关顺序依次操作，送电操作顺序与此相反。现在结合表5-1断路器检修操作票说明这一顺序，可以看出：1011断路器两侧各有一组隔离开关，图5-7中编号为1011-1的隔离开关是与母线相连的，称为母线侧隔离开关（也称为电源侧隔离开关）。根据部颁《电业安全工作规程》或国家电网公司颁发的《电力安全工作规程》规定，停电操作时应先拉开非母线（负荷）侧隔离开关，后拉开母线（电源）侧隔离开关。这样规定的目的是防止停电时可能会出现的两种误操作：一是断路器没拉开或虽经操作而并未实际拉开，误拉隔离开关；二是断路器虽已拉开但拉隔离开关时走错间隔，拉错停电设备，造成带负荷拉隔离开关。线路检修操作票如表5-2所示。

假设断路器没断开。先拉负荷侧隔离开关，弧光短路发生在断路器保护范围以内（短路电流流经TA），出线断路器跳闸，切除了故障，缩小了事故范围，如图5-8所示。

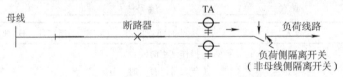

图5-8　先拉负荷侧隔离开关，断路器跳闸

倘若先拉母线侧隔离开关，弧光短路发生在出线断路器保护范围以外，由图5-9可以看出，由于误操作而引起的故障电流并未通过TA，该保护不动作，断路器不会跳闸，将造成母线短路并使母线保护动作，跳开所有连接在该母线上的断路器，或者使上一级断路器跳闸，扩大了事故范围，延长了停电时间。因为母线侧隔离开关烧坏，在修复期间，该母线不能带电运行，往往在较长时间内影响着汇集母线上全部出线的送电。

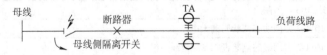

图5-9　先拉母线侧隔离开关，断路器不会跳闸

送电时，如果断路器在误合位置便去合隔离开关，假如先合负荷侧隔离开关，后合母

132

线侧隔离开关，则等于用母线侧隔离开关带负荷送线路，一旦发生弧光短路便造成母线故障。

反之即使发生了事故，检修负荷侧隔离开关时只需停一条线路，而检修母线侧隔离开关却要停用母线，造成大面积停电。

操作票进行到第 5 项是设备由运行状态转为冷备用状态的操作，要将设备转为检修状态需要布置安全措施，即后 5 项的内容。

由前 5 项的操作项目可以看出，制定操作方案时始终围绕着一个"严防带负荷拉隔离开关"及在误操作情况下尽量缩小事故范围这样一个原则。

操作票的第 10 项是拉开该断路器的操作熔断器。操作熔断器一般安装在控制盘的背后，拉开操作熔断器后就切断断路器的直流操作电源，由于它既控制了断路器的跳闸回路又控制了断路器的合闸回路，所以操作熔断器起双重作用。拉开这个熔断器能更可靠地防止在检修断路器期间，断路器意外跳闸、合闸而发生设备损坏或人身事故。

在被检修设备两侧装设临时接地线是保证检修人员安全的措施之一。装设接地线后，如果有感应电压或因意外情况突然来电，电流经三相短路接地，如图 5-10 所示，使上一级断路器跳闸，从而保证了检修人员所在工作区域内的安全。其装设原则是对于可能送电至停电设备的各方面或停电设备可能产生感应电压的都要装设接地线，接地线装设地点必须在操作票上详细写明（见表 5-1 断路器检修操作票第 6 项至第 9 项），以防止发生带电挂地线的误操作事故。同时为防止

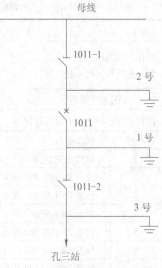

图 5-10　接地线的装设地点

这一事故发生，装设接地线前必须先进行验电，以证明该处确无电压。所装接地线与被检修设备间不能有断开点，如图 5-10 中的 1 号接地线要装在靠近断路器侧，不能用 3 号接地线代替。因为检修断路器时 1011-2 隔离开关已拉开，3 号接地线对检修人员不起保护安全作用。3 号接地线一般在检修线路中作为保护接地使用。

所装接地线应给予编号，并在操作票上注明，以防送电前拆除接地线时因错拆或漏拆而发生带接地线合闸事故（在执行多项操作任务时，注意接地线编号不要重复填写）。

如果一个操作任务的操作项目较多，一张操作票填不完时，应在第一张操作票最后一行填写下接××号倒闸操作票字样。

下面总结填写这类操作票的 5 个要点。

1）设备停电检修，必须把各方面电源完全断开，禁止在只经断路器断开的电源设备上工作，在被检修设备与带电部分之间应有明显的断开点。

2）安排操作项目时，要符合倒闸操作的基本规律和技术原则，各操作项目不允许出现带负荷拉隔离开关的可能性。

3）装设接地线前必须先在该处验电，并详细地写在操作票上。

4）要注意一份操作票只能填写一个操作任务。所谓一个操作任务是指根据同一个操作命令且为了相同的操作目的而进行不间断的倒闸操作过程。

5）单项命令是指变电站值班员在接受调度员的操作命令后所进行的单一性操作，需要

命令一项执行一项。在实际操作中，凡不需要与其他单位直接配合即可进行操作的，调度员可采取综合命令的方式，由变电站自行制订操作步骤来完成。

（2）主变压器检修

填票前应明确所内设备的运行状态，××变电站一次电气主接线图，如图5-7所示。其2#主变压器停电检修操作票，见表5-3。

表5-3　2#主变压器停电操作票

变电站（发电厂）倒闸操作票

单位＿＿＿＿＿＿＿＿　　编号＿＿＿＿＿＿＿＿

发令人		受令人		发令时间：　　　　年　月　日　时　分	
操作开始时间： 年　月　日　时　分			操作结束时间： 年　月　日　时　分		
（　）监护下操作		（　）单人操作		（　）检修人员操作	
操作任务：2#主变由运行转检修					
顺序	操作项目				√
1	核对主变负荷				
2	拉开2#主变202开关				
3	检查2#主变202开关在开位				
4	拉开2#主变302开关				
5	检查2#主变302开关在开位				
6	拉开2#主变202-1刀闸				
7	拉开2#主变302-1刀闸				
8	在2#主变302开关与302-1刀闸间验明确无电压				
9	在2#主变302开关与302-1刀闸间装设35kV1#地线一组				
10	在2#主变202开关与202-1刀闸间验明确无电压				
11	在2#主变202开关与202-1刀闸间装设6kV2#地线一组				
备注：					
操作人：　　　　监护人：　　　　　　值班负责人（值长）：					

对主变压器的停电，在一般情况下退出一台变压器前要先考虑负荷的重新分配问题，以保证运行的另一台变压器不过负荷。那么操作票的第一项应是检查负荷分配（见表5-3　2#主变压器停电操作票），这是与线路倒闸操作所不同的。其目的是确定2号主变压器停电后1号主变压器不会过负荷。此项操作可通过主变压器电源侧的电流表指示来确定。

变压器停电时也要根据先停负荷侧、后停电源侧的原则，图5-7中的202断路器为主变压器6kV断路器，也就是负荷侧断路器（主变压器为降压变压器，故6kV侧为负荷侧）；302为主变压器35kV断路器，也就是电源侧断路器。

根据上述原则，操作的第2项应是拉开主变压器负荷侧202断路器，使变压器先进入空载运行状态；然后拉开主变压器302高压侧断路器；最后拉开各侧隔离开关，变压器再退出运行。

由操作票的内容可以看出：这一类型的操作与线路倒闸操作有些差异，比如拉开断路器后，不是接着取合闸熔断器而是拉开另一台（高压侧）断路器。这是因为变电站的主变压器高、低压侧断路器的操作把手一般都装在控制室的主变压器控制屏面上，为减少往返时间、提高操作效率，可以就近分别拉开两个断路器，再拉开相应断路器的两侧隔离开关。

（3）电压互感器检修

变电站往往同时检修多台设备，如要检修上述 2 号变压器的同时，也检修 2 号电压互感器（以下将电压互感器简称 TV），这就需要重新填写一份操作票。2 号主变压器与 2 号 TV 的停电不是同一个操作任务。由图 5-7 可以看出，2 号主变压器停电后 6kV Ⅱ段母线依旧带电，则 2 号 TV 与 2 号主变压器不属于同一个电气连接部分。2 号 TV 的二次电压回路联系示意图，如图 5-11 所示。在进行 TV 检修操作前，有时要考虑继电保护的配置问题，如退出低频率、低电压等保护装置，以防其因失压而误动。还有的变电站应事先对 TV 进行人工切换，倒换 TV 负荷。对于两台 6kV 的 TV 能自动切换的变电站，可不考虑上述问题，直接进行 TV 的停电检修。2 号电压互感器停电检修操作票，见表 5-4。

表 5-4 中第 1 项，先拉开 2 号 TV 的二次保险是为了防止停电时因 TV 隔离开关的辅助触点未分离出现意外，其道理可由图 5-11 说明。

表 5-4　2 号电压互感器停电检修操作票

变电站（发电厂）倒闸操作票

单位_____　　　　编号_____

发令人		受令人		发令时间：	年　月　日　时　分
操作开始时间： 年　月　日　时　分				操作结束时间： 年　月　日　时　分	
（　）监护下操作		（　）单人操作		（　）检修人员操作	

操作任务：6kV Ⅱ段 2 号 TV 由运行转检修

顺序	操作项目	√
1	拉开 6kV Ⅱ段 2 号 TV 二次保险	
2	拉开 6kV Ⅱ段 04-1 刀闸	
3	在 6kV Ⅱ段 2 号 TV 与 04-1 刀闸之间明确无电压	
4	在 6kV Ⅱ段 2 号 TV 与 04-1 刀闸之间装设 6kV4#地线一组	

备注：

操作人：　　　　　监护人：　　　　　值班负责人（值长）：

*：操作票中 04-1 是 2 号 TV 刀闸的编号。

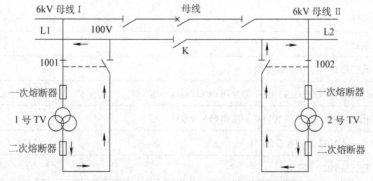

图 5-11　2 号 TV 的二次电压回路联系示意图

当两段母线均正常分段运行时，各段母线上的电压互感器 TV 将通过二次侧熔断器分别提供两段母线的二次 100V 电压。此时切换继电器 K 断开，两个 TV 分别反映相应的母线电压。

当两段母线联络运行（母联断路器运行）时，TV 将通过中央信号屏上 TV 二次并列切换开关切换到并列位置。

如果拉开 2 号 TV 隔离开关，1 号 TV 将通过辅助触点及闭合的继电器 K 的触点向原 2 号 TV 的负荷提供母线二次电压，II 段电压小母线 L2 依旧带电。假设在检修 2 号 TV 时未取下其二次侧熔断器，万一 2 号 TV 辅助触点又没有完全断开，1 号 TV 的一次电压将会通过这个触点和二次侧熔断器向 2 号 TV 的二次绕组反送电，使被检修的 2 号 TV 一次侧感应出高电压，这是十分危险的。为防止电源向检修设备反送电，必须取下这一设备的二次侧熔断器。在日常操作中 TV 隔离开关虽已拉开，但辅助触点并未断开的情况是有的。上述可能性，还将引起运行的 TV 负荷电流增加，若因此而使运行的 TV 熔断器熔断，将会造成继电保护失压而致使误动作的人为事故，因此这项操作不能忽视。

操作票中第 2 项的 04-1 是 2 号 TV 隔离开关的编号，由于正常运行的电压互感器空载电流很小，因此可以用隔离开关拉合。根据工作需要，若有必要取下电压互感器的一次高压熔断器，也要填写在操作票上。

（4）断路器检修转为运行

断路器由检修转为运行的操作票，见表 5-5，可以发现其中的规律如下：

1）送电操作的第一项，即停电操作后一项（表 5-1 断路器检修操作票）的相反操作。

2）送电操作的顺序与停电操作的顺序相反。

3）对于线路等送电的操作，在填写合隔离开关的操作项目前，应填写"检查××断路器确在断开位置"，以防发生带负荷合隔离开关的误操作，这是送电操作的原则。

表 5-5　断路器由检修转为运行的操作票

变电站（发电厂）倒闸操作票

单位_____　　编号_____

发令人		受令人		发令时间：	年　月　日　时　分
操作开始时间： 年　月　日　时　分				操作结束时间： 年　月　日　时　分	
（　　）监护下操作　　　　（　　）单人操作　　　（　　）检修人员操作					

操作任务：孔三站 1011 开关由检修转运行

顺序	操作项目	√
1	合上孔三站 1011 开关控制保险	
2	拆除孔三站 1011 开关与 1011-1 刀闸间 6kV2#地线一组	
3	拆除孔三站 1011 开关与 1011-2 刀闸间 6kV1#地线一组	
4	检查孔三站 1011 开关在开位	
5	合上孔三站 1011-1 刀闸	

顺序	操作项目	√
6	合上孔三站1011-2刀闸	
7	合上孔三站1011开关合闸保险	
8	合上孔三站1011开关	
9	检查孔三站1011开关在合位	

备注：

操作人：　　　　　监护人：　　　　　值班负责人（值长）：

　　根据上述方法和原则，可制订送电的操作项目。

　　需要说明的是，票中"合上控制保险"这一项看起来虽与操作本身无直接关系，但能在误操作情况下缩小事故范围。这一操作必须在合隔离开关前进行，这样即使发生合隔离开关误操作，保护动作也可使断路器跳闸。

　　表5-6和表5-7列出手车式断路器的一些操作票。仅供参考。

表5-6　变电站（发电厂）倒闸操作票

单位＿＿＿＿＿＿＿＿　　编号＿＿＿＿＿＿＿＿

发令人		受令人		发令时间：	年　月　日　时　分
操作开始时间： 年　月　日　时　分			操作结束时间： 年　月　日　时　分		
（　　）监护下操作		（　　）单人操作		（　　）检修人员操作	
操作任务：＊＊kV（＊＊＊＊）线（＊＊＊）号开关由运行转为检修					

顺序	操作项目	√
1	拉开（＊＊＊＊）线（＊＊＊）号开关	
2	检查（＊＊＊＊）线（＊＊＊）号开关电流指示正确	
3	检查（＊＊＊＊）线（＊＊＊）号开关确已拉开	
4	将（＊＊＊＊）线（＊＊＊）号开关操作方式开关切至就地位置	
5	将（＊＊＊＊）线（＊＊＊）号小车开关由运行位置摇至试验位置	
6	检查（＊＊＊＊）线（＊＊＊）号小车开关确已摇至试验位置	
7	拉开（＊＊＊＊）线（＊＊＊）号开关控制电源	
8	拉开（＊＊＊＊）线（＊＊＊）号开关储能电源	
9	拉开（＊＊＊＊）线（＊＊＊）号开关保护电源	
10	取下（＊＊＊＊）线（＊＊＊）号小车开关二次插头	
11	将（＊＊＊＊）线（＊＊＊）号小车开关由试验位置拉至检修位置	

备注：

操作人：　　　　　监护人：　　　　　值班负责人（值长）：

表 5-7 变电站（发电厂）倒闸操作票

单位_____ 编号_____

发令人		受令人		发令时间：	年 月 日 时 分
操作开始时间： 年 月 日 时 分				操作结束时间： 年 月 日 时 分	
（　）监护下操作　　　　（　）单人操作　　　　（　）检修人员操作					
操作任务：＊＊kV（＊＊＊＊）线（＊＊＊）号开关由检修转为运行					

顺序	操作项目	√
1	检查（＊＊＊＊）线（＊＊＊）号间隔送电范围内无接地短路线	
2	将（＊＊＊＊）线（＊＊＊）号小车开关由检修位置推至试验位置	
3	检查（＊＊＊＊）线（＊＊＊）号小车开关确已推至试验位置	
4	装上（＊＊＊＊）线（＊＊＊）号小车开关二次插头	
5	合上（＊＊＊＊）线（＊＊＊）号开关控制电源	
6	合上（＊＊＊＊）线（＊＊＊）号开关储能电源	
7	合上（＊＊＊＊）线（＊＊＊）号开关保护电源	
8	检查（＊＊＊＊）线（＊＊＊）号开关保护投入正确	
9	检查（＊＊＊＊）线（＊＊＊）号开关确在拉开位置	
10	将（＊＊＊＊）线（＊＊＊）号小车开关由试验位置摇至运行位置	
11	检查（＊＊＊＊）线（＊＊＊）号小车开关确已摇至运行位置	
12	将（＊＊＊＊）线（＊＊＊）号开关操作方式开关切至就地位置	
13	合上（＊＊＊＊）线（＊＊＊）号开关	
14	检查（＊＊＊＊）线（＊＊＊）号开关电流指示正确	
15	检查（＊＊＊＊）线（＊＊＊）号开关确已合好	

备注：

操作人：　　　　　　　　监护人：　　　　　　　值班负责人（值长）：

5.3 电气作业的安全技术措施

电气设备上工作保证安全的技术措施包括：停电、验电、接地、悬挂标示牌和装设遮栏（围栏）。以上技术措施由运行人员或有权执行操作的人员执行。

1. 停电

在电气设备上的工作，停电是一个很重要的环节，在工作地点，应停电的设备如下：

1）检修的设备。

2）与工作人员在进行工作中正常活动范围的距离小于表 5-8 规定的设备。

表 5-8　工作人员工作中日常活动范围与带设备的安全距离

电压等级/kV	10 及以下（13.8）	20、35	63（66）、110	220	330	500
安全距离/m	0.35	0.60	1.50	3.00	4.00	5.00

注：表中未列电压按高一档电压等级的安全距离。

3）在 35kV 及以下的设备处工作，安全距离虽大于表 5-8 中的规定，但小于表 5-9 中的规定，同时又无绝缘挡板、安全遮栏措施的设备。

表 5-9　设备不停电时的安全距离

电压等级/kV	10 及以下（13.8）	20、35	63（66）、110	220	330	500
安全距离/m	0.70	1.00	1.50	3.00	4.00	5.00

4）带电部分在工作人员后面、两侧、上下，且无可靠安全措施的设备。

5）其他需要停电的设备。

在检修过程中，对检修设备进行停电，应把各方面的电源完全断开（任何运用中的星形联结设备的中性点，应视为带电设备也应断开）。禁止在只经断路器断开电源的设备上工作。应拉开隔离开关，手车开关应拉至试验或检修位置，应使各方面有一个明显的断开点（对于有些设备无法观察到明显断开点的除外）。与停电设备有关的变压器和电压互感器，应将设备各侧断开，防止向停电检修设备反送电。

严禁在开关的下口进行检修、清扫工作，必须断开前一级开关后进行。

与停电设备有关的变压器和电压互感器必须从高、低压两侧断开、以防止向停电检修的设备和线路反送电。

变配电站全部停电检修时，必须拉开进户第一刀闸。

注意：严禁利用事故停电的机会进行检修工作。

2. 验电

验电时，应使用相应电压等级而且合格的接触式验电器，在装设接地线或合接地刀闸处对各相分别验电。验电前，应先在有电设备上进行试验，确证验电器良好；无法在有电设备上进行试验时可用高压发生器等确证验电器良好。如果在木杆、木梯或木架上验电，不接地线不能指示者，可在验电器绝缘杆尾部接上接地线，但应经运行值班负责人或工作负责人许可。

高压验电应戴绝缘手套。验电器的伸缩式绝缘棒长度应拉足，验电时手应握在手柄处不得超过护环，人体应与验电设备保持安全距离。雨雪天气时不得进行室外直接验电。

对无法进行直接验电的设备，可以进行间接验电。即检查隔离开关的机械指示位置、电气指示、仪表及带电显示装置指示的变化，且至少应有两个及以上指示已同时发生对应变化；若进行遥控操作，则应同时检查隔离开关的状态指示、遥测、遥信信号及带电显示装置的指示进行间接验电。

表示设备断开和允许进入间隔的信号、经常接入的电压表等，如果指示有电，则禁止在设备上工作。

3. 接地

在检修的设备或线路上，接地的作用：保护工作人员在工作地点防止突然来电、消除邻近高压线路上的感应电压、放净线路或设备上可能残存的电荷、防止雷电电压的威胁。

装设接地线应由两人进行（经批准可以单人装设接地线的项目及运行人员除外）。

当验明设备确已无电压后，应立即将检修设备三相短路并接地。电缆及电容器接地前应逐相充分放电，星形联结电容器的中性点应接地，串联电容器及与整组电容器脱离的电容器应逐个放电，装在绝缘支架上的电容器外壳也应放电。

对于可能送电至停电设备的各方面都应装设接地线或合上接地刀闸，所装接地线与带电部分应考虑接地线摆动时仍符合安全距离的规定。

对于因平行或邻近带电设备导致检修设备可能产生感应电压时，应加装接地线或工作人员使用个人保安线，加装的接地线应登记在工作票上，个人保安接地线由工作人员自装自拆。

检修部分若分为几个在电气上不相连接的部分（如分段母线以隔离开关或断路器隔开分成几段），则各段应分别验电后再接地短路。降压变电站全部停电时，应将各个可能来电侧的部分接地短路，其余部分不必每段都装设接地线或合上接地刀闸。

接地线、接地刀闸与检修设备之间不得连有断路器或熔断器。若由于设备原因，接地刀闸与检修设备之间连有断路器，在接地刀闸和断路器合上后，应有保证断路器不会分闸的措施。

在配电装置上，接地线应装在该装置导电部分的规定地点，这些地点的油漆应刮去，并划有黑色标记。所有配电装置的适当地点，均应设有与接地网相连的接地端，接地电阻应合格。接地线应采用三相短路式接地线，若使用分相式接地线时，应设置三相合一的接地端。

装设接地线应先接接地端，后接导体端，接地线应接触良好，连接应可靠。拆接地线的顺序与此相反。装、拆接地线均应使用绝缘棒并戴绝缘手套。人体不得碰触接地线或未接地的导线，以防触及感应电。

成套接地线应用有透明护套的多股软铜线组成，其截面面积不得小于$25mm^2$，同时应满足装设地点短路电流的要求。禁止使用其他导线作接地线或短路线。

接地线应使用专用的线夹固定在导体上，严禁用缠绕的方法进行接地或短路。

严禁工作人员擅自移动或拆除接地线。高压回路上的工作（如测量母线和电缆的绝缘电阻，测量线路参数，检查断路器触头是否同时接触等），需要拆除全部或一部分接地线后才能进行工作。如拆除一相接地线；拆除接地线，保留短路线；将接地线全部拆除或拉开接地刀闸，应征得运行人员的许可（根据调度员指令装设的接地线，应征得调度员的许可），方可进行。工作完毕后应立即恢复。

4. 悬挂标示牌和装设遮栏（围栏）

标示牌的悬挂应牢固正确，位置准确。正面朝向工作人员。标示牌的悬挂与拆除，应按工作票的要求进行。

在以下地点应该装设的遮拦和悬挂的标示牌。

1）在一经合闸即可送电到工作地点的断路器和隔离开关的操作把手上，均应悬挂"禁止合闸，有人工作！"的标示牌。如果线路上有人工作，应在线路断路器和隔离开关操作把手上悬挂"禁止合闸，线路有人工作！"的标示牌。

2）对由于设备原因，接地刀闸与检修设备之间连有断路器，接地刀闸和断路器合上后，在断路器操作把手上，应悬挂"禁止分闸！"的标示牌。

3）在显示屏上进行操作的断路器和隔离开关的操作处均应相应设置"禁止合闸，有人工作！"或"禁止合闸，线路有人工作！"以及"禁止分闸！"的标记。

4）部分停电的工作，安全距离小于表5-8规定距离以内的未停电设备，应装设临时遮栏，临时遮栏与带电部分的距离，不得小于表5-9的规定数值，临时遮栏可用干燥木材、橡胶或其他坚韧绝缘材料制成，装设应牢固，并悬挂"止步，高压危险！"的标示牌。

5）35kV及以下设备的临时遮栏，如因工作特殊需要，可用绝缘挡板与带电部分直接接触。但此种挡板应具有高度的绝缘性能。

6）在室内高压设备上工作，应在工作地点两旁及对面运行设备间隔的遮栏（围栏）上并在禁止通行的过道遮栏（围栏）上悬挂"止步，高压危险！"的标示牌。

7）高压开关柜内手车开关拉出后，隔离带电部位的挡板封闭后禁止开启，并设置"止步，高压危险！"的标示牌。

8）在室外高压设备上工作，应在工作地点四周装设围栏，其出入口要围至临近道路旁边，并设有"从此进出！"的标示牌。工作地点四周围栏上悬挂适当数量的"止步，高压危险！"标示牌，标示牌应朝向围栏里面。若室外配电装置的大部分设备停电，只有个别地点保留有带电设备而其他设备无触及带电导体的可能时，可以在带电设备四周装设全封闭围栏，围栏上悬挂适当数量的"止步，高压危险！"标示牌，标示牌应朝向围栏外面。

9）在工作地点设置"在此工作！"的标示牌。

10）在室外构架上工作，则应在工作地点邻近带电部分的横梁上，悬挂"止步，高压危险！"的标示牌。在工作人员上下铁架或梯子上，应悬挂"从此上下！"的标示牌。在邻近其他可能误登的带电架构上，应悬挂"禁止攀登，高压危险！"的标示牌。

部分停电的工作，安全距离小于规定距离以内的未停电设备，应装设遮栏或围栏，将施工部分与其他带电部分明显隔离开。

禁止工作人员在工作中移动、越过或拆除遮栏进行工作。

5.4 电气防误操作闭锁装置

防误闭锁装置的作用是防止误操作，凡有可能引起误操作的高压电气设备，均应装设防误闭锁装置。防误闭锁装置应实现以下功能（简称为五防）：防止误分、合断路器；防止带负荷拉、合隔离开关；防止带电挂（合）地线（接地刀闸）；防止带地线（接地刀闸）合断路器（隔离开关）；防止误入带电间隔。

变电站常用的防误闭锁装置有机械闭锁、电气闭锁、电磁闭锁、程序锁和微机闭锁等。

1. 机械闭锁

机械闭锁是靠机械结构制约而达到闭锁目的的一种闭锁装置。

机械闭锁示意图如图5-12所示，当开关处于合闸状态时，CD机构的1电动操作机构的脱扣连杆通过2杠杆传动到7转轴，从而将3联锁把手顶住，使得连锁把手不能转动，刀闸的5定位销不能拔出，这样，刀闸被5定位销锁住不能进行操作。

机械闭锁只能在隔离开关与本处的接地开关或者是在断路器与本处的隔离开关间实现闭锁，如果与其他断路器或其他隔离开关实现闭锁，使用机械闭锁就难以实现。为了解决这一问题，常采用电磁闭锁和电气闭锁。

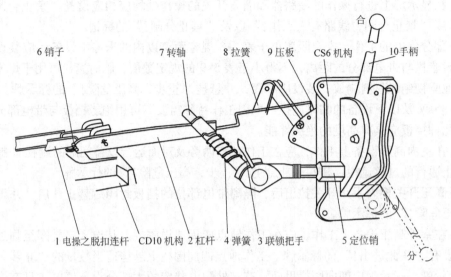

图 5-12　机械闭锁示意图

2. 电气闭锁

电气闭锁是利用断路器、隔离开关的辅助触头，接通或断开电气操作电源，从而达到闭锁目的的一种闭锁装置，普遍应用于断路器与隔离开关、电动隔离开关与电动接地开关闭锁上。

断路器与串联使用的隔离手车电器连锁控制原理参考图如图 5-13 所示，隔离手车行程开关（11LX）与被联锁的 1QF 断路器合闸回路串联，此时进行手动合闸 1KK 接点接通，合闸回路被接通的，该断路器才能合闸，当隔离手车离开工作或实验位置，碰块即脱离行程开关（即 11LX 复位），合闸回路被切断，同时分闸回路被接通，该断路器立即分闸且不能被再合闸。

3. 电磁闭锁

电磁闭锁是利用断路器、隔离开关、设备网门等设备的辅助触点，接通或断开隔离开关、设备网门的电磁锁电源，从而达到闭锁目的的一种闭锁装置。

如图 5-14 所示，当有关断路器（1QF、2QF、3QF）处于合闸状态的，装于隔离手车操作手柄上的电磁锁（DS）回路将被反映有关断路器位置的辅助开关（QF）的常闭接点所切断，电磁锁（DS）线圈失去电源，电磁锁轴销紧锁在 CS6 机构的锁孔内，如图 5-12 所示，从而保证了处于工作或实验位置的隔离手车不能被拉动。

4. 程序锁

电气防误程序锁（以下简称为程序锁）具有"五防"功能，程序锁的锁位与电气设备的实际位置一致，控制开关、断路器、隔离开关利用钥匙随操作程序传递或置换而达到先后开锁操作的目的。

图 5-15 所示为 JSN（W）1 系列防误机械程序锁，是一种高压开关设备专用机械锁。该锁强制运行人员按照既定的安全操作程序，对电器设备进行操作，从而避免了电器设备的误操作，较为完善的达到了"五防"要求。使用过程中设有可以开启任何锁具的总钥匙，以备在设备出厂、调试或设备投入运行后的带电工作等非程序操作中使用。

JSN（W）1 系列防误机械程序锁可以作为控制开关锁取代原控制开关面板和把手，将程序

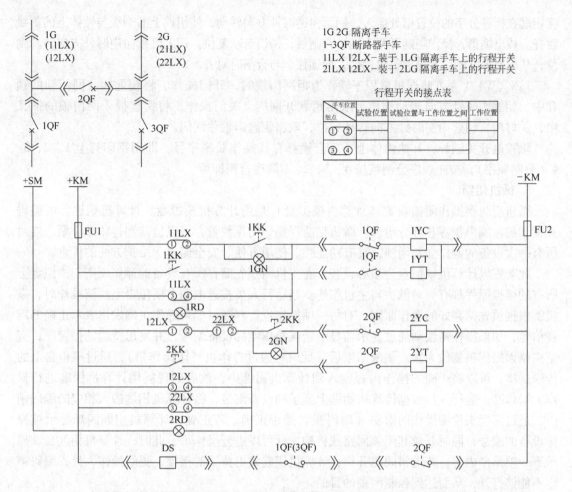

行程开关的接点表

手车位置 触点	试验位置	试验位置与工作位置之间	工作位置
① ②			
③ ④			

图 5-13 断路器与串联使用的隔离手车电气连锁控制原理参考图 (GBC-40.5 手车式高压开关柜)

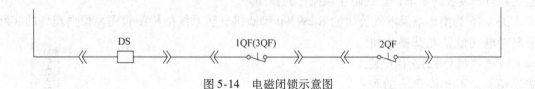

图 5-14 电磁闭锁示意图

钥匙插入锁具面板下部的孔中，然后插上红牌顺时针方向转动把手进行合闸操作，换绿牌逆时针方向转动把手进行分闸操作，在预分位置时，程序钥匙不取出，该锁有紧急解锁装置（白牌）。

JSN（W）1 系列防误机械程序锁也可以作为刀闸锁，分闸时：将钥匙在标有合字的位置槽处插入，钥匙向顺时针方向转动，使钥匙上的刻线对齐。拔出锁销，操作隔离开关手柄。分闸后，锁销自动复位，钥匙继续向顺时针方向转动到位，从标有分字的位置槽中取出钥匙，即锁住，与分闸时对齐。合闸时，

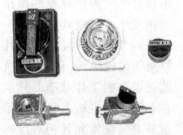

图 5-15 JSN（W）1 系列
防误机械程序锁

143

将钥匙在标有分字的位置槽处插入，钥匙向逆时针方向转动，使钥匙上的刻线与锁体上的刻线对齐。拔出锁销，操作隔离开关手柄。合闸后，锁销自动复位，钥匙继续向逆时针方向转动到位，从标有合字的位置槽中拔出钥匙，即锁住。与合闸时对齐。

JSN（W）1 系列防误机械程序锁作为柜网门锁时，开门操作，将钥匙插入网门锁的锁孔中，钥匙顺时针方向转动到位，取出钥匙开网门。关门操作，将钥匙插入网门锁的锁孔中，关好门，钥匙向逆时针方向转动到位，取出钥匙即锁住网门。

除控制开关锁外，其他锁体上，每套锁都有其操作顺序序号。即用钢印打上 1、2、3、4（分闸顺序），按此顺序分闸或按 4、3、2、1 顺序合闸即可。

5. 微机闭锁

微机型防误操作闭锁装置（计算机模拟盘）是由计算机模拟盘、计算机钥匙、电编码开锁和机械编码锁等几部分组成。微机型防误操作闭锁装置，可以检验和打印操作票，能对所有一次设备的操作强制闭锁，具有功能强、使用方便、安全简单、维护方便的优点。

此装置以计算机模拟盘为核心设备，在主机内预先储存所有设备的操作原则，模拟盘上所有的模拟原件都有一对触头与主机相连。当运行人员接通电源在模拟盘上预演操作时，微机就根据预先储存好的操作原则，对每一项操作进行判断，如果操作正确发出表示正确的声音信号，如果操作错误则通过显示器显示错误操作项的设备编号，并发出持续的报警声，直至将错误操作项复位为止。预演结束后（此时可通过打印机打印操作票），通过模拟盘上的传输插座，可以将正确的操作内容输入到计算机钥匙中，然后到现场用计算机钥匙进行操作。操作时，运行人员根据计算机钥匙上显示的设备编号，将计算机钥匙插入相应的编码锁内，通过其探头检测操作的对象（编码锁）是否正确。若正确，计算机钥匙闪烁显示被操作设备的编号，同时开放其闭锁回路或机构，就可以进行操作了，此时，计算机钥匙自动显示下一项操作内容。若走错间隔开锁，计算机钥匙发出持续的报警，提醒操作人员，编码锁也不能够打开，从而达到强制闭锁的目的。

使用计算机模拟盘闭锁装置，必须保证模拟盘与现场设备的实际位置完全一致，这样才能达到防误装置的要求，起到防止误操作的作用。

图 5-16 为南瑞继保电气公司的 RCS9200 型微机五防系统结构配置图。根据现场的实际情况对电气设备在其操作机构上或电气操作回路中安装防误锁具，不允许非法的和不符合电气操作规程的操作动作发生。该锁具有其唯一的编码序号，并且可以向计算机钥匙提供编码信号和所监视设备的工作状态。其次在系统后台主机上将一次系统的电气设备和其相对应的锁具编号通过数据库关联起来，在进行电气设备的操作之前主机通过采集 RTU 或综

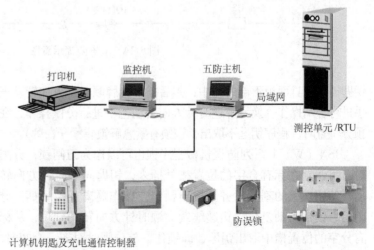

图 5-16　RCS9200 型微机五防系统结构配置图

合自动化的实时遥信信息，以及原先计算机钥匙返送的一次设备信息，使主机的五防图与现场电气设备的实际状态保持一致。在这个基础之上操作人员根据操作任务的要求在五防图上模拟操作过程，RCS9200 五防机的运行界面如图 5-17 所示，主机软件自动利用规则库检验每一步骤操作的合理性，如果违反操作规程，主机立即报警，如果符合操作规程则生成一步操作票。每步有效操作票的内容（不含提示性操作）有动作形式、操作对象、操作结果、锁的编号或其他提示性的内容。在模拟结束后自动生成完整的操作票供查阅、打印。然后传送给计算机钥匙。操作人员用下载了操作票的计算机钥匙，到现场按照它的各种文字提示按正确顺序和锁号打开锁具，然后再将相应的设备操作到所要求的位置，检查电气设备的最终位置满足操作任务的要求时才能进入下步操作，直至完成整个操作任务。

　　五防闭锁操作流程如图 5-18 所示。

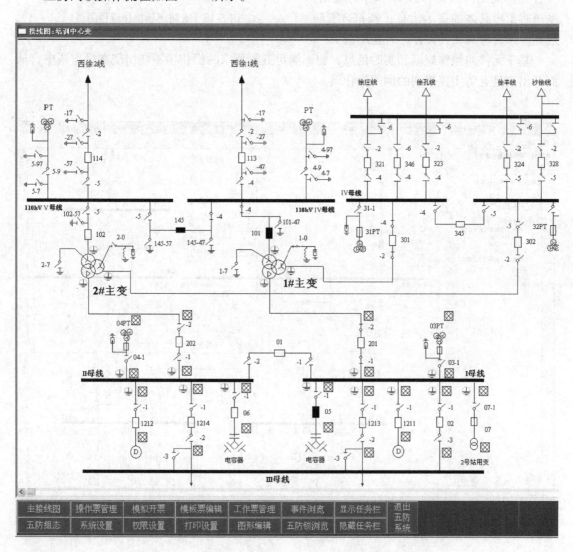

图 5-17　RCS9200 五防机的运行界面

　　五防闭锁操作过程分为两步：操作票预演生成和实际闭锁操作。

操作票预演生成，RCS9200 五防模拟开票界面如图 5-19 所示。《电力系统安全运行规程》中明确规定：电气倒闸操作时必须填写倒闸操作票，并进行操作预演。正确无误后，操作人在监护人的监护下严格按所开的倒闸操作票操作。开出符合五防闭锁规则的倒闸操作票是防误操作的基础。

RCS9200 五防系统事先将系统参数、元件操作规则、电气防误操作接线图（简称为五防图）存入五防主机中，当操作人员在五防图上进行操作预演时，系统会根据当前实际运行状态检验其预演操作是否符合五防规则。若操作违背了五防规则，系统将给出具体的提示信息；若符合五防规则，系统将确认其操作，直至结束。

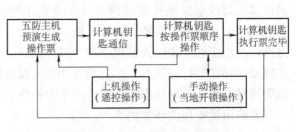

图 5-18　五防闭锁操作流程图

基于元件的操作规则和实时信息，使不满足五防要求的操作项不能出现在操作票中，从而开出满足五防闭锁规则的倒闸操作票。

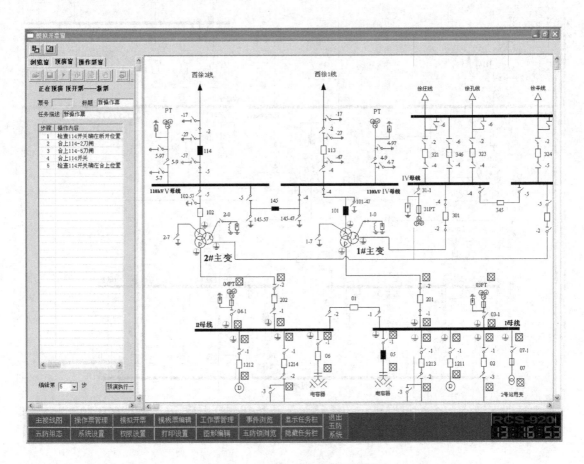

图 5-19　RCS9200 五防模拟开票界面

实际闭锁操作：五防主机将校验过的合格操作票通过串行口传送给计算机钥匙，全部实

146

际操作将被强制严格按照预演生成的操作票步骤进行。

现场操作时，需用计算机钥匙去开编码锁，只有当编码锁与计算机钥匙中的执行票对应的锁号与锁类型完全一致时，才能开锁，进行操作。计算机钥匙具有状态检测功能，只有当真正进行了所要求的操作，钥匙才确认此项操作完毕，可以进行下一项操作。这样就将操作票与现场实际操作一一对应起来，杜绝了误走间隔、空操作事故的发生，保证了现场操作的正确性。

操作人员在操作到应该上机操作或现场操作完毕时，计算机钥匙将向五防主机汇报操作情况。五防主机根据计算机钥匙上送的操作报文，结合正执行的操作票，判断是否该进行上机遥控操作。若是，在五防主机上执行操作票项所对应设备的指定遥控操作（选错操作元件将被禁止遥控，同时要求遥控输入的操作人和监护人名称密码与操作票生成时一致，防止误分合断路器的事件发生）。遥控操作完毕且实时遥信状态返回正确后，才可进行下一步操作。

在遥控之后还需计算机钥匙进行现场开锁时，五防主机将当前操作步骤传给计算机钥匙，再进行计算机钥匙的操作。如此反复，直到整个操作结束。

可以看出，整个实际操作过程均在五防主机、计算机钥匙和编码锁的严格闭锁下，强制操作人员按照所开的经过校验合格的操作票进行，从而达到软、硬件全方位的防误闭锁操作。

5.5　技能训练

5.5.1　验电、挂接地线

1. 训练目的

1）掌握常用安全用具的检查方法。

2）学会正确使用高压验电器进行验电并对设备封挂接地线。

2. 训练内容

（1）准备工作

1）穿戴好劳保服装。

2）检查绝缘手套有效期、外观和气密性。

3）检查绝缘靴有效期、外观和磨损程度。

4）选择符合该系统电压等级的验电器，检查有效期、外观并做试验。

5）检查接地线。

（2）验电

使用高压验电器时，应二人进行，一人监护、一人操作，操作人必须戴符合耐压等级的绝缘手套，必须握在绝缘棒护环以下的握手部分，绝不能超过护环。

验电前应先在有电设备上验电，确认验电器有效后方可使用。

验电时，操作人的身体各部位应与带电体保持足够的安全距离。当验电器的金属接触电极逐渐靠近被测设备，一旦验电器发出声光信号，即说明该设备有电。此时应立即将金属接触电极离开被测设备，以保证验电器的使用寿命。

在停电设备上验电时，必须在设备进出线两侧（如断路器的两侧、变压器的高低压侧等）以及需要短路接地的部位，各相分别验电，以防可能出现一侧或其中一相带电而未被发现。

（3）挂地线

当验明设备无电后，应立即三相短路并接地。操作时，先接接地端，接触必须牢固，然后在检修设备所规定的位置接地。在设备上接地时，应先接靠近人体那相，然后再接其他两相，接地线不要触及人身。拆除接地线时顺序相反。所挂接地线应与带电设备保持安全距离。

5.5.2　倒闸操作

1. 训练目的

1）请根据图 5-7 所示的一次系统图，按照下列操作任务正确填写电气倒闸操作票。

①1#主变由运行转检修。②1#主变由检修转运行。③孔四站 1010 线路由运行转检修。④孔四站 1010 线路由检修转运行。⑤注水 1 站 1013 开关由运行转检修（要求线路不停电由旁路 02 开关代路）。⑥注水 1 站 1013 开关由检修转运行。

2）掌握进行倒闸操作步骤。

3）掌握正确操作隔离开关、断路器的动作要领。

2. 训练内容

1）准备工作。

穿戴好劳保服装；检查绝缘手套有效期、外观和气密性；检查绝缘靴有效期、外观和磨损程度。

2）隔离开关操作动作要领。

①拉合隔离开关前必须查明有关断路器和隔离开关的实际位置，隔离开关操作后应查明实际分合位置。②手动合上隔离开关时，必须迅速果断。在隔离开关快合到底时，不能用力过猛，以免损坏支持绝缘子。当合到底时发现有弧光或为误合时，不准再将隔离开关拉开，以免由于误操作而发生带负荷拉隔离开关，扩大事故。③手动拉开隔离开关时，应慢而谨慎。如触头刚分离时发生弧光应迅速合上并停止操作，立即检查是否为误操作而引起电弧。值班人员在操作隔离开关前，应先判断拉开该隔离开关是否会产生弧光（切断环流、充电电流时也会产生弧光）、在确保不发生差错的前提下，对于会产生的弧光的操作则应快而果断，尽快使电弧熄灭，以免烧坏触头。④装有电磁闭锁的隔离开关当闭锁失灵时，应严格遵守防误装置解锁规定，认真检查设备的实际位置，在得到当班调度员同意后，方可解除闭锁进行操作。⑤电动操作的隔离开关如遇电动失灵，应查明原因和与该隔离开关有闭锁关系的所有断路器、隔离开关、接地开关的实际位置，正确无误才可拉开隔离开关操作电源而进行手动操作。⑥隔离开关操作机构的定位销操作后一定要销牢，以免滑脱发生事故。⑦隔离开关操作后，检查操作应良好，合闸时三相同期且接触良好；分闸时判断断口张开角度或闸刀拉开距离应符合要求。

隔离开关合闸不到位：主要是检修调试时未调试好或隔离开关操作机构有卡涩现象等原因而引起的。可重新合一次闸，如无效，可用绝缘棒推入。若为电动操作机构的，可用手柄按隔离开关合上方向摇上，但不能用力过猛，以免机构断裂。必要时可申请检修。

3）断路器操作动作要领。

①用控制开关拉合断路器，不要用力过猛，以免损坏控制开关。操作时不要返回太快，

以免断路器合不上或拉不开。②设备停电操作前，对终端线路应先检查负荷是否为零。对并列运行的线路，在一条线路停电前应考虑有关整定值的调整，注意在该线路拉开后另一线路是否过负荷。如有疑问应问清调度后再操作。断路器合闸前必须检查有关继电保护是否已按规定投入。③断路器操作后，应检查与其相关的信号，如红、绿灯的变化，测量表计的指示。装有三相电流表的设备，应检查三相表计，并到现场检查断路器的机械位置以判断断路器分合的正确性，避免由于断路器假分假合造成误操作事故。④操作主变压器断路器停电时，应先拉开负荷侧后拉开电源侧，复电时顺序相反。⑤如装有母差保护，当断路器检修或二次回路工作后，断路器投入运行前应先停用母差保护再合上断路器，充电正常后才能用上母差保护（有负荷电流时必须测量母差不平衡电流并应为正常）。⑥断路器出现非全相合闸时，首先要恢复其全相运行（一般两相合上一相合不上，应再合一次，如仍合不上则将合上的两相拉开；如一相合上两相合不上，则将合上的一相拉开），然后再作其他处理。⑦断路器出现非全相分闸时，应立即设法将未分闸相拉开，如仍拉不开应利用母联或旁路进行倒换操作，之后通过隔离开关将故障断路器隔离。⑧对于储能机构的断路器，检修前必须将能量释放，以免检修时引起人员伤亡。检修后的断路器必须放在分开位置上，以免送电时造成带负荷合隔离开关的误操作事故。⑨断路器累计分闸或切断故障电流次数（或规定切断故障电流累计值）达到规定时，应停电检修。还要特别注意当断路器跳闸次数只剩有一次时，应停用重合闸，以免故障重合时造成跳闸引起断路器损坏。

4）倒闸操作的程序。

①接令：倒闸操作必须根据调度人员的命令进行，接受操作命令应由值长接令，接令时应双方互通姓名，接受操作命令人员应根据调度命令做好记录，同时应使用录音机做好录音，记录好后对调度人员进行复诵。如有疑问应及时向调度人员提出，对于有计划的复杂操作和大型操作应在操作前一天下达操作命令，以便操作人员提前做好准备。②宣布命令：值长接令后应对当值值班员宣布操作命令，并指定操作人和监护人，并由操作人填写操作票。原则上值长一般不担任监护人，只有在复杂的大型操作中才担任监护人。③填写操作票：填写操作票由操作人进行填写，在填写中应使用统一的操作术语。操作票每页错误不得超过三个字，并在修改处应加盖名章，名章应清晰。对于关键的字不得修改（如拉开、合上等）。每个设备编号只有一个。④操作票的审核：操作票填好后应由操作人进行检查，无误后再由监护人和变电站正值长进行审核，检查后再由电力调度或所长进行最终审核。审核后在操作票的最后一行加盖"以下空白"章。⑤模拟操作：操作人、监护人应先在模拟图上按照操作票所列操作顺序进行预演。审核后的操作票，由操作人和监护人在模拟图上进行模拟操作，模拟操作时由监护人唱票，操作人复诵，操作人在指定操作的设备模拟开关或隔离开关的拉合方向，监护人在操作人对所要操作的设备复诵和拉合方向正确后下达"对，可以操作"的命令，操作人方可将所要操作的开关或隔离开关转换到指定的位置上，这项操作后监护人对模拟操作的内容检查无误后，在模拟项上画一对号（√）进行确定，直到操作票的所有项模拟操作完毕。在对操作票模拟操作确认无误后操作人、监护人、值班负责人分别在操作票上签名。⑥电力调度下复令：在正式操作前电力调度员发布操作任务和命令。⑦操作监护：每操作一项监护人按照操作票上顺序高声唱票，操作人在听到监护人的操作命令时眼看铭牌，核对监护人所发命令的正确性。操作人认为监护人命令发布正确后用手指铭牌，逐字高声复诵并做操作手势，复诵完毕后手指指向要操作设备。监护人在看到、听到操作人

复诵正确，应发出"对，可以操作"的命令。操作人在听到该命令后，方可进行实际操作。⑧每操作一项后应由监护人用红笔勾项，操作人也需看清勾项步骤和内容。勾项时不得先勾项后操作，操作人和监护人应现场检查操作的正确性，然后监护人在操作完的项目上打"√"。⑨最后一项操作完毕后，操作人和监护人应在现场复查操作票上全部操作项目的正确性。监护人在操作票上填写操作结束时间，并向电力调度人员汇报。

5.6 习题

1. 变配电站常用的绝缘安全用具有哪些？

2. 停电操作过程中，为什么要先拉开断路器再拉开隔离开关？为什么先拉开负荷侧刀闸再拉电源侧刀闸？

3. 在电气设备上工作保证安全的组织措施和技术措施包括哪些内容？

4. 变配电站操作中的"五防"指哪些内容？

5. 电气防误操作闭锁装置包括哪几类？

第6章 变电站的防雷保护与接地

6.1 大气过电压的基本形式

雷云对大地的放电，将产生有很大破坏作用的大气过电压，其基本形式有3种：

1）直击雷过电压（直击雷）。雷云直接击中房屋、杆塔、电力装置等物体时，强大的雷电流经过该物体的阻抗泄入大地，在该物体上产生较高的电压降，称为直击雷过电压。雷电流通过被击物体时，将产生有破坏作用的热效应和机械效应。

2）感应过电压（感应雷）。当雷云在架空导线（或其他物体）上方时，由于静电感应，在架空导线上积聚了大量异性束缚电荷，架空线路上的静电感应过电压如图6-1所示。在雷云向大地等处由先导放电发展为主放电阶段而对大地放电时，线路上的电荷被释放，形成自由电荷流向线路两端，产生很高的过电压（高压线路可达几十万伏，低压线路达几万伏），将对电力网络造成危害。这种过电压，就是对电力装置有危害的静电感应过电压。

3）侵入波（行波）过电压。架空线路遭受直接雷击或感应雷而产生的高电位雷电波，可能沿架空线路侵入变电站（配电站）而造成危险。这种波称为侵入波。据统计，这种雷电侵入波占电力系统雷害事故的50%以上。因此，对其防护问题应相当重视。

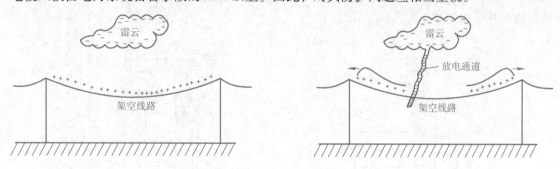

图6-1 架空线路上的静电感应过电压

6.2 避雷针、避雷线和避雷器

6.2.1 避雷针和避雷线的结构

避雷针和避雷线是防止雷击的有效措施。避雷针作用是吸引雷电，并将其安全导入大地，从而保护附近的建筑和设备免受雷击。

避雷针由接闪器、引下线和接地体3部分组成。独立避雷针还需要支持物，支持物可以是混凝土杆、木杆，也可以由角钢、圆钢焊接而成。

接闪器是避雷针最重要的组成部分，是专门用来接受雷云放电的，可采用直径为10~20mm，长为1~2m的圆钢，或采用直径不小于25mm的镀锌金属管。

引下线是接闪器与接地体之间的连接线，它将接闪器上的雷电流安全引入接地体，所以应保证雷电流通过时不致熔化，引下线一般采用直径为8mm的圆钢或截面面积不小于25mm²的镀锌钢绞线。如果避雷针的本体采用铁管或铁塔形式，则可以利用其本体做引下线，还可以利用钢筋混凝土杆的钢筋作引下线。

接地体是避雷针的地下部分，其作用是将雷电流直接泄入大地。接地体埋设深度不应小于0.6m，垂直接地体的长度不应小于2.5m，垂直接地体之间的距离一般不小于5m。接地体一般采用直径为19mm的镀锌圆钢。

引下线与接闪器及接地体之间，以及引下线本身接头，都要可靠连接。连接处不能用绞合的方法，必须用烧焊或线夹、螺钉。

避雷线主要用来保护架空线路。它由悬挂在空中的接地导线，接地引下线和接地体组成。

6.2.2 避雷器的结构原理

避雷器是防止雷电波侵入的主要保护设备，与被保护设备并联。当雷电冲击波侵入时，避雷器能及时放电，并将雷电波导入地中，使电气设备免遭雷击。而过电压消失后，避雷器又能自动恢复到初始状态。同时避雷器还能保护操作过电压。常见的避雷器有阀形避雷器、管形避雷器、保护间隙避雷器和金属氧化物避雷器。目前，新建变电站广泛使用氧化锌避雷器。

1）阀形避雷器。阀形避雷器是由装在密封瓷套管中的火花间隙和阀片（非线性电阻）串联组成的。在瓷套管的上端有接线端子，下端通过接地引下线与接地体相连，阀形避雷器的结构和外形如图6-2所示。

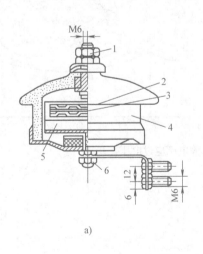
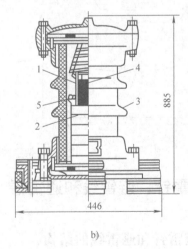

a)   b)

图6-2 阀形避雷器的结构

a）FS-0.38型 1—上接线端子 2—火花间隙 3—云母片 4—瓷套管 5—阀片 6—下接线端

b）FZ-10型 1—火花间隙 2—阀片 3—瓷套管 4—云母片 5—分路电阻

阀片的电阻不是常数，过电压时，阀片电阻变得很小，因而在通过较大雷电流时，不会

152

使残压 U_v（阀形避雷器火花间隙击穿后，雷电流在阀片上产生的电压降为残压）过高；雷电流过后，线路恢复为正常工频电压时，阀片电阻很大，限制了较小的工频续流，有利于火花间隙切断工频续流，使避雷器和电网恢复正常的运行状态。阀片最大通流能力达 30 ~ 40kA。阀片的数目是随网络额定电压的高低变化的。

阀形避雷器主要分为普通型和磁吹型两大类。普通型分 FS 和 FZ 两种；磁吹型分 FCD 和 FCZ 两种。

阀形避雷器的型号中的符号含义如下：F 表示阀形；S 表示线路用；Z 表示电站用；D 表示保护电动机用；C 表示磁吹型，字母后的数字表示避雷器的额定电压。

FS 系列阀形避雷器阀片直径小，火花间隙无分路电阻（均压电阻），通流容量较小，一般用来保护小容量配电装置，在 10kV 及以下小型工厂的配电系统中，广泛用于变压器及电气设备的保护。FZ 系列阀形避雷器的阀片直径较大，火花间隙有均压电阻，通流容量较大，残压 U_v 和冲击放电电压（在大气过电压的作用下，避雷器的动作电压）都比 FS 型避雷器小，因此，通常用于 35kV 及以上大、中型工厂的总降压变电站的电气设备的保护。磁吹型避雷器的 FCD 系列由于冲击放电电压和残压均低于同级电压的其他型避雷器，常用于旋转类电动机的保护；FCZ 系列因阀片的直径较大，通流容量也大，常用于变电站的高压电气设备的保护。

2）管形避雷器（又称为排气式避雷器 FE）。管形避雷器由产气管、内部间隙和外部间隙 3 部分组成。而产气管由纤维、有机玻璃或塑料组成。它是一种灭弧能力很强的保护间隙。管形避雷器结构示意图如图 6-3 所示。

当沿线侵入的雷电波的电压幅值超过管形避雷器的击穿电压值时，内外火花间隙同时放电，内部火花间隙的放电电弧使管内温度迅速升高，管内壁的纤维材料分解出大量高压气体，由环形电极端面的管口 5 喷出，形成强烈纵吹，使电弧在电流第一次过零时就熄灭。这时外部间隙中空气的介质强度迅速恢复，使管形避雷器与供电系统隔离。熄弧过程仅为 0.01s。管形避雷器主要用于变电站进线线路的过电压保护。

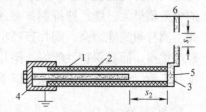

图 6-3　管形避雷器结构示意图
1—产气管　2—棒形电极　3—环形电极
4—接地支座　5—管口　6—线路
s_1—外间隙　s_2—内间隙

3）保护间隙。保护间隙是最简单、经济的防雷设备。常见的 3 种角形保护间隙结构如图 6-4 所示。

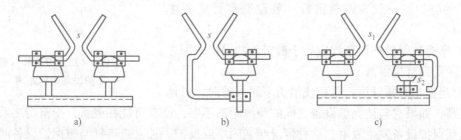

图 6-4　角形保护间隙结构图
a）双支持绝缘子单间隙　b）单支持绝缘子单间隙　c）双支持绝缘子双间隙
s—保护间隙　s_1—主间隙　s_2—辅助间隙

这种角形保护间隙又称为羊角避雷器。其中一个电极接于线路，另一个电极接地。当线路侵入雷电波引起过电压时，间隙击穿放电，将雷电流导入大地。为了防止间隙被外物（如鸟、兽等）短接而造成短路故障，通常在其接地引下线中还串接一个辅助间隙 s_2，如图6-4c 所示，这样即使主间隙被外物短接，也不致造成接地短路。

保护间隙保护性能差，灭弧能力弱，只用于室外且负荷不重要的线路上。

4）氧化锌避雷器。氧化锌避雷器由中间有孔的环形氧化锌阀片组成，孔中有一根有机绝缘棒，两端用螺栓紧固。内部元件装入瓷套内，上、下两端各用一个压紧弹簧压紧。瓷套两端法兰各有一个压力释放口，当避雷器内部发生故障时，可将内部高压力释放出来，以防瓷套爆炸。氧化锌避雷器如图6-5 所示。阀片具有较理想的伏安特性，当作用在氧化锌阀片上的电压超过某一值（此值称为动作电压）时，阀片将"导通"，而后在阀片的残压与流过其本身的电流基本无关。在工频电压下，阀片

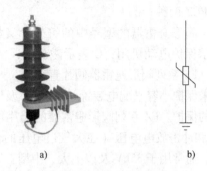

图6-5　氧化锌避雷器
a）实物图　b）氧化锌避雷器符号

的电阻值极大，能迅速抑制工频续流，因此可以不串联火花间隙来熄灭工频续流引起的电弧。阀片通流能力强，阀片直径小。金属氧化物避雷器具有无间隙、无续流、体积小和重量轻等优点，而且保护性能好，阀片的残压比阀型避雷器的低。由于雷电流通过氧化锌避雷器没有工频续流的问题，因此可以承受多重雷击。

6.3　变配电站的防雷保护

6.3.1　变配电站的直击雷保护

变配电站内有很多电气设备（如变压器等）的绝缘性能远比电力线路的绝缘性能低，而且变配电站又是电网的枢纽，如果变配电站内发生雷害事故，将会造成很大损失，因此必须采用防雷措施。变配电站对直击雷的防护，一般装设避雷针，装设避雷针应考虑两个原则。

1）所有被保护的设备均应处于避雷针的保护范围之内，以免受到直接雷击。

2）当雷击避雷针后，雷电流沿引下线入地时，对地

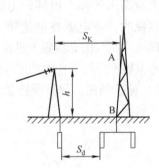

图6-6　独立避雷针与被保护设备间的距离

电位很高，如果它与被保护设备之间的绝缘距离不够，就有可能在避雷针受雷击之后，从避雷针至被保护设备发生放电，这种情况叫逆闪络或反击。独立避雷针与被保护设备间的距离如图6-6 所示，为防止反击，避雷针和被保护物之间应保持足够的安全距离 S_K，被保护物的外壳和避雷针的接地体在地中的距离 S_d 应分别满足下式的要求：

$$S_K > 0.3R_{Sh} + 0.1h \tag{6-1}$$

$$S_d > 0.3R_{Sh} \tag{6-2}$$

式中，R_{sh} 为避雷装置的冲击接地电阻（Ω）；h 为被保护设备的高度。

为了降低雷击避雷针时所造成的感应过电压的影响，在条件许可时，S_K 和 S_d 应尽量增大，一般情况下 S_K 不应小于 5m，S_d 不应小于 3m。避雷针的接地电阻不能太大，若太大，S_K 和 S_d 都将增大，从而使避雷针的高度也要增加，很不经济。因此一般土壤中的工频接地电阻不宜大于 10Ω。

变配电站内的避雷针分为独立避雷针和构架避雷针两种。独立避雷针和接地装置一般是独立的。构架避雷针是装设在构架上或厂房上的，其接地装置与构架或厂房的地相联，因而与电气设备的外壳也联在一起。

35kV 及以下配电装置的绝缘较弱，所以其构架或房顶上不宜装设避雷针，而需用独立的避雷针来保护。独立避雷针及其接地装置，不应装设在工作人员经常通行的地方，并应距离人行道路不小于 3m，否则要采取均压措施，或铺设厚度为 50～80mm 的沥青加碎石层。

60kV 及以上的配电装置，由于电气设备或母线的绝缘水平较强，不易造成反击，所以为降低造价便于布置，可将避雷针（线）装于架构或房顶上，成为架构避雷针（线）。

架构避雷针的接地利用变电站的主接地网，但应在其附近装设辅助集中接地装置，同时为了避免雷击避雷针时主接地网电位升高太多造成反击，应保证避雷针接地装置与接地网的连接点距离 35kV 及以下设备的接地线的入地点沿接地体中的距离大于 15m。由于变压器在变配电站中较为贵重，并且绝缘较弱，在其门型架上不得安装避雷针。任何架构避雷针的接地引下线入地点到变压器接地线的入地点，沿接地体地中距离不得小于 15m，以防止反击击穿变压器的低压绕组。

6.3.2 变配电站配电装置的过电压保护

为防止侵入变配电站的行波损坏电气设备，应从两方面采取保护措施：一是使用阀形避雷器；二是在与变配电站适当的距离内装设可靠的进线保护。

使用阀形避雷器后，可将侵入变配电站的雷电波通过避雷器放电限制在一定的数值内。变配电站中所有设备的绝缘都要受到阀形避雷器的可靠保护。变压器在变电站中是最贵重的设备，且其绝缘水平较低，故避雷器设置应尽量靠近变压器。为了对变压器有保护作用，避雷器伏秒特性的上限应低于变

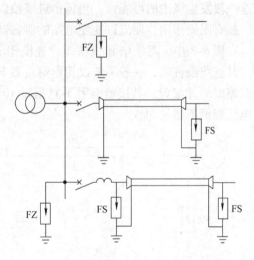

图 6-7　变配电站 3～10kV 侧的过电压保护

压器伏秒特性的下限。避雷器应安装在变配电站的母线上，在运行的任何情况下，变配电站均应受到避雷器的保护，各段母线上均应装设避雷器。变配电站 3～10kV 配电装置（包括电力变压器），应在每组母线和架空进线上装设阀形避雷器（分别采用 FZ 和 FS 型），并采用图 6-7 所示的变配电站 3～10kV 侧的过电压保护。母线上阀形避雷器与 3～10kV 主变压器的最大电气距离表 6-1 所示。

表 6-1　阀形避雷器与 3 ~ 10kV 主变压器的最大电气距离

雷季经常运行的进线路数	1	2	3	≥4
最大电气距离/m	15	20	25	30

为了可靠地保护电气设备，使用阀形避雷器必须考虑：侵入雷电流的幅值不能太高；侵入雷电流的陡度不能太大。为了限制当近处雷击时流过母线上避雷器 FZ 的雷电流，应在 3 ~ 10kV 的每路出线上装 FS 型阀形避雷器，使雷电流在此处分流一次。如变配电站的出线有电缆段，则此 FS 型避雷器应装在电缆头附近，其接地应和电缆金属外壳相联。如电缆段后面装有限流电抗器 L，它对雷电波的波阻抗很大，雷电波在传播的过程中效果等同于遇到了开路，使雷电流产生全反射，雷电压增加一倍。所以在 L 的前面还应装设一组 FS 型避雷器以保护电缆的末端和电抗器。

6.3.3　变配电站的进线保护

为了使变配电站内的阀形避雷器能可靠地保护变压器，必须设法使避雷器中流过的雷电流幅值 I 不超过 5kA。如果进线没有架设避雷线，那么当变配电站进线上遭雷击时，流过变配电站内的避雷器幅值可能超过 5kA，其陡度也会超过允许值。因此，这种架空线路靠近变配电站的一段进线上必须加装避雷线或避雷针。图 6-8 为 35 ~ 110kV 无避雷线线路的变配电站进线段的保护接线。进线段长度为 1 ~ 2km，其接地电阻应小于 10Ω。进线段的避雷线保护角 α，如图 6-9 所示，不宜超过 20°，最大不应超过 30°，以减少在这一段发生绕击的可能性。当雷击进线段以外的导线上时，由于导线的波阻抗和避雷器串联，故有限流作用，使流过变配电站的避雷器幅值不超过 5kA。

在图 6-8 中，对铁塔和铁横担、瓷横担的钢筋混凝土杆线路，以及全线有避雷线的线路，其进线段首端，一般不装设管形避雷器 FE1。只在对冲击绝缘水平较高的线路上（如木杆线路时）才装设，其接地电阻不宜超过 10Ω，目的是限制流过变配电站内阀形避雷器的雷电流幅值不超过 5kA。

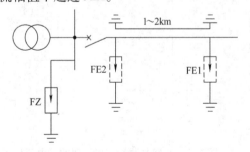

图 6-8　变配电站进线保护

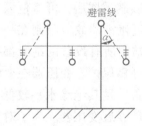

图 6-9　进线段的避雷线保护角 α

在雷季，如变配电站进线断路器或隔离开关可能经常断路运行，同时线路侧又带电，则必须在靠近隔离开关或断路器处装设一组管形避雷器 FE2。因为在这种情况下，当雷击线路时，雷电波沿线路传播到隔离开关或断路器断处产生反射而电压升高。这种过电压使断开处设备发生闪络，这样在线路侧带电的情况下，将会引起工频短路，将绝缘支座烧毁，威胁设备安全运行，故必须装设 FE2 加以保护。

FE2 外间隙值应整定在断路器断开时能可靠地保护隔离开关及断路器；而在闭路运行时不应动作。即处于站内阀形避雷器的保护范围内。

对于具有 35kV 以上电缆进线的变配电站，其进线段保护可采用图 6-10 所示的保护接线，在架空线路与电缆进线的连接处必须装设阀形避雷器，其接地线应与电缆金属外皮连接后共同接地，这样可利用电缆金属外皮的分流作用，使很大一部分雷电流沿电缆外皮流入大地，同时产生磁通，这个磁通全部与电缆芯线交链，结果芯线上感应出与外加电压相等、方向相反的电动势，这个电动势将阻止雷电流沿电缆芯线侵入变配电站中的配电装置，从而降低配电装置上的过电压幅值。

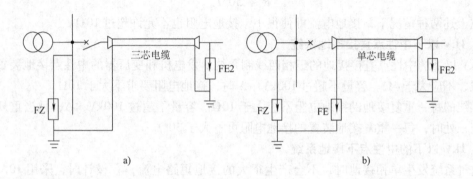

图 6-10　具有 35kV 及以上电缆段的变配电站的进线保护接线

对于三芯电缆，末端的金属外壳应直接接地，如图 6-10a 所示。

对于单芯电缆，应经保护间隙（FE）接地，如图 6-10b 所示。这样当雷电波浸入时，很高的过电压将保护间隙击穿，使雷电流泄入大地，从而降低过电压幅值。另外，在正常运行的情况下，由于保护间隙在低电压下有很高的电阻，相当于电缆金属外皮一端开路，工作电流不会在金属外皮上感应出环流，从而有效地阻止了由于环流造成烧损电缆金属外皮和由于环流发热而降低电缆的载流量等问题。

6.4　接地装置

6.4.1　接地电阻的要求

电气设备接地电阻的要求值，主要是根据电力系统中性点的运行方式、电压等级、设备容量，特别是根据允许的接触电压来确定的。其具体要求如下。

1. 电压在 1kV 及以上的大接地短路电流系统

这种情况下，单相接地就是单相短路，线路电压又很高，所以接地电流很大。因此，当发生接地故障时，在接地装置及其附近所产生的接触电压和跨步电压很高，要将其限制在很小的安全电压以下，实际上是不可能的。但是对于这样的系统，当发生单相接地短路时，继电保护立即动作，出现接地电压的时间极短，产生危险较少。对于这样的系统，规程允许接地网的对地电压升高不超过 2kV，因此，接地电阻规定为

$$R \leqslant 2000/I_{ck} \tag{6-3}$$

式中，R 为接地电阻（Ω）；I_{ck} 为计算用的接地短路电流（A）。

由上式可以看出，当接地电流 $I_{ck} = 4000\text{A}$ 时，接地装置的电阻应不大于 0.5Ω。当接地电流大于 4kA 时，规程规定接地装置的接地电阻在一年内任何季节均不超过 0.5Ω 即可。

2. 电压在 1kV 及以上的小接地短路电流系统

这种情况下，规程规定，接地电阻在一年内任何季节均不得超过以下数值：

1）高压和低压电气设备共用一套接地装置，则对地电压要求不超过 120V，因此

$$R \leqslant 120/I_{ck} \tag{6-4}$$

2）当接地装置仅用于高压电气设备时，要求对地电压不要超过 250V，这时

$$R \leqslant 250/I_{ck} \tag{6-5}$$

在上述两种情况下，接地电流即使很小，接地电阻也不允许超过 10Ω。

3. 1kV 以下中性点直接接地系统

1kV 以下的中性点直接接地的三相四线制系统，发电机和变压器的中性点接地装置的接地电阻，不应大于 4Ω。容量不超过 $100\text{kV} \cdot \text{A}$ 时，接地电阻要求不大于 10Ω。

零线的每一重复接地的接地电阻不应大于 10Ω。容量不超过 $100\text{kV} \cdot \text{A}$，且当重复接地点多于三处时，每一重复接地装置的接地电阻可不大于 30Ω。

4. 1kV 以下的中性点不接地系统

这种系统发生单相接地时，不会产生很大的接地短路电流，在设计时，采用 10A 作为计算值，把接地电阻规定为不大于 4Ω，亦即发生接地时的对地电压不超过 $10\text{A} \times 4\Omega = 40\text{V}$，这就保证小于 50V 的安全电压值。对于小容量的电气设备（1kW 及以下），由于其接地短路电流更小，故规定其接地电阻不大于 10Ω。

5. 降低接地电阻的方法

为了保证人身和设备的安全，需使接地装置的接地电阻满足规定的要求，为此，接地装置的接地体应尽可能埋设在土壤电阻率较低的土层内。如果变配电站和杆塔处的土壤电阻率很高，而附近有较低土壤电阻率的土层时，可以用接地线引至土壤电阻率较低的土层处再做集中接地，但引线不宜超过 60m。此外可考虑换土的方法，即在接地沟内换用土壤电阻率较低的土壤。

如果电阻率较低的土壤距离太远，不便于引线或换土，则可使用化学处理方法，即用土壤重量的 10% 左右的食盐，加木炭与土壤混合，或用长效网胶减阻剂与土壤混合。这样对降低接地电阻效果明显。

6.4.2 接地装置的铺设

1. 接地体的选用

（1）自然接地体

在敷设接地装置时，应首先利用自然接地体，以便节省施工费用。可以作为自然接地体的有：敷设在地下的各种金属管道（自来水管、下水管、热力管。液体燃料和爆炸性气体的金属管道除外）；建筑物与构筑物的基础等。

（2）人工接地体

为了避免腐烂，人工接地体应尽量选用钢材，一般常用角钢或钢管。角钢一般选用

40mm×40mm×5mm，或选用50mm×50mm×5mm两种规格；钢管一般选用直径为50mm，壁厚不小于3.5mm的钢管。在有腐蚀性的土壤中，应使用镀锌钢材或增大接地体的尺寸。

接地体按敷设方式可分为水平接地体和垂直接地体。水平接地体是用圆钢或扁钢水平铺设在地面以下的0.5~1m的坑内，其长度为5~20m为宜。垂直接地体是用角钢，圆钢或钢管垂直埋入地下，其长度一般不小于2.5m。接地体距离地面距离不得小于0.8m。

垂直接地体的间距，一般要求不小于5m。因为当多根接地体相互靠拢时，接地电流的散流将互相受到排挤，如图6-11所示。这种影响接地电流的散流的现象，称为屏蔽作用。由于这种屏蔽作用使接地装置的利用率下降。所以垂直接地体的间距不应小于接地体长度的两倍；水平接地体的间距，也不应小于5m。

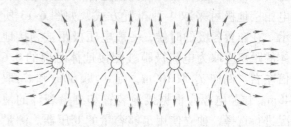

图6-11　接地体的电流屏蔽作用

埋设接地体时，应注意不要埋设在垃圾、炉渣和有强烈腐蚀土壤处，若遇有这些情况应换土。

2. 接地线的选用

埋入地中的各接地体必须用接地线将其互相连接构成接地网。接地线必须保证连接牢固，和接地体一样，除应尽量采用自然接地线外，一般选用扁钢或钢管作为人工接地线。接地线的截面面积除应满足热稳定的要求外，同时也应满足机械强度的要求。接地体和接地线的最小规格表6-2的规定。

表6-2　接地体和接地线的最小规格

种　类	规格及单位	地　上		地　下
		屋　内	屋　外	
圆钢	直径/mm	6	8	8/10
扁钢	截面面积/mm²	24	48	48
	厚度/mm	3	4	4
角钢	厚度/mm	2	2.5	4
钢管	管壁厚度/mm	2.5	2.5	3.5/2.5

注：架空线路杆塔的接地极引出线，其截面面积不应小于50mm²，并应热镀锌。

6.5　技能训练

6.5.1　测量接地电阻

1. 实训目的

1）掌握接地电阻的测量方法。

2）学会接地电阻表的使用和选择。

2. 实训内容

接地电阻的测量方法如下：

（1）电流—电压法

用电流—电压表测量接地电阻的试验接线，如图6-12所示，电流极B和电压极Z为两个辅助接地极。

测量不同接地装置的接地电阻，电极的布置也不一样。一般来说，被测接地体、辅助电流和电压接地极可采取4种布置方式，如图6-13所示。在布置各极的时候，一般电压极距被测接地体的距离应取为电流极距被测接地体距离的0.6倍左右。例如d_{13}取100m，则d_{12}取60m和d_{23}取40m。试验电源应根据接地装置和测量表计的情况进行选择，独立使用足够容量的变压器。测量大接地装置可选用30～50A的电流，测量单接地体装置选用10～20A的电流。连接时，应根据电流的大小选择有足够截面面积且有足够机械强度的绝缘导线。试验通电前，应检查导线的连接情况，导线连接处若有金属外露，应包扎绝缘，以

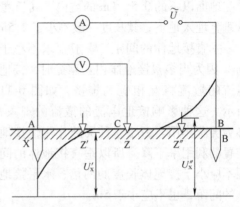

图6-12　电流—电压表法测量接地电阻接线图
X—被测接地极　Z—电压极　B—电流极　$\tilde{U}$—测量电源　A—交流电流表　V—交流电压表

防止人员触及和接地。进行试验时，通以适当的电流，用电压极前后移动变动测量位置，每次移动的距离为$d_{13}\times5\%$，测量3次，平均后求得接地电阻值。

一般对重要工程且接地电阻较小时，采用电流电压法较好；接地电阻偏大时，可采用专用仪器测量。

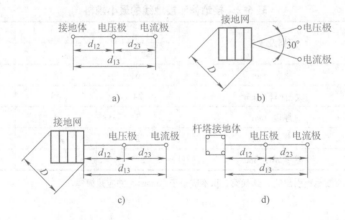

图6-13　电压接地极的4种布置方式

a）测量单接地电阻时的电极布置图　b）测量接地电网接地电阻时的电极布置图（三角形）
c）测量接地电网接地电阻时的电极布置图（直线型）　d）测量线路杆塔接地体接地电阻时的电极布置图

（2）ZC-8型接地电阻表

接地电阻测试仪又称为接地电阻表或接地绝缘电阻表，主要用于测量各种接地装置的接地电阻值，还可测量不超过其测量范围的低值电阻。有四个接线端钮的接地电阻表还可测量土壤电阻率。

ZC-8型接地电阻表由手摇交流发电机G、相敏整流放大器、电位器R_S、电流互感器

TA、检流计及量程档位转换开关组成，全部密封于铝合金铸造的外壳内。

仪表附件有辅助接地极探测针两只，测试导线 3 根，其长度分别为 5m、20m、40m。

ZC-8 型接地电阻表及其附件如图 6-14 所示。

ZC-8 型接地电阻表有三接线端钮和四接线端钮两种，如图 6-15 所示。三接线端钮的接地电阻表有 C、P、E 三个接线端钮，其量程档位开关的倍率分别为 ×1 档测量范围 0～10Ω，×10 档测量范围 0～100Ω，×100 档测量范围 0～1000Ω，在 ×1 档时最小分格值为 0.1Ω。

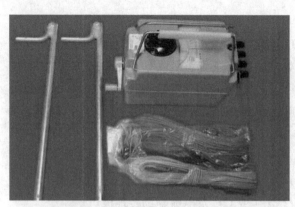

图 6-14　ZC-8 型接地电阻表及其附件

图 6-15　三接线端钮和四接线端钮 ZC-8 型接地电阻表

四接线端钮的接地电阻表有 C1、P1、P2、C2 4 个接线端钮，其量程挡位开关的倍率分别为 ×0.1 档测量范围 0～1Ω，×1 档测量范围 0～10Ω，×10 档测量范围 0～100Ω，在 ×0.1 档时最小分格值为 0.01Ω。在实际应用中，一般 P2、C2 用短路片连接，即相当于三接线端钮的 E。

可见，三接线端钮的仪表虽然测量的电阻值大，可达 1000Ω，但精度低；四接线端钮的仪表测量的电阻值小，但精度高。

测量时，仪表的接线端钮 E（或 P2、C2），与被测接地极连接，端钮 P（或 P1）与电位辅助接地探针连接，端钮 C（或 C1）与电流辅助接地探针连接；两个辅助接地探针分别在距被测接地极 20m 和 40m 的地方插入土壤中。

（3）接地电阻表使用前的检查和试验

1）检查仪表外观应完好无破损，量程档位开关应转动灵活，档位准确，标度盘应转动灵活。

2）将仪表水平放置，检查指针是否与仪表中心刻度线重合，若不重合应调整使其重合，以减小测量误差。此项调整相当于指示仪表的机械调零，在此为调整指针，使其与中心刻度线重合。

3）仪表的短路试验，目的是检查仪表的准确度，一般应在最小量程挡进行，方法是将仪表的接线端钮 C1、P1、P2、C2（或 C、P、E）用裸铜线短接，摇动仪表摇把后，指针向左偏转，此时边摇边调整标度盘旋钮，当指针与中心刻度线重合时，指针应指标度盘上的"0"，即指针、中心刻度线和标度盘上 0 刻度线，三位一体成直线。若指针与中心刻度线重合时未指 0，差一点或过一点，说明仪表本身就不准，测出的数值也不会准。

4）仪表的开路试验，目的是检查仪表的灵敏度，一般应在最大量程挡进行，方法是将仪表的 4 个接线端钮中 C1 和 P1、P2 和 C2 分别用裸铜线短接，3 个接线端钮只需将 C 和 P 短接，此时仪表为开路状态。进行开路试验时，只能轻轻转动摇把，此时指针向右偏转，在不同档位时，指针偏转角度也不一样，以倍率最小档（×0.1 档）偏转角度最大，灵敏度最高，×1 档次之，×10 档偏转角度最小。为了防止最小量程档（如 ×0.1 档）时因快速摇动摇把将仪表指针损坏，故仪表一般不作开路试验。另外，从手摇发电机绕组绝缘水平很低考虑，也不宜作开路试验。

（4）摇测前的准备工作

1）将与被测接地极连接的电气设备断开电源，并采取相应的安全技术措施。

2）拆开被测接地极与设备接地线连接处预留断开点（该处一般应为螺栓连接），并打磨干净以减小接触电阻。

3）准备好经检查合格的接地电阻表、测试线、辅助接地极（又称为探测针）和必要的电工工具、锤子等。

（5）正确接线

1）5m 测试线：接仪表 P2、C2（或 E）及被测接地极；20m 测试线：接仪表 P1（或 P）及电压辅助接地极；40m 测试线：接仪表 C1（或 C）及电流辅助接地极。

2）测量接地电阻接线示意图如图 6-16 所示。

3）电压及电流辅助接地极应插在距被测接地极同一方向 20m 和 40m 的地面上，一般用锤子向下砸，插入土壤中深度为探测针长度的 2/3。如仪表灵敏度过高时，可插得浅一些；如仪表灵敏度过低时，可插得深些或注水湿润。测试线端的鳄鱼夹子应夹在探测针上端的管口上，保证接触良好。

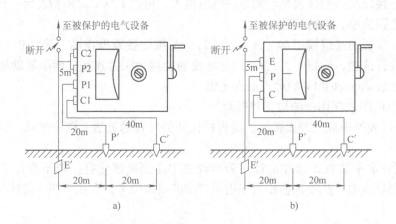

图 6-16　测量接地电阻接线示意图

a）四接线端钮　b）三接线端钮

E'—被测接地极　P'—电压辅助接地极　C'—电流辅助接地极

（6）正确摇测

1）应根据被测接地装置接地电阻值选好倍率档位，测量工作接地、保护接地、重复接地时，应选 ×1 档。

2）仪表应水平放置，并远离电场。

3）检查接线正确无误后，即可进行摇测，摇测时以 120r/min 的转速摇动摇把，边摇边调整标度盘旋钮，调整旋钮的方向应与指针偏转方向相反，直至调整到指针与中心刻度线重合为止。此时，指针所指标度盘上的数值乘以倍率即为实际测量值。

4）测量中如指针所指标度盘上的数值小于 1 时，应将挡位开关调到倍率较低的下一档上重新测量，以取得精确的测量结果。

（7）安全注意事项

1）不准带电测量接地装置的接地电阻。摇测前，必须将相关设备或线路的电源断开，并断开与被测接地极有关的连线后方可进行摇测。

2）测量接地电阻最好在春季（3～4 月份）或冬季（指南方），在这个季节气温偏低，降雨最少，土壤干燥，土壤电阻率最大。如果在这个季节测量接地电阻合格，就能确保其他季节中接地电阻都在合格值范围内。

3）雷雨季节，特别是阴雨天气时，不得测量避雷装置的接地电阻。

4）易燃易爆场所和有瓦斯爆炸危险的场所（如矿井中），应使用 ZC-18 型安全火花型接地电阻表。

5）测试线不应与高压架空线或地下金属管道平行，以防止干扰影响测量准确度。

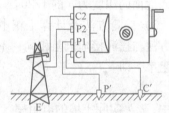

6）测试中应防止 P2、C2（或 E）与被测接地极断开的情况下（已形成开路状态）继续摇测。

7）使用四接线端钮 1～10～100Ω 规格的仪表，测量小于 1Ω 的电阻时，应将 P2、C2 接线端钮的联片打开，分别用导线连接到被测接地极上，以消除测量时连接导线电阻而产生的误差。测量小于 1Ω 电阻时的接线如图6-17所示。

图 6-17　测量小于 1Ω 电阻时的接线

（8）常用接地电阻最低合格值

1）电力系统中工作接地不得大于 4Ω；保护接地不得大于 4Ω；重复接地不得大于 10Ω。

2）防雷保护：独支避雷针不得大于 10Ω；配电站母线上阀形避雷器不得大于 5Ω；低压进户线绝缘子铁脚接地的接地电阻不得大于 30Ω；烟囱或水塔上避雷针不得大于 30Ω。

6.5.2　测量土壤的电阻率

1. 实训目的

1）学会土壤电阻率的测量。

2）掌握四接线端 ZC-8 型接地电阻测量仪的使用。

2. 实训内容

土壤电阻率又称为土壤电阻系数，就是 $1m^3$ 的土壤的电阻值，用 ρ 表示，单位是 $\Omega \cdot m$。不同的土壤在不同的季节的电阻率的变化范围，如表 6-3 所示。

表 6-3　不同土壤在不同季节的电阻率的变化范围　　　　　　　（单位:Ω·m）

土 壤 类 别	土壤电阻率近似值	不同情况下土壤电阻率的变化范围		
		较湿时 （一般地区、多雨区）	较干时 （少雨区、沙漠区）	地下含盐碱时
陶黏土	10	5～20	10～100	3～10
黏土	60	30～100	50～300	10～30
砂质黏土	100	30～300	80～1000	10～30
黄土	200	100～200	250	30
含砂黏土、砂土	300	100～1000	1000 以上	30～100
砂、砂砾	1000	250～1000	1000～2500	—

1）准备工作。具有四接线端钮的接地电阻表一只、辅助探测针 4 根、适当长度的测试线 4 根、必要的电工工具和锤子等。

2）正确接线，将仪表 P2、C2 的联片取下，按图 6-18 测量土壤电阻率使得接线。

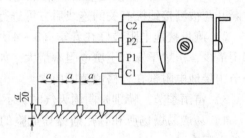

测量土壤电阻率时，应在被测区域沿直线砸入地面四根探测针，相互之间距离为 a，探测针插入地面的深度为 a 的 1/20。

图 6-18　测量土壤电阻率使得接线

3）摇测方法及计算土壤电阻率。具体的测量方法与摇测接地电阻相同，不同的是将测试值通过下式计算，才能得出被测区域平均土壤电阻率，即

$$\rho = 2\pi aR \qquad (6\text{-}6)$$

式中，ρ 为实际土壤的电阻率（Ω·m）；a 为四根探针之间的距离（m）；R 为接地电阻表的读数（Ω）。

6.6　习题

1. 大气过电压的形式有几种？
2. 简述避雷针和避雷线的作用和结构。
3. 避雷器的作用是什么？有几种类型？
4. 简述氧化锌避雷器的特点。
5. 变配电站对直击雷的防护采取何种措施？有什么原则？
6. 什么是反击？防止反击采取什么措施？
7. 防止侵入变配电站的行波损坏电气设备，应采取什么措施？
8. 画图说明变配电站进线段过电压保护应采取的方法，并说明保护元件的作用。
9. 接地的一般要求有哪些？
10. 简述电气装置中必须接地的部分。
11. 电气设备接地电阻值如何确定？

第7章　微机型继电保护与自动装置

7.1　继电保护的基本知识

电力系统在向负荷提供电能，保证用户生产和生活正常进行的同时，也可能由于各种原因出现一些故障，从而破坏系统的正常运行。电力系统中出现最多的故障形式是短路。短路是指不同电位的带电导体之间通过电弧或其他较小阻抗非正常地连接在一起。

造成短路的原因很多，主要有以下几个方面。

1）电气设备载流部分的绝缘件损坏，如设备长期运行，绝缘件自然老化；设备本身设计、安装和运行维护不良；绝缘强度不够而被正常电压击穿；设备绝缘件正常而被过电压（包括雷电过电压）击穿；设备绝缘件受到机械损伤而使绝缘能力下降等都可能造成短路，这是短路发生的主要原因。

2）气象条件恶化，如雷击过电压造成的闪络放电，风灾引起架空线路断线或导线覆冰引起电杆倒塌等。

3）人为过失，如运行人员带负荷误拉隔离开关，造成弧光短路；检修线路或设备时未拆除检修接地线就合闸供电，造成接地短路等。

4）其他原因，鸟兽跨越于裸露的相线之间或相线与接地物体之间，或者咬坏设备导线的绝缘，造成短路。

三相系统短路的基本形式有三相短路、两相短路、两相接地短路和单相短路，如图7-1所示。三相短路时，由于短路回路阻抗相等，因此三相电流和电压仍是对称的，故属于对称短路；而出现其他类型短路时，不仅每相电路中的电流和电压数值不等，其相位角也不同，这些短路属于不对称短路。

三相短路用 $k^{(3)}$ 表示，如图7-1a所示。三相短路电压和电流仍是对称的，只是电流比正常值增大，电压比额定值降低。三相短路发生的概率最小，只有5%左右，但它却是危害最严重的短路形式。

两相短路用 $k^{(2)}$ 表示，如图7-1b所示。两相短路发生的概率在 $10\% \sim 15\%$。

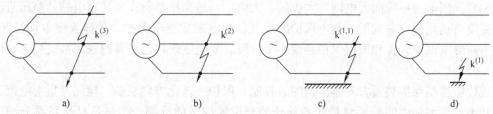

图7-1　短路的形式

a）三相短路　b）两相短路　c）两相接地短路　d）单相接地短路

两相接地短路用 $k^{(1.1)}$ 表示，如图 7-1c 所示。它是指中性点不接地系统中两不同相均发生单相接地而形成的两相短路，也指两相短路后又接地的情况。两相接地短路发生的概率在 10% ~20%。

单相短路用 $k^{(1)}$ 表示，如图 7-1d 所示。它的危害虽不如其他短路形式严重，但在中性点直接接地系统中，发生的概率最高，占短路故障的 65% ~70%。

发生短路时，由于部分负荷阻抗被短接，供电系统的总阻抗减小，因而短路回路中的短路电流比正常工作电流大得多。在大容量电力系统中，短路电流可达几万安培甚至几十万安培。如此大的短路电流会对供电系统产生极大的危害。

1）短路电流通过导体时，使导体大量发热，温度急剧升高，从而破坏设备绝缘结构；同时，通过短路电流的导体会受到很大的电动力作用，使导体变形甚至损坏。

2）短路点可能会出现电弧。电弧的温度很高，使电气设备遭到破坏，使操作人员的人身安全受到威胁。

3）短路电流通过线路，要产生很大的电压降，使系统的电压水平骤降，引起电动机转速突然下降，甚至停转，严重影响电气设备的正常运行。

4）短路可造成停电状态，而且越靠近电源，停电范围越大，给国民经济造成的损失也越大。

5）严重的短路故障若发生在靠近电源的地方，且维持时间较长，可使并联运行的发电机组失去同步，严重的可能造成系统解列。

6）不对称的接地短路，其不平衡电流将产生较强的不平衡磁场，对附近的通信线路、电子设备及其他弱电控制系统可能产生干扰信号，使通信失真、控制失灵、设备产生误动作。

由此可见，短路的后果是十分严重的。所以当发生短路故障时，必须依靠继电保护与自动装置尽快消除短路故障，使系统安全可靠地运行。

7.1.1 继电保护基本任务及基本要求

电力系统的继电保护装置主要任务是：①当被保护的电力系统或设备发生故障时，应该由该元件的继电保护装置迅速准确地给距离故障点最近的断路器发出跳闸命令，使故障点及时从电力系统中切除，以最大限度地减少对电力元件本身的损坏，降低对电力系统安全供电的影响，保证系统其他部分继续运行。②当电气设备出现不正常的工作情况，要自动、及时、有选择地发出信号，由值班人员进行处理，或由装置进行自动调整，或切除继续运行会引起故障的设备。

随着我国电力系统向大电网、大机组、大电厂、超高压与特高压、核电站、高压直流输电、高度自动化的方向发展，继电保护的发展经历电磁式继电保护、晶体管继电保护装置、集成电路继电保护装置和微机保护装置 4 个阶段。变电站现在已经普遍采用微机型继电保护装置。

现代微机型保护装置方向是向检测、控制、保护一体化方向发展。检测是指对电流、电压、功率、频率和电能等遥测量和各种开关变位遥信量的检测。控制是对断路器分闸、合闸、重合闸、综合自动重合闸等操作的控制。保护则是把传统继电保护装置中所要求的各种保护功能，改用微机加以实现。微机型保护系统能完成其他类型保护所能完成的所有保护功能，微机型保护系统还能完成其他类型保护所不能完成的功能。例如：通过自检，对保护本身进行不间断地巡回检查，以保证设备硬件处在完好状态；保护整定范围和整定手段更灵活、更方便；对设备电气量可以随时进行在线测量等。综上所述，微机型保护与传统保护相比，具有可靠性高、灵活性强、调试维量小、功能多等优点。

电力系统对继电保护的基本性能要求有可靠性、选择性、快速性和灵敏性。这些要求是相辅相成、相互制约的。

1）选择性。在供配电系统发生故障时，离故障点最近的保护装置动作，切除故障，而系统的其他部分仍正常运行。继电保护装置动作选择性示意图如图7-2所示，当 $k-1$ 点发生短路时，应使断路器 QF_1 动作跳闸，切除电动机，而其他断路器都不跳闸，满足这一要求的动作，称为"选择性动作"。如果系统发生故障时，靠近故障点的保护装置不动作，而离故障点远的前一级保护装置动作，称为"失去选择性"。

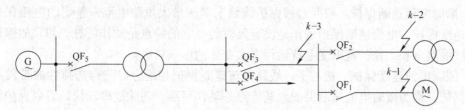

图 7-2　继电保护装置动作选择性示意图

2）速动性。当系统发生短路故障时，保护装置应尽快动作，快速切除故障，减少对用电设备的损坏程度，缩小故障影响的范围，提高电力系统运行的稳定性。

3）可靠性。继电保护的可靠性是对电力系统继电保护的最基本性能要求，表现为两个方面：一是在要求继电保护动作的异常或故障状态下，能准确地完成动作；二是在要求继电保护不动作的所有情况下，能够可靠地闭锁。

4）灵敏性。灵敏性是指保护装置在其保护范围内对故障和不正常运行状态的反应能力。满足灵敏性要求的保护装置应该是在规定的保护区内短路时，不论短路点的位置、短路形式及系统的运行方式如何，都能灵敏反应。

以上4项要求对熔断器和低压断路器保护也是适用的。但4项要求对于一个具体的继电保护装置，则不一定都是同等重要，应根据保护对象而有所侧重。例如对电力变压器，一般要求灵敏性和速动性较好；对一般的电力线路，灵敏度可略低一些，但对选择性要求较高。继电保护装置除满足上面的基本要求外，还要求投资省，便于调试及维护，并尽可能满足系统运行时所要求的灵活性。

7.1.2　继电保护的基本知识

1. 系统的最大、最小运行方式

在继电保护的整定计算中，一般都要考虑电力系统的最大、最小运行方式。最大运行方式是指在被保护对象末端短路时，系统的等值阻抗最小，通过保护装置的短路电流最大的运行方式。

最小的运行方式是指被保护对象末端短路时，系统等值阻抗最大，通过保护装置的短路电流最小的运行方式。

2. 主保护

反映整个被保护元件上的故障并能以最短的延时有选择地切除故障的保护称为主保护。

3. 后备保护

主保护或其断路器拒绝动作时，用来切除故障的保护称为后备保护。后备保护分近后备和远后备两种：主保护拒绝动作时，由本元件的另一套保护实现后备，称为近后备；当主保护或其断路器拒绝动作时，由相邻的元件或线路的实现后备的，称为远后备。

4. 辅助保护

为补充主保护和后备保护的不足而增设的比较简单的保护称为辅助保护。

5. 电流保护

当线路上发生短路时，流过线路的电流突增，当电流超过保护装置的整定值并达到整定时间时保护动作于跳闸，这种反应电流升高而动作的保护装置称为电流保护。

1）瞬时电流速断保护。按躲过被保护线路末端的最大短路电流来整定的电流保护，称为电流速断保护。电流速断保护动作是没有延时的。它的特点是动作可靠，切除故障快，但不能保护线路全长，保护范围受系统运行方式变化的影响较大。

2）限时电流速断保护。按与下一线路电流速断保护相配合以获得选择性的带较短时限的电流保护，称为限时电流速断保护。其特点是动作可靠，切除故障较快，可以保护线路的全长，其保护范围受系统运行方式变化的影响。

3）定时限过电流保护和反时限过电流保护。

定时限过电流保护的动作电流的整定原则是动作电流应避开最大可能的负荷电流。定时限过电流保护的动作时限，是按阶梯原则整定的，即从负荷至电源方向的各相邻保护装置的动作时限逐级增长一个时间级差。为了实现过电流保护的动作选择性，各保护的动作时间一般按阶梯原则进行整定。相邻保护的动作时间，自负荷向电源方向逐渐增大 Δt，且每套保护的动作时间是恒定不变的，与短路电流的大小无关。具有这种动作时限特性的过电流保护称为定时限过电流保护。

反时限过电流保护是指动作时间随短路电流的增大而自动减小动作时间的保护。使用在输电线路上的反时限过电流保护，能更快的切除被保护线路首端的故障。

6. 三段式电流保护

由电流速断、限时电流速断与定时限过电流保护组合构成的一套保护装置，称为三段式电流保护。电流速断保护是靠动作电流的整定获得选择性；限时电流速断和定时限过电流保护是靠上、下级保护的动作电流和动作时间的配合获得选择性。

7. 接地保护

单相接地是输、配电线路常见的故障之一。对中性点直接接地的电网，发生单相接地，则为单相短路，短路电流很大，通常在这种电网中利用单相接地电流的零序分量，构成零序电流保护。零序电流保护反应的是零序电流，而在负荷电流中不包含（或很少包含）零序分量，不必考虑避开负荷电流。对小接地的电网，发生单相接地时，接地电流为电容电流，由于其值较小，不会对电网造成很大的威胁，按运行规程要求，可以带故障运行 2h，在运行中查明并排除故障。因此，小接地电流中利用单相接地电容电流构成的接地保护装置，常作用于信号，而不作用于跳闸。如果零序电流保护装置加入了方向元件，则可构成零序方向保护。

8. 电流电压联锁速断保护

当电网发生短路时，除了电流剧增外，电网的电压也将显著下降，利用这两种特点构成的速断保护装置称为电流电压联锁速断保护。当线路发生短路故障时，供电母线电压会剧烈下降，利用这一特点，反应电压突然降低且瞬时跳闸的保护，称为电压速断保护。电压速断保护不能单独使用，因为电压速断保护没有选择故障线路的能力。且在电压互感器二次回路断线时会误动作，所以一般不单独使用。电流电压联锁速断保护有足够大的保护区，且在最大或最小运行方式下也不会误动。它比单一的电流或电压速断保护的保护区大。系统运行方式变化时，对过电流及低电压保护的影响是电流保护在运行方式变小时，保护范围会缩小，甚至变得无保护范围；电压保护在运行方式变大时，保护范围会缩短，但不可能无保护范围。

9. 方向过电流保护

在多电源供电或单电源供电的环形网络中，当采用过流保护不能满足选择性要求时，采用方向过电流保护。方向过电流保护不但能反应电流的大小，而且还能反应功率传递的方向。

10. 距离保护

距离保护就是反映故障点至保护安装处的距离的一种保护装置，距离越近，其动作时间越短。

11. 高频保护

高频保护就是采用高频载波电流，以输电线路为通道，传送反映线路两端电气量的信号，比较线路两端的电气量，以确定其动作与否的保护装置。高频保护可保护线路全长，且可区别故障是发生在本线路末端，还是下一线路的首端。

7.2 微机型继电保护的介绍

7.2.1 微机型继电保护硬件的基本结构

微机型继电保护硬件的基本结构如图 7-3 所示。微机型保护装置一般由中央处理器（CPU）、存储器、模拟量输入接口、开关量输入/输出接口设备、人机对话和打印机等部分构成。

1）中央处理器（CPU）：对由模拟量、开关量输入设备提供的数字量信息进行处理，并通过数据总线、地址总线和控制总线连成一个系统，实现数据交换和操作控制。

2）存储器：用于存放装置自检、保护整定值等运行程序。其中 RAM 中用于存放实时处理的数据，EPROM 中存放用于微机型保护装置运行的程序，E^2PROM 中存放用于保护的整定值。

3）模拟量输入接口（也称为数据采集系统）：将输入保护装置的连续的模拟信号转换为可以被微机型保护装置识别处理的离散的数字信号，模拟量输入接口主要包括：电压变换、前置模拟低通滤波器（ALF）、采样保持（S/H）电路、模-数转换（A-D）电路等。

① 电压变换回路的作用：a. 将从电流互感器、电压互感器或其他变送器上获得的模拟量转换成与微机电平相匹配的电压；b. 将微机型保护设备与系统的二次设备之间构成屏蔽与隔离，阻止来自强电系统对微机型保护的干扰。一般采用各种中间变换器来实现模拟量的

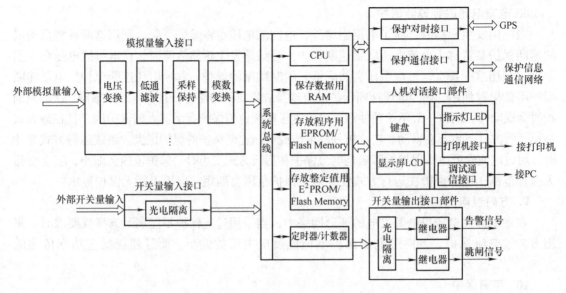

图 7-3　微机型继电保护硬件的基本结构图

变换，例如电流变换器（TA）、电压变换器（TV）和电抗变换器（TX）等。变换器原理图如图 7-4 所示。

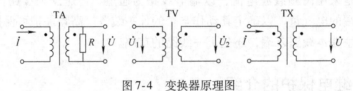

图 7-4　变换器原理图

② 采样定理和模拟低通滤波器。输入信号中包含了各种频率成分，其中最高的频率为 f_{max}，若要在采样后将其完全不失真地恢复出来，采样频率必须不小于 $2f_{max}$，即 $f_n \geq 2f_{max}$，这就是采样定理。如果不能满足采样定理的要求，那么在频谱中会发生"频率混叠"现象。

系统故障瞬间，电压、电流中会含有很高的频率成分，目前继电保护的原理都是基于工频分量，对于高频分量不关心，为了防止出现频率混叠现象，在采样回路之前设置一个模拟低通滤波器使输入量限制在一定的频带内，一方面可以降低最高频率，使采样频率不至于过高，降低对硬件采样速度的要求，另一方面在相对较低的采样频率下不会产生频率混叠现象。

目前微机型保护中采用的模拟低通滤波器可分为无源低通滤波器和有源低通滤波器两类。无源低通滤波器主要由 RLC 元件构成，有源低通滤波器主要由运算放大器和 RC 元件组成。

③ 采样保持电路（S/H）。采样保持电路用于将采样时刻得到的输入模拟量的该时刻的幅值完整地记录下来，并且根据要求准确的保持一段时间供 A-D 转换用。在 A-D 转换期间，采样保持回路中的输出不应变化。

④ 模-数（A-D）转换器。A-D 转换是将模拟信号转换为数字信号。A-D 转换电路分成直接法和间接法两大类。直接法是通过基准电压与取样保持电压进行比较，从而直接转换成

170

数字量。其特点是工作速度高，转换精度容易保证，调准也比较方便，如逐次逼近式 A-D 转换器。间接法是将取样后的模拟信号先转换成时间 t 或频率 f，然后再将 t 或 f 转换成数字量。其特点是工作速度较低，但转换精度可以做得较高，且抗干扰性强，如压频变换式 A-D 转换器（VFC）。

4）开关量输入输出接口：开关量输入接口将外部提供给保护装置使用的开关量，如表示断路器的"合闸"或"分闸"状态的辅助触点，通过光电隔离后，供 CPU 系统处理。光电隔离有效地防止了外部对保护装置内部的干扰。开关量输出接口负责保护对外部的实现操作控制。如在系统故障时发出跳闸命令，去跳开断路器。

5）人机对话接口部件：人机对话使工作人员可以对保护装置进行操作、调试和得到相关信息。打印机可以将保护动作情况以及保护自检情况打印出来，使工作人员更能直观地了解保护装置的动作情况。

7.2.2 微机型保护软件的系统配置

微机型保护装置的软件功能主要包括保护功能、保护装置的系统监控、人机对话、通信、自检、事故记录及分析报告以及调试功能。

微机型保护装置的软件通常可分为监控程序和运行程序两部分。监控程序包括人机接口键盘命令处理程序及为插件调试、整定设置显示等配置的程序。运行程序是指保护装置在运行状态下所需执行的程序。

微机型保护运行程序一般可分为 3 部分。

1）主程序。包括初始化、全面自检、开放及等待中断等。

2）中断服务程序。通常有采样中断、串行口中断等。采样中断包括数据采集与处理、保护启动判定等；串行口中断完成保护 CPU 与保护管理 CPU 之间的数据传送。

3）故障处理程序。在保护启动后才投入，用以进行保护特性计算、判定故障性质等。

由于微机型保护的硬件分为人机接口和保护两大部分，因此相应的软件也就分为接口软件和保护软件两大部分。

1）接口软件。接口软件是指人机接口部分的软件，其程序可分为监控程序和运行程序。执行哪一部分程序由接口面板的工作方式或显示器上显示的菜单选择来决定。调试方式下执行监控程序，运行方式下执行运行程序。

接口的监控程序主要就是键盘命令处理程序，是为接口插件（或电路）及各 CPU 保护插件（或采样电路）进行调节和整定而设置的程序。

接口的运行程序由主程序和定时中断服务程序构成。主程序主要完成巡检（各 CPU 保护插件）、键盘扫描和处理及故障信息的排列和打印。定时中断服务程序包括软件时钟程序、以硬件时钟控制并同步各 CPU 插件的软时钟、检测各 CPU 插件启动元件是否动作的检测启动程序。所谓软件时钟就是每经 1.66ms 产生一次定时中断，在中断服务程序中软件计数器加 1，当软件计数器加到 600 时，秒计数加 1。

2）保护软件的配置。各保护 CPU 插件的保护软件配置为主程序和两个中断服务程序。

主程序通常都有 3 个基本模块：初始化和自检循环模块、保护逻辑判断模块和跳闸处理模块。通常把保护逻辑判断和跳闸处理总称为故障处理模块。一般而言，初始化和自检循环、跳闸处理两个模块，在不同的保护装置中基本上是相同的，而保护逻辑判断模块就随不同的保护装置而不同。如距离保护中保护逻辑就包含有振荡闭锁程序部分，而零序电流保护就没有振荡闭锁程序部分。

中断服务程序有定时采样中断服务程序和串行口通信中断服务程序。在不同的保护装置中，采样算法是不相同的，使得采样中断服务程序部分也不相同。不同保护的通信规约不同，也会造成串行口通信中断服务程序的不同。

3）保护软件的 3 种工作状态。保护软件有 3 种工作状态：运行、调试和不对应状态。不同状态时程序流程也就不同。有的保护没有不对应状态，只有运行和调试两种工作状态。

当保护插件面板的方式开关或显示器菜单选择为"运行"，则该保护就处于运行状态，其软件就执行保护主程序和中断服务程序。当选择为"调试"时，复位 CPU 后就工作在调试状态。当选择为"调试"但不复位 CPU 并且接口插件工作在运行状态时，就处于不对应状态。也就是说保护 CPU 插件与接口插件状态不对应。设置不对应状态是为了对模-数插件进行调整，防止在调试过程中保护频繁动作及告警。

7.3 高压线路的微机型保护

7.3.1 线路相间短路的三段式电流保护

在电力系统中，输电线路发生短路故障时，线路中的电流增大，母线电压降低。利用电流增大这一特征，当电流超过某一设定值时保护即动作，称为线路的电流保护。该设定值叫作动作电流的整定值 I_{set}。电流保护分为瞬时电流速断保护、限时电流速断保护、定时限过电流保护，为了区别起见，分别用上角标 Ⅰ、Ⅱ、Ⅲ表示。

1. 瞬时电流速断保护

1）工作原理。图 7-5 所示为瞬时电流速断保护工作原理图，对单侧电源的辐射形电网，电流保护装设在每段线路始端，如线路 L_1、L_2、L_3 的保护分别为保护①、保护②、保护③，当线路发生三相短路时，短路电流计算如下：

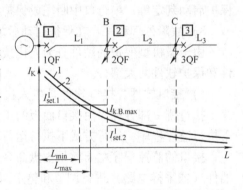

图 7-5 瞬时电流速断保护工作原理图

$$I_K^{(3)} = \frac{E\varphi}{X_S + X_K} \qquad (7-1)$$

式中，$E\varphi$ 为系统等效电源的相电动势；X_S 为系统电源到保护安装点的电抗；X_K 为短路电抗（保护安装点到短路点的电抗）。$X_S + X_K$ 为电源至短路点之间的总电抗。当短路点距离保护安装点越远时，X_K 越大，短路电流越小；当系统电抗越大时，短路电流越小；而且短路电流与短路类型有关，同一短路点 $I_K^{(3)} > I_K^{(2)}$。短路电流与短路点的关系如图 7-5 的 $I_K = f(L)$ 曲线，曲线 1 为最大运行方式（系统电抗为 $X_{s.min}$，短路时出现最大短路电流）下三相短路故障时的 $I_K = f(L)$，曲线 2 为最小运行方式（系统电抗为 $X_{s.max}$，短路时出现最小短路电流）下两相短路故障时的 $I_K = f(L)$。瞬时电流速断保护反应线路故障时电流增大而动作，并且没有动作延时，所以必须保证只有在被保护线路上发生短路时才动作，例如图 7-1 的保护 1 必须只反应线路 L_1 上的短路，而对 L_1 以外的短路故障均不应动作。这就是保护的选择性要求，瞬时电流速断保护是通过对动作电流的合理整定来保证选择性的。

2）动作电流整定原则。为了保证瞬时电流速断保护动作的选择性，应按躲过本线路末端最大短路电流来整定计算。对于图7-5保护1的动作电流，应该大于线路 L_1 末端短路时的最大短路电流。实际上，线路 L_2 始端短路与线路 L_1 末端短路时反映到保护1的短路电流几乎没有区别，因此，线路 L_1 的瞬时电流速断保护动作电流的整定原则为：躲过本线路末端短路的可能出现的最大短路电流，计算如下：

$$I_{\text{set.1}}^{\text{I}} = K_{\text{rel}}^{\text{I}} I_{\text{k. B. max}}^{(3)} \tag{7-2}$$

式中，$I_{\text{set.1}}^{\text{I}}$ 为线路 L_1 的瞬时电流速断保护动作电流的整定值；$K_{\text{rel}}^{\text{I}}$ 为瞬时电流速断保护的可靠系数，一般取 $K_{\text{rel}}^{\text{I}} = 1.2 \sim 1.3$；$I_{\text{k. B. max}}^{(3)}$ 为最大运行方式下，线路 L_1 末端（母线）发生三相短路时流过保护1（即线路 L_1）的短路电流。

3）动作示意。瞬时电流速断保护的动作示意图如图7-6所示。当A、C任何一相的电流幅值大于整定值时，比较环节KA有输出。在某些特殊情况下需要闭锁跳闸回路，设置闭锁环节。闭锁环节在保护不需要闭锁时输出为1，在保护需要闭锁时输出为0。当比较环节KA有输出并且不被闭锁时，与门有输出，发出跳闸命令，同时启动信号回路KS。35kV/10kV线路保护监控系统，对于所加的全部模拟量的采样频率可取为每周24点，且采样频率随外加频率可自动调整，采用傅氏算法求取保护电流值。

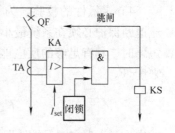

图7-6 瞬时电流速断保护的
动作示意图

4）保护范围。已知保护动作电流的整定值，大于整定值的短路电流对应的短路点区域，就是保护范围。保护的范围随运行方式、故障类型的变化而变化，在各种运行方式下发生各种短路时保护都能动作切除故障的最小范围称为最小保护范围，例如保护1的最小保护范围为图7-5中直线 $I_{\text{set.1}}$ 与曲线2的交点的前面部分。最小保护范围为在系统最小运行方式下两相短路时出现。一般情况下，应按这种运行方式和故障类型来校验保护的最小范围，要求大于被保护线路全长的15% ~ 20%。瞬时电流速断保护的优点是简单可靠、动作迅速，缺点是不可能保护线路的全长，并且保护范围直接受运行方式变化的影响。

2. 限时电流速断保护

1）工作原理。限时电流速断保护的电流整定值和整定时间如图7-7所示。图中线路 L_1 和 L_2 都装设了瞬时电流速断保护和限时电流速断保护，线路 L_1 和 L_2 的保护分别为保护①和保护②，上角标 I、II 分别表示瞬时电流速断保护和限时电流速断保护。为了使线路 L_1 的限时电流速断保护，保护线路的全长，所以它的保护范围必然要延伸到下级线路中去，这样当下级线路出口处发生短路时，它就要动作，是无选择性动作，为了保证动作的选择性，就必须使保护的动作带有一定的时限，此时限的大小与其延伸的范围有关。如果它的保护范围不超过下级线路速断保护的范

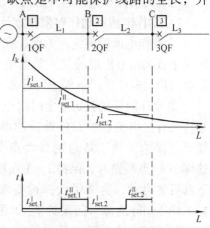

图7-7 限时电流速断保护的
电流整定值和整定时间

173

围，动作时限则比下级线路的速断保护高出一个时间阶梯 Δt。

2）电流整定和时限整定。为了使线路 L_1 的限时电流速断保护的范围不超出相邻线路 L_2 瞬时电流速断保护的保护范围，必须使时保护 1 的限时电流速断保护动作电流的整定值 $I_{set.1}^{II}$ 大于保护 2 的瞬时电流速断保护动作电流的整定值 $I_{set.2}^{I}$，即

$$I_{set.1}^{II} = K_{rel}^{II} I_{set.1}^{I} \tag{7-3}$$

式中，K_{rel}^{II} 为限时电流速断保护的可靠系数，一般 K_{rel}^{II} 取 1.1 ~ 1.2。

动作时限则比下级线路的速断保护高出一个时间阶梯 Δt，即

$$t_{set.1}^{II} = t_{set.2}^{I} + \Delta t \tag{7-4}$$

式中，Δt 为时间级差，对于不同形式的断路器及保护装置，取 0.3 ~ 0.6s。

3）动作示意。限时电流速断保护的动作示意图如图 7-8 所示。它比电流速断保护多了延时 KT，当线路 A、C 两相的任何一相的幅值大于整定值，且延时大于设定时间 t_{set}^{II} 时，保护动作于跳闸。

4）灵敏性的校验。为了能保护本线路的全长，限时电流速断保护必须在系统最小运行方式下，线路末端发生两相短路时，具有足够的反应能力，这个能力通常用灵敏度 K_{sen} 来衡量。

$$K_{sen} = \frac{I_{k.min}}{I_{set}^{II}} \tag{7-5}$$

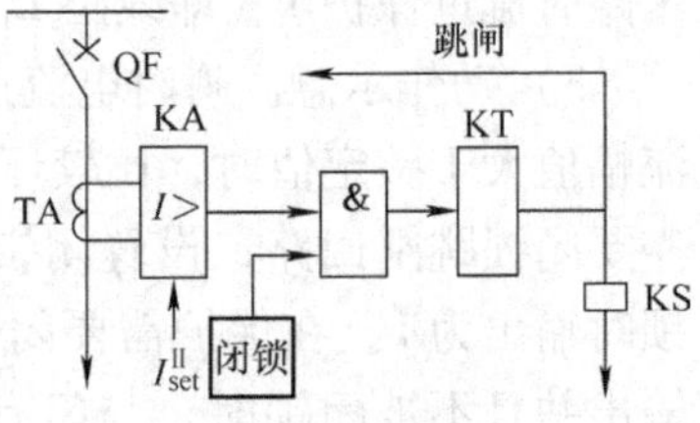

图 7-8 限时电流速断保护的动作示意图

式中，$I_{k.min}$ 为在被保护线路末端短路时，流过保护安装处的最小短路电流（线路末端发生两相短路时短路电流）；I_{set}^{II} 为被保护线路的限时电流速断保护的电流设定值。

为了保证在线路末端短路时，保护装置一定能够动作，要求 $K_{sen} \geq 1.3 ~ 1.5$。

3. 定时限过电流保护

1）工作原理。为防止本线路主保护（电流速断、限时电流速断保护）拒动和下一级线路的保护或断路器拒动，装设定时限过电流保护作后备保护。过电流保护有两种：一种是保护启动后出口动作时间是固定的整定时间，称为定时限过电流保护；另一种是出口动作时间与过电流的倍数相关，电流越大，出口动作越快，称为反时限过电流保护。

2）动作电流和动作时限整定计算原则。

① 动作电流的整定。为保证在正常情况下过电流保护不动作，保护装置的动作电流必须大于该线路上出现的最大负荷电流 $I_{L.max}$；同时还必须考虑在外部故障切除后电压恢复，负荷自启动电流作用下保护装置必须能够返回，其返回电流应大于负荷自启动电流。

② 动作时限的整定。定时限过电流保护动作原理图如图 7-9 所示，假定在每条线路首端均装有过电流保护，各保护的动作电流均按照躲开被保护元件上各自的最大负荷电流来整定。这样当 k_1 点短路时，保护 1 ~ 3 在短路电流的作用下都可能启动，为满足选择性要求，应该只有保护 3 动作切除故障，而保护 1、2 在故障切除之后应立即返回。这个要求只有依靠使各保护装置带有不同的时限来满足。保护 3 位于电力系统的最末

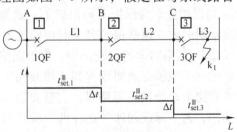

图 7-9 定时限过电流保护动作原理图

端，假设其过电流保护动作时间为 t_3^{III}，对保护 2 来讲，为了保证 k_1 点短路时动作的选择性，则应整定其动作时限 $t_2^{\text{III}} = t_3^{\text{III}} + \Delta t$。

依次类推，保护 1、2 的动作时限均应比相邻元件保护的动作时限高出至少 Δt，只有这样才能充分保证动作的选择性。即

$$t_1^{\text{III}} = t_2^{\text{III}} + \Delta t$$
$$t_2^{\text{III}} = t_3^{\text{III}} + \Delta t$$

这种保护的动作时限一定的，和短路电流的大小无关，称为定时限过电流保护。

3）灵敏度的校验。过电流保护灵敏度的校验仍采用式（7-5）。当过电流保护作为本线路主保护时，要求 $K_{\text{sen}} \geq 1.3 \sim 1.5$；当作为相邻线路的后备保护时，要求 $K_{\text{sen}} \geq 1.2$。

4）动作示意。定时限过电流保护的动作示意图和限时电流速断保护的相同。

4. 阶段式电流保护

电流速断保护、限时电流速断保护和过电流保护都是反应电流升高而动作的保护。它们之间的区别在于按照不同的原则来选择动作电流。电流速断保护是按照躲开本线路末端的最大短路电流来整定；限时电流速断是按照躲开下级各相邻线路电流速断保护的最大动作范围来整定；而过电流保护则是按照躲开本元件最大负荷电流来整定。

由于电流速断不能保护线路全长，限时电流速断又不能作为相邻元件的后备保护，因此为保证迅速而有选择性地切除故障，常常将电流速断保护、限时电流速断保护和过电流保护组合在一起，构成阶段式电流保护。具体应用时，可以只采用速断保护加过电流保护，或限时速断保护加过电流保护，也可以三者同时采用。

7.3.2 小接地系统单相接地故障的零序保护

10kV/35kV 线路为小接地系统，当发生单相接地时，有零序电压 U_0 输出，同时也有零序电流 I_0 输出。但是由于其接地程度不同，所以输出零序电压 U_0 的大小也将不同；而零序电流 I_0 自母线流向故障线路，故障线路零序电流 I_0 的数值为各完好线路零序电流的总和。特别在出线较多的系统中，发生单相接地时，故障线路比非故障线路的零序电流大得多。应该注意的是为了保护动作的选择性。零序电流保护的整定值应避开相邻线路发生单相接地时流入本线路的零序电流。基于上述原则，其所设计的零序电流保护的计算如下：

$$U_0 > U_{\text{0set}}$$
$$I_0 > I_{\text{0set}}$$
$$t_0 > t_{\text{0set}}$$

当零序电压和零序电流大于整定值时，保护装置发出报警信号，在后台机上将自动进行选线操作。

当发生单相接地时，进行小电流接地选线是计算机保护所具有的独特功能。微机型保护所设计的小电流接地选线系统，其功能是在系统发生单相接地故障时，将各线路的零序功率方向及零序电流数值远传到上位机系统，经过综合比较各线路的零序功率方向及零序电流数值，来判断哪条线路真正接地，装置要求用户接入 TV 开口三角电压（U_x、U_0）和 TA 的零序电流。

7.3.3 监控部分

1. 测量

全部测量的量均由数据通道传送到前置机与后台机。电流、功率等数值还可显示在微处理器插件面板的显示器上。主要测量如下内容。

1）电流：I_a、I_c。

2）功率：P（有功）、Q（无功）。

3）功率因数 $\cos\phi$。

4）电能：kWh、kvarh。

2. 控制

1）断路器"分""合"操作。

2）手动按钮或接收后台机/远动命令。

3. 事件顺序记录

当各类保护动作或所监视的开关状态发生变化时，装置将自动记录事件发生的时间及动作值，事件顺序记录将传至后台机进行存储及处理。

4. 故障录波

装置可对所输入的各个值进行连续采样，采样值存放于 RAM 中。当录波条件满足时，将保留启动前 4 个周波的数据，且继续采样并存放 150 个周波的数据。故障录波的数据将通过数据通道传至后台机，后台机将数据做进一步的处理。还可将数据通过其他数据通道进行远传。

7.4 电力变压器的保护

变压器故障一般分为内部故障和外部故障两种。变压器的内部故障指油箱里面发生的故障，包括绕组的相间短路、绕组与铁心间的短路故障、绕组匝间短路和单相接地短路。内部故障是很危险的，因为短路电流产生的电弧不仅会破坏绕组绝缘，烧坏铁心，还可能使绝缘材料和变压器油受热而产生大量气体，引起变压器外壳变形、破坏甚至引起爆炸。外部故障指的是变压器外部引出线间的各种相间短路故障、引出线因绝缘套管闪络或破碎通过箱壳发生的单相接地短路。变压器发生故障时，必须将其从电力系统中切除。

变压器的异常运行状态有由于外部短路和过负荷而引起的过电流、变压器温度升高及油面下降超过了允许程度等。变压器的过负荷和温度升高将使绝缘材料迅速老化，绝缘强度降低，影响变压器的使用寿命，进一步引起其他故障。当变压器处于异常运行状态时，应给出异常告警信号，告知运行值班人员及时处理。

为了保证电力系统安全稳定运行，当变压器发生故障或异常运行状况时能将影响范围限制到最小，电力变压器应装设如下继电保护：纵差保护、气体保护、过电流保护、接地保护、过负荷保护、过励磁保护以及反映变压器油温、油位、绕组温度、油箱内压力过高、冷却系统故障等异常状况的保护装置。

变压器微机型保护装置的设计要求：变压器微机型保护所用的电流互感器二次侧采用 Y 接线，其相位补偿和电流补偿系数由软件实现在正常运行中显示差流值，防止极性、电压

176

比、相别等错误接线，并具有差流超限报警功能。气体继电器保护回路不进入微机型保护装置，直接作用于跳闸，以保证可靠性，但用其触点向微机型保护装置输入动作信息显示和打印。设有液晶显示，便于整定、调试、运行监视和故障异常显示。具备高速数据通信网接口及打印功能。

7.4.1 变压器的气体等非电量保护

利用变压器的油、气、温度等非电气量构成的变压器保护称为非电量保护，主要有气体保护、压力保护、温度保护、油位保护及冷却器全停保护。非电量保护根据现场需要动作于跳闸或信号。

当非电量保护动作于信号后，运行人员应根据动作信号及时联系调度和检修部门对变压器异常情况进行处理。

1. 气体保护

当变压器内发生故障时，由于短路电流和短路点电弧的作用，变压器内部会产生大量气体，同时变压器油流速度加快，利用气体和油流来实现的保护称为气体保护（旧称瓦斯保护）。气体保护是变压器内部故障的主要保护。

气体保护的主要元件是气体继电器，它安装在油箱与储油柜之间的连接管道中。当变压器内部发生轻微故障时，轻气体保护动作，发出轻气体动作信号，气体保护动作原理如图 7-10 所示。当变压器内部严重故障时，重气体保护动作，发出重气体动作信号并根据保护压板投退情况进行出口跳闸（见图 7-10）。图中 XB 为跳闸出口压板。

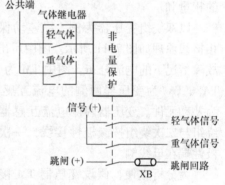

图 7-10　气体保护动作原理

气体保护的主要优点是动作快、灵敏度高和结构简单，并能反应变压器油箱内部各种类型的故障，特别是当绕组短路匝数很少时，故障点的循环电流虽然很大，可能造成严重的过热，但反应在外部电流的变化却很小，各种反应电流量的保护（如变压器差动保护）都难以动作，因此气体保护对保护这种故障有特殊的优越性。

气体保护的缺点：不能反映变压器油箱外套管及连接线上的故障，因此不能作为防御变压器内部故障的唯一保护。此外，由于构造工艺不够完善，在运行中正确动作率还不高，运行经验表明，浮筒式气体继电器虽经密封试验，但仍不能完全防止长期运行中由于浮筒渗油和水银接点受振动而导致误动作。所以，浮筒式气体继电器已被挡板式及复合式气体继电器所代替。挡板式气体继电器也存在当变压器油面严重下降，需要跳闸时，动作不快的缺点。气体保护应采取措施防止因气体继电器的引线故障、振动等引起气体保护误动作。

按规定，对于 1000kVA 及以上的户外变压器及 320kVA 以上的户内变压器应装设气体保护。

2. 其他非电量保护

1）压力保护也是变压器邮箱内部故障的主保护，含压力释放和压力突变保护，用于反映变压器油的压力。

2）温度保护包括油温和绕组温度保护，当变压器温度升高达到预先设定的温度时，温度保护发出告警信号并投入启动变压器的备用冷却器。

3）当变压器油箱内油位异常时，油位保护动作发出告警信号。

4）当运行中的变压器冷却器全停时，变压器温度会升高，若不及时处理，可能会导致变压器绕组绝缘件损坏，因此冷却器全停保护在变压器运行中冷却器全停时动作，发出告警信号并经长延时切除变压器。

7.4.2 变压器的微机型差动保护

变压器的差动保护作为变压器电气量的主保护，其保护范围是各侧电流互感器所包围的电气部分，在这个范围内发生的绕组相间短路、匝间短路、引出线相间短路及中性点接地侧绕组、引出线、套管单相接地短路时，差动保护均要动作。

1. 差动保护基本原理（纵差原理）

变压器纵差动保护是在假设变压器的电能量传递为线性的情况下，基于基尔霍夫第一定律构成，即

$$\sum i = 0$$

式中，$\sum i$ 为变压器各侧电流在差动保护中的相量和。

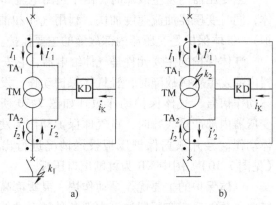

以双绕组变压器为例，纵差动保护的单相接线原理如图 7-11 所示。图中示出在不同故障情况下的电流分布。图中 TM 为变压器，TA_1、TA_2 为变压器两侧的电流互感器，KD 为差动元件。变压器两侧电流互感器的一次绕组与二次绕组按减极性接线，一次绕组的极性端在母线侧。

图 7-11　双绕组变压器纵差动
保护单相原理接线图
a）正常运行和外部故障时的电流分布
b）内部短路故障时的电流分布

为分析方便，假设变压器 TM 接线组别为 Yny0，电压比为 1，两侧电流互感器 TA_1、TA_2 变比相同。

正常运行或外部发生短路故障时（k_1 点短路），流过变压器的是穿越性电流，流过差动继电器的电流 $i_K = i'_1 - i'_2 = 0$

当变压器内部故障时（k_2 点短路），差动继电器流过的电流就是 $i_K = i'_1 + i'_2 \neq 0$。当 i_K 大于继电器动作电流时，差动保护动作，跳开变压器两侧断路器，将故障变压器从系统中切除。

一般情况下由于变压器的接线组别问题，i'_1 和 i'_2 的相位是不会相同的，因此必须通过相位补偿，对于电磁型保护和早期的微机型保护都是通过改变 TA 二次接线进行相位补偿的，而目前微机型保护都是通过保护内软件计算来完成变压器各侧相位补偿的。此外对于 Yny或Y yn 接线的变压器，为了防止区外接地故障后，零序电流流过变压器引起变压器差动保护误动，必须通过 TA 二次接线或微机型保护软件设置对该零序电流进行滤除。

对于三绕组变压器其工作原理与上述相同。

2. 影响差动保护动作性能的各种因素

实际中，变压器在外部故障、变压器空投及外部故障切除后的暂态过程中，将在差动回路中流过较大的不平衡电流或励磁涌流，可能会引起差动保护的误动作。

为了保证变压器差动保护的选择性，必须设法减小或消除不平衡电流和励磁涌流对差动保护的影响。

1）差动回路中的不平衡电流。差动回路中的不平衡电流包括稳态和暂态情况下的不平衡电流。

在稳态情况下，变压器及变压器各侧电流互感器励磁电流的影响、变压器有载调压、变压器两侧差动电流互感器的铭牌电压比与实际计算值不同、变压器两侧 TA 的型号及变比误差不同都会引起或增大差动回路中的不平衡电流。

由于差动保护是瞬时动作的，因此差动回路中的不平衡电流要考虑暂态过程的影响。如变压器出口故障过程中、大接地电流系统侧接地故障时变压器的零序电流、变压器过励磁、变压器两侧差动 TA 的特性等都可能影响到差动回路中的不平衡电流。

2）变压器的励磁涌流。空载投入变压器时产生的励磁电流称为励磁涌流。励磁涌流的大小与变压器结构有关，与合闸前变压器铁心中剩磁的大小及方向有关，与合闸角有关，与变压器的容量、变压器与电源之间的联系阻抗有关。测量表明：空投变压器时由于铁心饱和励磁涌流很大，励磁涌流通常为其额定电流的 2～6 倍，最大可达 8 倍以上。由于励磁涌流只在充电侧流入变压器，就会在差动回路中产生很大的不平衡电流。

励磁涌流具有如下特点：①涌流数值很大，含有明显的非周期分量电流，波形偏于时间轴一侧。②励磁涌流并波形呈尖顶状，且波形是间断的，且间断角很大。③含有明显的高次谐波电流分量，其中二次谐波电流分量尤为明显。④在同一时刻三相涌流之和近似等于零。⑤励磁涌流是衰减的。

根据励磁涌流的特点，为防止励磁涌流造成变压器纵差保护的误动，在工程中应用二次谐波含量高、波形不对称和波形间断角比较大 3 种原理，来判断差回路中电流突然增大是变压器内部故障还是励磁涌流引起的。当识别出是励磁涌流时，将差动保护闭锁，从而防止纵差保护误动。

3. 微机型变压器差动保护的硬件配置

差动保护的硬件结构图如图 7-12 所示，该装置有两个独立的单片机，其中 CPU₁ 完成保护任务中的输入量采样计算、动作逻辑判断，直至保护跳闸；CPU₂ 完成启动和管理任务，该元件在保护上与 CPU₁ 完全独立，当保护动作后，其一方面为独立的差动保护开放保护出口继电器的正电源，另一方面来完成人机对话。当保护跳闸并整组复归后，CPU₂ 接收 CPU₁ 传来的

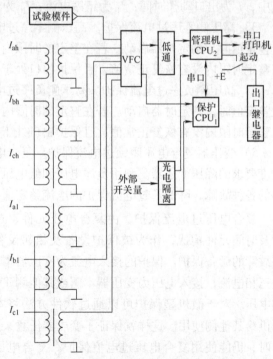

图 7-12　差动保护的硬件结构图

179

跳闸报告、事件记录以及波形数据等，并进行显示、打印。VFC芯片是压频变换芯片，作用是把输入的模拟信号转换成正比于输入电压瞬时值的一连串的等幅脉冲。光电隔离器把外部输入与CPU隔离开，起抗干扰作用。

7.4.3 电力变压器的微机型后备保护

用来作为外部短路和内部短路的后备保护装置称为电力变压器的后备保护。电力变压器的后备保护有三段两时限复合电压闭锁过流保护、两段零序过流保护、零序过电压保护、负序过电流保护、间隙过电压保护、过负荷保护和过电流起动风冷等。

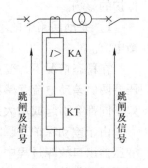

图7-13　高压侧电流速断保护原理图

1）高压侧电流速断保护。高压侧电流速断保护常称为高压侧定时限过电流保护，其工作原理图如图7-13所示。其保护的基本原理是：当A、C相电流基波最大值大于或等于整定值时，则定时器启动，若在整定时限内，电流恢复正常值，则终止延时，若电流持续到整定时限，且当保护出口处于投入状态，则保护动作。

2）高压侧反时限过电流保护。高压侧反时限过电流保护是针对高压侧正序电流相对于额定电流的比值而设定的反时限曲线，当正序电流大于额定电流时，根据所设计的时间常数计算出延时时间，当时间达到反时限曲线的限时，保护动作。保护出口动作时间可用下式计算：

$$T = \frac{\tau}{\left(\dfrac{I_1}{I_N}\right)^2 - 1}$$

式中，T为出口动作时间；I_1为正序电流；I_N为额定电流；τ为时间常数。

3）高压侧零序过电流保护。高压侧零序过电流保护的设计原则是当零序电流大于或等于整定值时，则定时器启动。若在整定的时限内电流恢复正常值，则终止延时；若零序电流在整定时限内没有恢复正常值，且保护出口处于投入状态，则保护动作。

4）高压侧负序过电流保护。高压侧负序过电流保护的设计原则是当负序电流大于或等于整定值时，则定时器启动。若在整定的时限内电流恢复正常值，则终止延时；若负序电流在整定时限内没有恢复正常值，且保护出口处于投入状态，则保护动作。

5）变压器复合电压闭锁过电流保护。复合电压过电流保护适用于过电流保护不满足灵敏度要求的降压变压器。利用负序电压和低电压构成的复合电压能够对反映保护范围内变压器的各种故障，降低了过电流保护的电流整定值，提高了过电流保护的灵敏度。

复合电压过电流保护，由复合电压元件、过电流元件及时间元件构成，作为被保护设备及相邻设备相间短路故障的后备保护。保护的接入电流为变压器本侧TA二次三相电流，接入电压为变压器本侧或其他侧TV二次三相电压。对于微机型保护可以通过软件方法将本侧电压提供给其他侧使用。这样就保证了变压器任意某侧TV检修时，仍能使用复合电压过电流保护。复合电压过电流保护动作逻辑如图7-14所示。可以看出：当变压器发生

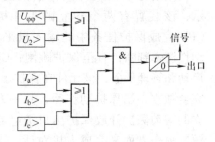

图7-14　复合电压过电流保护动作逻辑图

故障，故障侧电压低于整定值或负序电压大于整定值且 a、b、c 相中任意一相的电流大于整定值时，保护动作，经延时作用于切除变压器。

7.5 微机型备用电源自动投入装置

7.5.1 备用电源自动投入装置的作用及基本要求

在对供电可靠性要求较高的工厂变配电站中，通常采用两路及两路以上的电源进线，或互为备用，或一个为主电源，另一个为备用电源。当工作电源线路中发生故障而断电时，需要把备用电源自动投入运行以确保供电的可靠性。备用电源自动投入装置是当工作电源或工作设备因故障断开后，能自动将备用电源或备用设备投入工作，使用户不致停电的一种自动装置，也称为 AAT。目前普遍采用的微机型备自投装置不但体积小、质量轻、接线简单、可靠性高，而且使用智能化，即能够根据设定的运行方式自动识别当前的运行方式，选择自投方式。

对备用电源自动投入装置的要求如下：

1）要求工作电源确实断开后，备用电源才允许投入。工作电源失压后，无论其进线断路器是否跳开，即使测量其进线电流为零，还是要先跳开该断路器，并确认是跳开后，才能投入备用电源。这是为了防止备用电源投入到故障元件上，扩大事故，加重设备损坏程度。例如，当工作电源故障保护拒动，被上一级后备保护切除，备自投装置动作后合于故障的工作电源。

2）工作电源失电压时，还必须检查工作电源无电流，才允许启动备自投装置，以防止 TV 二次回路断线造成失电压，引起的备自投装置误动。

3）当工作母线和备用母线同时失去电压时，即备用电源不满足有电压条件时，备自投装置不应动作。

4）工作电源或工作设备，无论任何原因造成电压消失，备自投装置均应动作。由于运行人员的误操作而造成失电压时，备自投装置应动作，使备用电源投入工作，以保证不间断的供电。

5）应具有闭锁备自投装置的功能。每套备自投装置，均应设置有闭锁备用电源自动投入的逻辑回路，以防止备用电源投到故障的元件上，造成事故扩大。

6）备自投装置的动作时间，以使负荷的停电时间尽可能短为原则。从工作母线失去电压到备用电源自动投入为止，中间有一段停电时间。无疑停电时间短对用户电动机自起动是有利的，但是停电时间过短，电动机残压可能较高，当备自投装置动作时，可能会产生过大的冲击电流和冲击力矩，导致对电动机的损伤。通常备自投装置的动作时间以 1～1.5s 为宜。

7）备自投装置只允许动作一次。当工作电源失电压，备自投装置动作后，若继电保护装置再次动作，又将备用电源断开，说明可能存在永久性故障。因此，不允许再次投入备用电源，以免多次投入到故障元件上，对系统造成不必要的冲击。微机型备自投装置可以通过逻辑判断来实现只动作一次的要求。

7.5.2　微机型备自投方式及原理

备自投装置主要用于110kV及以下的电网中，主要有电力变压器低压侧的备自投、内桥断路器的备自投和线路的备自投3种方案，每一种接线方案中又有几种运行方式。

1）电力变压器低压侧的备自投。主电力变压器低压母线及分段断路器的主接线如图7-15所示。

① 暗备用自投方案。1号主变压器和2号主变压器互为暗备用，当1号、2号主变压器同时运行，两台主变压器各带一段母线，而3QF断开作为自投断路器。

当1号主变压器故障保护跳开1QF时，或者1号主变压器高压侧失电压时，均引起低压母线Ⅰ段失电压，同时I_1无电流，而低压母线Ⅱ段有电压。即跳开1QF合上3QF，保证了对Ⅰ段母线的连续供电。

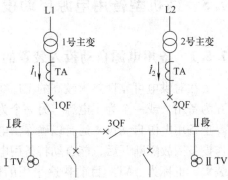

图7-15　主变压器低压母线及分段断路器的主接线

自投动作的条件是：Ⅰ段母线失电压，I_1无电流，Ⅱ段母线有电压，1QF确已断开。检查I_1无电流是为了防止Ⅰ母TV二次断线引起的误动。

当2号主变压器故障保护跳开2QF时，或者2号主变压器高压侧失电压时，引起Ⅱ段母线失电压，I_2无电流，而Ⅰ段母线有电压时，即跳开2QF合上3QF。自投动作的条件是：Ⅱ段母线失电压，I_2无电流，Ⅰ段母线有电压，2QF确已断开。

② 明备用自投方案。一台主变压器运行，另一台主变压器为备用。母线分段断路器3QF闭合，由运行的变压器带两段母线运行，备用变压器低压侧的断路器断开作为自投断路器。此方案有两种运行方式。

运行方式1：1号主变压器运行，2号主变压器备用。若1号主变压器故障，保护跳开1QF，或者1号主变压器高压侧失电压，均引起低压母线失电压，同时I_1无电流。即跳开1QF合上2QF，由2号主变压器供电，保证了对低压母线的连续供电。

运行方式2：2号主变压器运行，1号主变压器备用。当2号主变压器运行，1号主变压器备用时，若2号主变压器故障，保护跳开2QF，或者2号主变压器高压侧失电压，均引起低压母线失电压，同时I_2无电流。即跳开2QF合上1QF，由1号主变压器供电。

2）内桥断路器的备自投。内桥断路器备自投方案的主接线图如图7-16所示。

① 明备用的自投方案。运行方式1：断路器1QF、3QF在合闸位置，2QF在分闸位置，进线L_1带两段母线运行，进线L_2是备用电源，2QF是备用断路器。自投条件是：Ⅰ母线失电压，线路的I_1、I_2无电流，线路L_2有电压，断路器1QF确已断开，此时合上断路器2QF。运

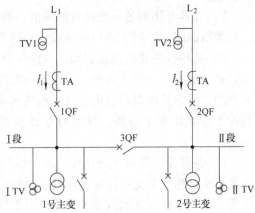

图7-16　内桥断路器备自投方案的主接线图

行方式2：断路器2QF、3QF在合闸位置，1QF在分闸位置时，进线 L_2 带两段母线运行，进线 L_1 是备用电源，1QF是备用断路器。自投条件是：Ⅱ母线失电压，线路的 I_1、I_2 无电流，线路 L_1 有电压，断路器2QF确已断开，此时合上断路器1QF。

② 暗备用的自投方案。如果两段母线分列运行，桥断路器3QF在分闸位置，而1QF、2QF在合闸位置，两条进线各带一段母线运行。这时进线 L_1 和 L_2 互为备用电源，这是暗备用的接线方案。这种暗备用方案与变压器低压母线分段断路器自投方案相同。

3）线路的备自投。线路的备自投方案接线图如图7-17所示。该接线是单母线方式，一般在城网的末端变电站和农网变电站中普遍采用。有两个电源向母线供电。正常运行中两条线路 L_1、L_2 中仅一条线路供电，另一条线路作为备用。断路器1QF和2QF只有一个在合闸位置，另一个在分闸位置。当母线失电压，备用线路有电压，且 I_1（I_2）无电流时，即可跳开

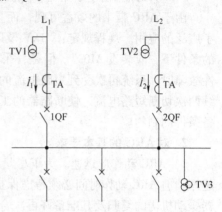

图7-17　线路备自投方案接线图

1QF（2QF），合上2QF（1QF）。该方案的自投条件是：母线失电压，线路 L_2（L_1）有电压，线路 I_1（I_2）无电流，1QF（2QF）确实已断开，此时合上2QF（1QF）。

7.6　输电线路自动重合闸装置

7.6.1　输电线路自动重合闸的作用和分类

1. 自动重合闸装置（简称为ARC）**在电力系统中的作用**

在电力系统中，架空输电线路最容易发生故障，装设自动重合闸装置正是提高输电线路供电可靠性的有力措施。

输电线路的故障按其性质可分为瞬时性故障和永久性故障两种。瞬时性故障主要是由雷电引起的绝缘子表面闪络、线路对树枝放电、大风引起的短时碰线、通过鸟类身体的放电等原因引起的短路。这类故障由继电保护动作断开电源后，故障点的电弧自行熄灭，绝缘强度重新恢复，故障自行消除。此时，若重新合上线路断路器，就能恢复正常供电。而永久性故障，如倒杆、断线和绝缘子击穿或损坏等，在故障线路电源被断开之后，故障点的绝缘强度不能恢复，故障仍然存在，即使重新合上断路器，又要被继电保护装置再次断开。运行经验表明，输电线路的故障大多是瞬时性故障，约占总故障次数的80%~90%。因此，若线路因故障被断开之后再进行一次合闸，其成功恢复供电的可能性是相当大的。而ARC就是将被切除的线路断路器重新自动投入的一种自动装置。

采用ARC后，如果线路发生瞬时性故障时，保护动作切除故障后，重合闸动作，能够恢复线路的供电；如果线路发生永久性故障时，合闸动作后，继电保护再次动作，使断路器跳闸，重合不成功。根据多年来运行资料的统计，输电线路ARC的动作成功率（重合闸成功的次数/总的重合次数）一般可达60%~90%。可见采用自动重合闸装置来提高供电可靠性的效果是很明显的。

输电线路上采用自动重合闸装置的作用可归纳如下：

1）提高输电线路供电可靠性，减少因瞬时性故障停电造成的损失。

2）对于双端供电的高压输电线路，可提高系统并列运行的稳定性，从而提高线路的输送容量。

3）可以纠正由于断路器本身机构不良或继电保护误动作而引起的误跳闸。

由于 ARC 带来的效益可观，而且本身结构简单，工作可靠，因此，在电力系统中得到了广泛的应用。规程规定："1kV 及以上的架空线路和电缆与架空混合线路，在具有断路器的条件下，应装设 ARC"。但是，采用 ARC 后，对系统也会带来不利影响，当重合于永久性故障时，系统再次受到短路电流的冲击，可能引起系统振荡。同时，断路器在短时间内连续两次切断短路电流，使断路器的工作条件恶化。因此，自动重合闸的使用有时受系统和设备条件的制约。

2. 对 ARC 的基本要求

1）ARC 动作应迅速。为了尽量减少对用户停电造成的损失，要求 ARC 动作时间越短越好。但 ARC 动作时间必须考虑保护装置的复归、故障点去游离后绝缘强度的恢复、断路器操动机构的复归及其准备好再次合闸的时间。

2）手动跳闸时不应重合。当运行人员手动操作控制开关或通过遥控装置使断路器跳闸时，属于正常运行操作，自动重合闸不应动作。

3）手动合闸于故障线路时，继电保护动作使断路器跳闸后，不应重合。因为在手动合闸前，线路上还没有电压，如果合闸到已存在故障的线路，则多为永久性故障，即使重合也不会成功。

4）ARC 宜采用控制开关位置与断路器位置不对应的原理启动。即当控制开关在合闸位置而断路器实际上处在断开位置的情况下启动重合闸。这样，可以保证无论什么原因使断路器跳闸以后，都可以进行自动重合闸。当由保护启动时，分相跳闸继电器相应的常开触点闭合，启动重合闸启动继电器，通过重合闸启动继电器的常开触点启动 ARC。

5）只允许 ARC 动作一次。在任何情况下（包括装置本身的元件损坏以及继电器触点粘住或拒动），均不应使断路器重合多次。因为，当 ARC 多次重合于永久性故障后，系统遭受多次冲击，断路器可能损坏，并扩大事故。

6）ARC 动作后，应自动复归，准备好再次动作。这对于雷击机会较多的线路是非常必要的。

7）ARC 应能在重合闸动作后或重合闸动作前，加速继电保护的动作。重合闸前加速用于单侧电源辐射形电网中，重合闸装于靠近电源侧，前加速保护用于 35kV 及以下不太重要的直配线上。后加速是指各段线路装有选择性的保护，当重合闸重合于永久性故障时，利用重合闸的动作信号加速线路保护动作切除故障，后加速用于 35kV 及以上的电力系统中。ARC 与继电保护相互配合可加速切除故障。ARC 还应具有手动合于故障线路时加速继电保护动作的功能。

8）ARC 可自动闭锁。当断路器处于不正常状态（如气压或液压降低、开关未储能等）不能实现自动重合闸时，或某些保护动作（如自动按频率减负荷装置、母差保护动作）不允许自动合闸时，应将 ARC 闭锁。

3. ARC 的分类

ARC 的类型很多，根据不同特征，通常可分为如下几类。

1）按作用于断路器的方式，可以分为三相 ARC、单相 ARC 和综合 ARC 3 种。

2）按作用的线路结构可分为单侧电源线路 ARC、双侧电源线路 ARC。双侧电源线路 ARC 又可分为快速 ARC、非同期 ARC、检定无电压和检定同期的 ARC 等。

本节将重点介绍单侧电源线路的三相一次 ARC。

7.6.2 单侧电源线路的三相一次自动重合闸装置的原理

单侧电源线路只有一侧电源供电，不存在非同步重合的问题，ARC 装于线路的送电侧。在我国的电力系统中，单侧电源线路广泛采用三相一次重合闸方式。所谓三相一次重合闸方式，是指不论在输电线路上发生相间短路还是单相接地短路，继电保护装置动作，将三相断路器一齐断开，然后，重合闸装置动作，将三相断路器重新合上的重合闸方式。当故障为瞬时性时，重合成功；当故障为永久性时，则继电保护再次将三相断路器一齐断开，不再重合。

三相一次重合闸启动方式有保护启动和位置不对应启动两种。不对应启动方式的优点：简单可靠，还可以纠正断路器误碰或偷跳，可提高供电可靠性和系统运行的稳定性，在各级电网中具有良好运行效果，是所有重合闸的基本启动方式。其缺点是当断路器辅助触点接触不良时，不对应启动方式将失效。保护启动方式是不对应启动方式的补充。同时，在单相重合闸过程中需要进行一些保护的闭锁，逻辑回路中需要对故障相实现选相固定等，也需要一个由保护启动的重合闸启动元件。其缺点是不能纠正断路器的误动作。图 7-18 所示为三相一次重合闸逻辑原理框图。KCT 是断路器跳闸位置继电器。

1）重合闸准备回路。为保证一次性重合闸，重合闸必须在充电完成后才能工作。重合闸充电在正常运行时进行，重合闸投入、无跳闸位置 KCT，无 TV 断线或虽有 TV 断线但控制字"TV 断线闭锁重合闸"置"0"，经 15s 后充电完成。

KCT 不动作开放 M_1，当断路器在合闸后位置，启动元件不启动，说明在正常运行状态，M_1 动作，启动充电回 T_{cd}，T_{cd} 时间为 15s，经 T_{cd} 后，重合闸准备好合闸。

当 TV 断线（TV 断线闭锁重合闸控制字投入）、重合闸退出、外部闭锁重合闸动作时至 M_2，M_2、控制回路断线、重合闸动作由 M_3 对 T_{cd} 放电。

合闸压力继电器动作时，经 400ms 延时，如果保护或断路器不动作经 M_5 至 M_7，三相均无电流时则经 M_4 至 M_3 对 T_{cd} 放电。

2）合闸过程。重合闸由独立的重合闸启动元件来启动，当保护跳闸后或断路器偷跳均可启动重合闸。重合闸方式可选用检线路无电压母线有电压重合、检母线无电压线路有电压重合、检线路无电压母线无电压重合、检同期重合，也可选用不检而直接重合闸方式。

检线路无电压母线有电压时，检查线路电压小于 30V 且无线路电压断线，同时三相母线电压均大于 40V 时，检线路无电压母线有电压条件满足，而不管线路电压用的是相电压还是相间电压。

检母线无电压线路有电压时，检查三相母线电压均小于 30V 且无母线电压断线，同时线路电压均大于 40V 时，检母线无电压线路有电压条件满足。

检母线无电压线路无电压时，检查三相母线电压均小于 30V 且无母线电压断线，同时线路电压小于 30V 且无线路电压断线时，检母线无电压线路无电压条件满足。

检同期时，检查线路电压和三相母线电压均大于 40V 且线路电压和母线电压间的相位在整定范围内时，检同期条件满足。正常运行时测量 U_x 与 U_u 之间的相位差，与定值中的固定角度差定值比较，若两者的角度差大于 $10°$，则经 500ms 报"角差整定异常"告警。

重合闸条件满足后经整定的重合闸延时发重合闸脉冲 150ms。其动作过程如下：保护跳闸或 KCT 动作表明断路器跳闸，如果三相均无电流则 M_7 动作至 M_6。然后，如为检同期方式，SW_{18} 合上，则要求线路和母线 $U > 40\text{V}$ 均动作，且同期检查动作有信号，则 M_{11} 动作至 M_{16}。如为检线路无电压母线无电压方式，SW_{17} 合上，则要求线路和母线 $U < 30\text{V}$ 均动作且线路和母线 TV 断线均不动作，则 M_{10} 动作至 M_{15}。如为检母线无电压线路有电压方式，SW_{16} 合上，则要求母线 $U < 30\text{V}$ 且母线 TV 断线不动作，同时线路 $U > 40\text{V}$ 有动作信号，则 M_9 动作至 M_{14}。如为检线路无电压母线有电压方式，SW_{15} 合上，则要求线路 $U < 30\text{V}$ 且线路 TV 断线不动作，同时母线 $U > 40\text{V}$ 有动作信号，则 M_8 动作至 M_{12}。如果为不检方式，在 SW_{14} 合上，直接至 M_{13}，M_{13} 动作启动两个时间，经重合闸时间延时经 M_3 至 T_{cd}，使 T_{cd} 放电；t_c 为合闸脉冲展宽时间，为 150ms，至合闸回路。

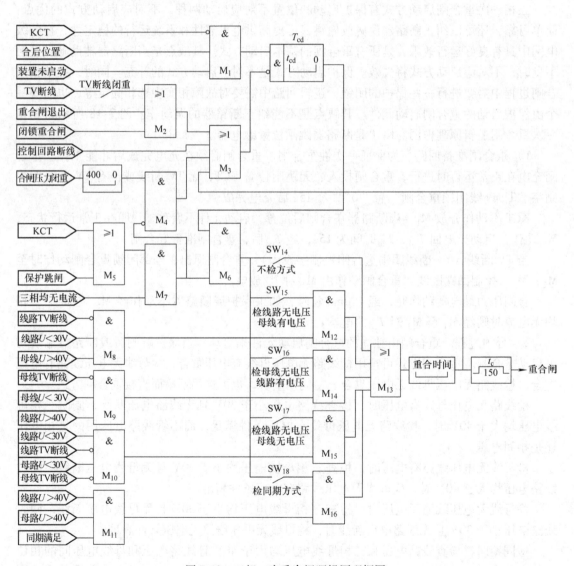

图 7-18　三相一次重合闸逻辑原理框图

7.7 习题

1. 短路的基本形式有几种?
2. 继电保护装置的任务是什么?
3. 继电保护的发展经历哪几个阶段?
4. 电力系统对继电保护的基本性能要求是什么?
5. 简述微机型继电保护硬件的基本结构及各部分的作用。
6. 微机型保护装置的软件由哪几部分组成?
7. 简述线路相间短路的三段式电流保护的构成、整定原则及保护范围。
8. 微机型保护的监控部分由哪几部分构成?
9. 电力变压器故障和异常状态有哪些?
10. 电力变压器应分别装设哪些保护?
11. 电力变压器的非电量保护有哪些?
12. 简述气体保护的保护范围和气体继电器的安装位置。
13. 简述电力变压器的差动保护的保护范围、基本原理及影响差动保护动作性能的因素。
14. 简述备用电源自动投入装置的作用及基本要求。
15. 微机型备自投方式的方式有几种? 画图说明。
16. 简述输电线路自动重合闸的作用和分类。

第8章　变电站二次回路和识图

8.1　变电站常见的二次设备及工作方式

8.1.1　变电站常见的二次设备

从功能上讲，可以将变电站自动化系统中的微机型二次设备分为微机型保护、微机型测控、操作箱（目前一般与微机型保护整合为一台装置，以往多为独立装置）、自动装置和远动设备等。

微机型保护采集电流量、电压量及相关状态量数据，按照不同的算法实现对不同电力设备的保护功能，根据计算结果对目前状况做出判断并发出针对断路器的相应操作指令。

微机型测控的主要功能是测量及控制，可以采集电流量、电压量和状态量并能发出针对断路器及其他电动机构的操作指令，取代的是常规变电站中的测量仪表（电流表、电压表、功率表）、就地及远动信号系统和控制回路。

操作箱用于执行各种针对断路器的操作指令，这类指令分为合闸、分闸和闭锁3种，可能来自多个方面，例如本间隔微机型保护、微机型测控、强电手操装置、外部微机型保护、自动装置和本间隔断路器机构等。

变电站内最常见的自动装置是备自投装置和低频减载装置。备自投装置是为了防止全站失电压而在变电站失去工作电源后自动接入备用电源；低频减载是为了防止因负荷大于电厂功率造成频率下降而导致的电网崩溃，按照事先设定的顺序自动切除某些负荷。

自动装置与微机型保护的区别在于自动装置虽然也采集电流、电压量，但只进行简单的数值比较以做"有""无"的判断，然后按照相对简单的固定逻辑动作发出针对断路器的相应操作指令，这个工作过程相对于微机型保护而言是非常简单的。

对于一般规模的市区110kV变电站，现在多使用110/10kV两绕组变压器，无35kV电压等级。110kV配电装置采用GIS（SF_6气体绝缘全封闭组合电器）或PASS（智能化SF_6高压组合电器），配置SF_6绝缘弹簧机构断路器，一次主接线形式多为桥形接线，部分重要变电站为单母线分段接线；10kV配电装置采用中置柜，配置真空绝缘弹簧机构断路器，一次主接线形式为单母线分段接线。

110kV侧一次主接线为内桥接线的110/10kV变电站，其站内主要二次设备包括：110kV主变压器保护测控屏（主变压器保护、测控、操作箱）、综合测控屏（公共测控、110kV电压重动/并列）、110kV备自投屏（备自投、内桥充电保护）、远动屏、电能表屏（主变压器高低压侧计量、内桥计量）、10kV线路保护测控装置（安装在开关柜上，类似的还有电容器保护装置、接地变保护装置、10kV电压重动/并列装置）。

重动：电压互感器的二次电压在进入二次设备之前必须经过重动装置。所谓重动就是使用一定的控制电路使电压互感器二次绕组的电压状态（有/无）和电压互感器的运行状态（投入/退出）保持对应关系，避免在电压互感器退出运行时，其二次绕组向一次绕组反馈电压，导致造成人身或设备事故。

并列：当变电站一次主接线为桥形接线、单母线分段接线等含有分段断路器的接线方式时，两段母线的电压互感器二次电压还应经过并列装置，以使某间隔的二次设备在本段母线电压互感器退出运行而分段断路器投入的情况下，可以从另一段母线的电压互感器二次绕组获得电压。

目前，大多数厂家都将电压重动和并列两种功能整合为一台装置。如许继电气的 ZYQ-824、南瑞继保的 RCS-9663D 等，习惯性上称为电压并列装置。

对于 110kV 侧一次主接线为外桥接线的 110/10kV 变电站，其二次设备与内桥变电站相比，增加了 110 线路保护测控屏（线路保护、测控、操作箱），减去了 110kV 备自投屏。

8.1.2　微机型二次设备的工作方式

1. 微机型保护与微机型测控的工作方式

微机型保护是根据所需功能配置的。不同的电力设备配置的微机型保护是不同的，但各种微机型保护的工作方式是类似的。一般可概括为开入与开出两个过程。事实上，整个变电站自动化系统的所有二次设备几乎都是以这两种模式工作的，只是开入与开出的信息类别不同而已。

微机型测控与微机型保护的配置原则完全不同，它是对应于断路器配置的，所以，几乎所有的微机型测控的功能都是一样的，区别仅在于其容量的大小而已。微机型测控的工作方式也可以概括为开入与开出两个过程。

1）开入。微机型保护和微机型测控的开入量都分为两种：模拟量和数字量。

① 模拟量的开入。微机型保护需要采集电流和电压两种模拟量进行运算，以判断其保护对象是否发生故障。微机型测控开入的模拟量除了电流、电压外，有时还包括温度量（主变压器测温）、直流量（直流电压测量）等。微机型测控开入模拟量的目的是获得数值，同时进行简单的计算以获得功率等其他电气量数值。

② 数字量的开入。数字量也称为开关量，它是由各种设备的辅助触点通过开/闭转换提供的，只有 1、0 两种状态。对于 110kV 及以下电压等级的微机型保护而言，微机型保护对外部数字量的采集一般只有闭锁条件一种，这个回路一般是电压为直流 24V 的弱电回路。

微机型测控对数字量的采集主要包括断路器机构信号、隔离开关及接地开关状态信号等。这类信号的触发装置（即辅助开关）一般在距离主控室较远的地方，为了减少电信号在传输过程中的损失，通常采用电压为直流 220V 的强电回路进行传输。同时，为了避免强电系统对弱电系统的干扰，在进入微机型测控单元前，需要使用光耦单元对强电信号进行隔离、转换而变成弱电信号。

2）开出。对微机型保护而言，开出指的是微机型保护动作后，按照预先设定好的程序自动发出的操作指令、信号输出等。

对微机型测控而言，开出指的是人为发出的对断路器及各类电动机构（隔离开关、接地开关）操作指令。

① 操作指令。一般来讲，微机型保护只针对断路器发出操作指令。对线路保护而言，这类指令有跳闸或者重合闸两种；对主变压器保护、母线差动保护而言，这类指令只有跳闸

一种。

在某些情况下，微机型保护也会对一些电动设备发出指令，如"主变压器过负荷起动风机"会对主变风冷控制箱内的风机控制回路发出起动命令；对其他微机型保护或自动装置发出指令，如"母线差动保护动作闭锁线路保护重合闸""主变压器保护动作闭锁内桥备自投"等。微机型保护发出的操作指令属于自动范畴。

微机型测控发出的操作指令可以针对断路器和各类电动机构，这类指令也只有两种，对应断路器的跳闸、合闸或者对应电动机构的分、合。微机型测控发出的操作指令必然是人为作业的结果。

② 信号输出。微机型保护输出的信号只有两种，保护动作和重合闸动作。线路保护同时具备这两种信号，主变压器保护只输出保护动作一种信号。至于"装置断电"之类的信号属于装置自身故障，严格意义上讲不属于保护范畴。

微机型测控是将自己采集的开关量信号进行模式转换后通过网络传输给监控系统。

2. 微机型保护、测控与操作箱的联系及工作方式

操作箱内安装的是针对断路器的操作回路，用于执行微机型保护、微机型测控对断路器发出的操作指令。一台断路器配置一台操作箱。一般来说，在同一电压等级中，所有类型的微机型保护配套的操作箱都是一样的。在110kV及以下电压等级的二次设备中，由于断路器的操作回路相对简单，目前已不再设置独立的操作箱，而是将操作回路与微机型保护整合在一台装置中。需要明确的是，尽管安装在一台装置中且有一定的电气联系，操作回路与微机型保护回路在功能上仍然是完全独立的。

对于一个含断路器的设备间隔，其二次设备系统均由3个独立部分组成：微机型保护、微机型测控和操作箱，这个系统的工作方式有3种。

方式1：在后台机上使用监控软件对断路器进行操作。操作指令通过网络触发微机型测控里的控制回路，控制回路发出的对应指令通过控制电缆到达微机型保护里的操作箱，操作箱对这些指令进行处理后通过控制电缆发送到断路器机构箱内的控制回路，最终完成操作。动作流程为：微机型测控——操作箱——断路器。

方式2：在微机型测控屏上使用操作把手对断路器进行操作。操作把手的控制接点与微机型测控里的控制回路是并联的，操作把手发出的操作指令通过控制电缆到达微机型保护里的操作箱，操作箱对这些指令进行处理后通过控制电缆发送到断路器机构箱内的控制回路，最终完成操作。使用操作把手操作也称为强电手操，它的作用是防止监控系统发生故障（如后台机死机）时无法操作断路器。所谓强电是指断路器操作的启动回路在直流220V电压下完成，而使用后台机操作时，启动回路在后台机的弱电回路中。动作流程为：操作把手——操作箱——断路器。

方式3：微机型保护在保护对象发生故障时发出的操作指令。操作指令通过装置内部接线到达操作箱，操作箱对这些指令进行处理后通过控制电缆发送到断路器机构箱内的控制回路，最终完成操作。动作流程为：微机型保护——操作箱——断路器。

微机型测控与操作把手的动作都是需要人为操作的；微机型保护的动作是自动进行的。操作类型的区别对于某些自动装置联锁回路的动作逻辑是重要的判断条件。

3. 二次设备的分布模式

1）110kV电压等级二次设备的分布模式。目前国内各大厂商已将微机型保护与操作箱整合为一台装置，即操作箱不再以独立装置的形式配置。如许继电气的 FCK-801 为 110kV 线路的微机型测控，WXH-811 为微机型保护和操作箱整合为一台装置；南瑞继保的 RCS-9607 为 110kV 线路的微机型测控，RCS-941A 为微机型保护和操作箱整合为一台装置。

从组屏方案上来看，微机型保护和信号复归按钮安装在 110kV 线路保护屏上，微机型测控、操作把手及切换把手安装在 110kV 线路测控屏上。

2）35/10kV 电压等级二次设备的分布模式。针对 35/10kV 电压等级设备，各大厂商均已将其二次设备系统整合为一台装置（即一次设备为开关柜时，二次设备全部安装在开关柜上），推荐就地安装模式以节省控制电缆。例如，对于 10kV 线路，许继电气配置的设备型号是 WXH-821，南瑞继保配置的设备型号是 RCS-9611，它们都是保护、测控和操作箱一体化的装置。一般来讲，35kV 线路与 10kV 线路使用的二次设备型号是相同的，这是因为其继电保护配置相同。

8.2 断路器控制回路

变电站内所有的微机型保护和自动装置动作的最终结果，是使断路器跳闸或者使断路器合闸。断路器在变电站中的作用是如此之大，以至于变电站的大部分二次回路都是围绕对断路器的控制展开的。

8.2.1 断路器的控制回路介绍

断路器的控制回路主要包括断路器的跳、合闸操作回路以及相关闭锁回路。一个完整的断路器控制回路由微机型保护（或自动装置）、微机型测控、操作把手、切换把手、操作箱和断路器机构箱组成。至于为什么把微机型保护和自动装置归为一类，这是由它们在断路器控制回路中的工作方式决定的。

断路器操作按照操作地点的不同分为远方操作和就地操作。就地和远方相对于"远方/就地"切换把手所安装的那个位置。在 110kV 断路器的操作回路中，一般有两个切换把手，一个安装在微机型测控屏，一个安装在断器机构箱。对微机型测控屏的切换把手 1QK 而言，使用微机型测控屏上的操作把手进行操作就属于就地，来自综合自动化后台软件或集控站通过远动户系统传来的操作命令都属于远方；对断路器机构箱内的切换开关 43LR 而言，在机构箱使用操作按钮进行操作属于就地，一切来自主控室的操作命令都属于远方。

1）断路器的合闸操作。断路器的合闸操作分为手动合闸和自动合闸两种。手动合闸包括：利用综合自动化后台软件（或在集控站利用远动系统）合闸、在微机型测控屏使用操作把手合闸、在断路器机构箱使用操作按钮合闸；自动合闸包括：线路重合闸和备自投装置合闸。

2）断路器的跳闸操作。断路器的跳闸操作分为手动跳闸和自动跳闸两种。手动跳闸包括：利用综合自动化后台软件（或在集控站利用远动系统）跳闸、在微机测控屏使用操作把手跳闸、在断路器机构箱使用操作按钮跳闸。自动跳闸包括：自身保护（该断路器所在间隔配置的微机型保护）动作跳闸、外部保护（母线保护或外间隔配置的微机型保护）动作跳闸、自动装置（备自投装置、低频减载装置等）动作跳闸、偷跳（由于某种原因断路器自己跳闸）。

3）断路器操作的闭锁回路。断路器操作的闭锁回路，根据断路器电压等级和工作介质的不同可以分为两类：操作动力闭锁和工作介质闭锁。

操作动力闭锁指的是断路器操作所需动能的来源发生异常，禁止断路器进行操作。例如，弹簧机构断路器的"弹簧未储禁止合闸"等。

工作介质闭锁指的是断路器操作所需绝缘介质浓度异常，为避免发生危险而禁止断路器操作。例如，SF₆断路器的"SF₆压力低禁止操作"等。

SF_6断路器是110kV电压等级最常用的开关电器。以下选用西安西开高压电气股份有限公司生产的LW25-126型SF_6绝缘弹簧机构断路器进行讲解。

LW25-126型断路器操作机构的二次回路图如图8-1所示。主要元件的符号与名称对应关系如表8-1所示。

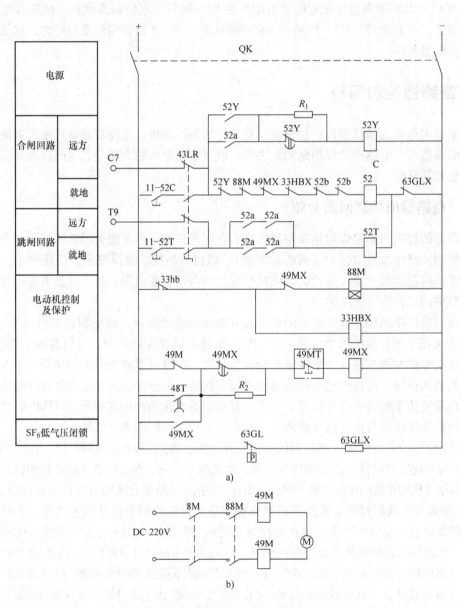

图 8-1 LW25-126 型断路器操作机构的二次回路图

a）断路器操作机构控制回路 b）电动机回路

表 8-1 主要元件的符号与名称对应关系

符　号	名　称	备　注
11-52C	合闸操作按钮	手动合闸
11-52T	分闸操作按钮	手动跳闸
52C	合闸线圈	
52T	分闸线圈	
43LR	远方/就地切换开关	
52Y	防跳继电器	
8M	断路器	电源投入开关（在储能电动机回路）
88M	储能电动机接触器	动作后接通电动机电源
48T	电动机超时继电器	
49M	电动机过电流继电器	
49MX	辅助继电器	反映电动机过电流、过热故障
33hb	合闸弹簧限位开关	弹簧未储能时，其触点闭合
33HBX	辅助继电器	弹簧未储能时，通电，动断触点打开
52a, 52b	断路器辅助触点	52a 为动合触点、52b 为动断触点
63GL	SF_6 气压压力触点	压力降低时，其触点闭合
63GLX	SF_6 低气压闭锁继电器	压力降低时，通电，动断触点打开
49MT	49MX 复归按钮	复归 49MX，现场增加
R_1、R_2	电阻	

8.2.2　合闸回路

1. 就地合闸

43LR 在就地状态时，合闸回路由 11-52C、52Y 动断触点、88M 动断触点、49MX 动断触点、33HBX 动断触点、52b 动断触点、52C 合闸线圈和 63GLX 动断触点组成。合闸回路处于准备状态（按下 52C 即可合闸）时，需要满足以下条件。

1）52Y 动断触点闭合。52Y 是防跳继电器。防跳是指防止在手合断路器于故障线路且发生手合开关触点粘连的情况下，由于"线路保护动作跳闸"与"手合开关触点粘连"同时发生造成断路器在跳闸与合闸之间发生跳跃的情况。从图 8-1 中可以看出，按下手合按钮 11-52C 合闸后，如果 11-52C 在合闸后发生粘连，则 52Y 线圈通过 11-52C 的粘连触点、断路器动合触点 52a、52Y 动断触点得电，然后 52Y 通过自身动合触点、11-52C 的粘连触点和电阻 R_1 实现自保持。同时，52Y 动断触点断开合闸回路。也就是说，在发生"手合按钮粘连"的情况下，52Y 的防跳功能即由断路器的合闸操作启动（至于断路器是否合闸于故障线路对此完全没有影响），即合闸之后，断路器合闸回路已经被闭锁，这就是 LW25-126 防跳回路的动作原理。

由于是用 11-52C 合闸，切换开关 43LR 必然在就地位置，当合闸于故障线路时"保护跳闸命令"根本无法传输到断路器机构箱内的跳闸回路。这个错误是十分严重的，且会造成无法跳闸的后果，必然造成越级跳闸从而使事故范围扩大。所以在将断路器投入运行的时候，必须在远方操作，不仅仅是因为保护人身安全的需要。

那么，断路器机构箱内的防跳回路到底是如何起作用的呢？将切换把手43LR置于远方位置，若使用测控屏上的操作把手1SA合闸后发生合闸触点粘连，那么52Y的动作情况就会与刚才分析的一样，并且起到了防跳功能，而不是上文提到的仅仅形成"断路器合闸回路被闭锁"的状态。

可以看出将52Y的动断触点串入合闸回路的目的在于，可以在手合断路器后且发生手合开关触点粘连的情况下，断开断路器的合闸回路。

2）88M动断触点闭合。88M是合闸弹簧储能电动机的接触器，它是由合闸弹簧限位开关33hb的动断触点控制的。断路器机构内有两条弹簧，分别是合闸弹簧与跳闸弹簧。合闸弹簧依靠电动机牵引进行储能（拉伸），跳闸弹簧依靠合闸弹簧释放（收缩）时的势能储能。断路器的合闸操作是通过合闸弹簧势能释放带动相关机械部件完成的。断路器合闸动作结束后，合闸弹簧失去势能，即合闸弹簧处于未储能状态，合闸弹簧限位开关33hb动断触点闭合。33hb动断触点闭合后88M线圈得电，88M动合触点闭合接通电动机电源使电动机运转给合闸弹簧储能。同时，88M动断触点打开从而断开合闸回路，实现闭锁功能。

电动机转动将合闸弹簧拉伸到一定程度后（即储能完成），33hb动断触点打开使88M失电，88M动合触点打开从而断开电动机电源使其停止运转，合闸弹簧由定位销卡死。同时，88M动断触点闭合，解除对合闸回路的闭锁。在合闸弹簧再次释放前，电动机均不再运转。88M动断触点闭合表示电动机停止运转。在排除电动机故障的情况下，电动机停止运转在一定程度上表示合闸弹簧已储能。

将88M的动断触点串入合闸回路的目的在于，防止在弹簧正在储能的那段时间内（此时弹簧尚未完全储能）进行合闸操作。

3）49MX动断触点闭合。49MX是一个中间继电器，是由电动机过电流继电器49M或电动机超时继电器48T启动的，概括地说，它代表的是电动机故障。在电动机发生故障后，49M或48T通过49MX的动断触点使49MX线圈得电，而后49MX通过自身动合触点及电阻R_2实现自保持。同时，49MX动断触点打开从而断开合闸回路，实现闭锁功能。49MX动断触点闭合表示电动机正常。

从图8-1中可以看出，在49MX的自保持回路接通以后，存在无法复归的问题。即使电动机故障已经排除，49M和48T已经复归，49MX仍然处于动作状态，其动断触点一直断开合闸回路。最初，检修人员只能断开断路器操作回路的电源开关使49MX复归；现在，在49MX的自保持回路中串接了一个复归按钮（如图8-1中虚线框内的49MT），解决了这个问题。

合闸弹簧释放（即合闸动作完成）后，将自动起动电动机进行储能。如果电动机存在故障，则合闸弹簧就不能正常储能，从而导致无法进行下一次合闸操作。例如，手动合闸110kV线路断路器成功后，如果电动机故障造成合闸弹簧储能失败而断路器继续运行，则在线路发生故障时，重合闸必然失败。

将49MX的动断触点串入合闸回路的目的在于防止将合闸弹簧已储能但储能电动机已经发生故障的断路器合闸。

4）33HBX动断触点闭合。33HBX是一个中间继电器，它是由合闸弹簧限位开关33hb的动断触点控制的。33hb动断触点闭合表示的是合闸弹簧未储能，它同时使电动机接触器88M线圈得电和合闸弹簧未储能继电器33HBX、88M的动合触点接通电动机电源回路进行储能，33HBX的动断触点打开从而断开合闸回路，实现闭锁功能。33HBX的动断触点闭合表示的是合闸弹簧已储能。

将 33HBX 的动断触点串入合闸回路的目的在于，防止在弹簧未储能时进行合闸操作，若无此动断触点断开合闸回路，则会由于操作箱中的合闸保持继电器 KLC 的作用导致合闸线圈 52C 持续通电而被烧毁。

5）断路器的动断辅助触点 52b 闭合。断路器的动断辅助触点 52b 闭合表示的是断路器处于分闸状态。从图 8-1 中可以看出，有两个 52b 的动断触点串联接入了合闸回路，这和传统控制回路图纸中的一个动断触点的画法是不一致的。这是因为，断路器的辅助触点和断路器的状态在理论上是完全对应的，但是在实际运行中，由于机件锈蚀等原因都可能造成断路器变位后辅助触点变位失败的情况。将两对辅助触点串联使用，可以确保断路器处于这种接点所对应的状态。

将断路器动断辅助触点 52b 串入合闸回路的目的在于，保证断路器此时处于分闸状态，更重要的是，52b 用于在合闸操作完成后切断合闸回路。

6）63GLX 的动断触点闭合。63GLX 是一个中间继电器，它是由监视 SF$_6$ 密度的气体继电器 63GL 的动断触点控制的。由于泄漏等原因都会造成断路器内 SF$_6$ 的密度降低，无法满足灭弧的需要，这时就要禁止对断路器进行操作以免发生事故，通常称为 SF$_6$ 低气压闭锁操作。63GLX 得电后，其动断触点打开，合闸回路及跳闸回路均被断开，断路器即被闭锁操作。

与前面几对闭锁触点不同的是，63GLX 闭锁的不仅仅是合闸回路。从图 8-1 中，可以明显地看出，这对触点闭锁的是合闸及跳闸两个回路，所以它的意义是闭锁操作。

将 63GLX 的动断触点串入操作回路的目的在于，防止在 SF$_6$ 密度降低不足以安全灭弧的情况下进行操作而造成断路器损毁。

在满足以上 5 个条件后，断路器的合闸回路即处于准备状态，可以在接到合闸指令后完成合闸操作。

2. 远方合闸

对断路器而言，远方合闸是指一切通过操作箱发来的合闸指令，它包括微机线路保护重合闸、自动装置合闸、使用微机型测控屏上的操作把手合闸、使用综合自动化系统后台软件合闸、使用远动功能在集控中心合闸等，这些指令都是通过操作箱的合闸回路传送到断路器机构箱内的合闸回路的。

这些合闸指令其实就是一个高电平的电信号，当 43LR 处于远方状态时，它通过 43LR 以及断路器机构箱内的合闸回路与负电源形成回路，使 52C 线圈得电完成合闸操作。

断路器的远方合闸回路，除了 43LR 在远方位置且无 11-52C 外，与就地合闸回路是一样的。

8.2.3 跳闸回路

1. 就地跳闸

43LR 在就地状态时，跳闸回路由跳闸按钮 11-52T、52a 动合触点、52T 和 63GLX 动断触点组成。跳闸回路处于准备状态（按下 11-52T 即可成功跳闸）时，断路器需要满足以下条件。

1）断路器的动合辅助触点 52a 闭合。断路器的动合辅助触点 52a 闭合表示的是"断路器处于合闸状态"。从图 8-1 中可以看出，跳闸回路使用了 52a 的四对动合触点。每两对动合触点串联，然后再将它们并联，这样既保证了辅助触点与断路器位置的对应关系，又减少了辅助触点故障对断路器跳闸造成影响的概率。

将断路器动合辅助触点 52a 串入跳闸回路的目的在于，保证断路器处于合闸状态，更重要的是，52a 用于在跳闸操作完成后切断跳闸回路。

2）63GLX 的动断触点闭合。

2. 远方跳闸

对断路器而言，远方跳闸是指一切通过微机操作箱发来的跳闸指令，包括微机型保护跳闸、自动装置跳闸、使用微机型测控屏上的操作把手跳闸、使用综合自动化系统后台软件跳闸、使用远动功能在集控中心跳闸等，这些指令都是通微机操作箱的跳闸回路传送到断路器的。

这些跳闸指令其实就是一个高电平的电信号，在 43LR 处于远方状态时，它通过 43LR 以及断路器机构箱内的跳闸回路与负电源形成回路，使 52T 线圈得电完成跳闸操作。

8.3 6～35kV 线路开关柜的二次回路

6～35kV 电压等级同属小电流接地系统，即电力变压器中性点不接地或不直接接地系统。工厂企业中多采用户内布置的开关柜组成。根据不同的用途，可分为线路（出线）开关柜、电容器开关柜、接地（站用）变压器开关柜、母联（分段）开关柜、母联（分段）隔离柜、电压互感器柜等。不同的开关柜装设的一次设备不同，与之对应的二次设备和二次回路也有所不同。本节以中置式线路开关柜为例叙述。

6～35kV 线路开关柜装设的一次设备有手车式断路器（又称为小车开关）、电流互感器、母线、引线、避雷器和接地开关等。小车开关一般安装在开关柜的中部，称为中置式开关柜。手车式断路器，手车是一个带轮子的可以滑动的平板，断路器安装在手车上就可以移动。因此手车式断路器的作用包括断路器和隔离开关的作用，隔离开关的作用由小车的插头与插座代替，以手车的工作位置、试验位置表示断路器与一次主电路的连接情况。

综合自动化变电站中，6～35kV 线路采用的微机型保护测控装置，一般都具有保护、测量、控制和通信功能。在分层分布式综合自动化系统中，作为间隔层的设备就地布置在开关柜上，依靠网络通信和综合自动化系统进行联系。

8.3.1 开关柜上二次设备的布置

在开关柜上，设计有继电器室，专门用于安装继电器或保护测控装置，以及控制开关、信号灯、保护出口连接片、开关状态显示器、电能表和端子排等二次设备。

1. 继电器室面板上安装的设备

图 8-2 是 6～35kV 线路开关柜继电器室的面板布置图。

继电器室的面板上安装的设备有 KZQ 开关状态显示器、CSC-211 微机线路保护装置（1X）、断路器储能指示灯（1BD）、远方就地切换开关（1KSH）、断路器控制开关（1KK）、电气编码锁（1BS）、柜内照明开关（1HK）、断路器储能开关（HK）、柜内加热开关（2HK）、保护跳闸出口连接片（1CXB1）、重合闸出口连接片（1CXB2）、低频减载投入连接片（1KXB1）、装置检修状态投入连接片（1KXB2）和装置复归按钮（1FA）。在面板上开有用于观察电能表的玻璃窗。

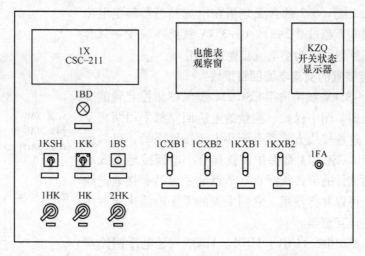

图 8-2 6～35kV 线路开关柜继电器室的面板布置图

2. 继电器室内后板上安装的设备

在继电器室的内部，一般在底板上安装端子排，在后板上安装小型断路器、电能表等。图 8-3 是 6～35kV 线路开关柜继电器室的后板布置图。其中有电能表（DSSD331）、保护回路直流电源开关（1Q1）、控制回路直流电源开关（1Q2）、交流电压回路开关（1Q3）、储能电源开关（2Q）、开关状态显示器电源开关（3Q）和交流电源开关（4Q）等。

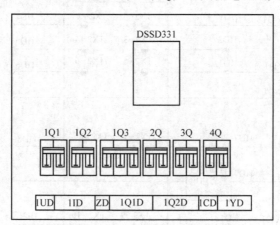

图 8-3 6～35kV 线路开关柜继电器室的后板布置图

8.3.2 开关柜的交流电流、电压回路

1. 电流互感器的配置

6～35kV 的小电流接地系统中，线路的电流互感器按规定采用两相式布置，即在 A、C 相装设，线路开关柜的一次接线及电流互感器配置如图 8-4 所示。电流互感器二次绕组一般配三组。一组供保护用，准确度级别为保护专用的 5P10 级（5P10 的含义是指在电流互感器 10 倍额定电流时，其电流比误差不超过 5%）；一组供测量用，准确度级别为 0.5 级（0.5 的含义是指在电流互感器额定电流时，其电流比误差不超过 0.5%）；一组供电能表计量用，

准确度级别为 0.2 级（0.2 的含义是指在电流互感器额定电流时，其电流比误差不超过 0.2%）。6～35kV 线路还装设一只套管式零序电流互感器，作为小电流接地选线用。

2. 保护测控装置的交流电流回路接线

图 8-5 是 6～35kV 线路选用 CSC-211 型保护测控装置的交流电流回路接线图。图中保护、测量的电流回路都采用两相不完全星形接线，这种接线方式适合于小电流接地系统，可以反映各种相间故障。CSC-211 型保护装置具有小电流接地选线功能，一般变电站装设的消弧线圈自动消谐装置也具有接地选线功能，在运行中可以并行使用。它们采集的零序电流来自专用的套管式零序电流互感器。

图 8-5～图 8-8 中，1UD1、1UD2、1UD3…是电压回路端子排的编号；1ID1、1ID2、1ID3…是电流回路端子排的编号；ZD1、ZD2、ZD3…是直流电源端子排的编号；1Q1D1、1Q1D2、1Q1D3…是强电开入回路端子排的编号；1Q2D1、1Q2D2、1Q2D3…是操作控制回路端子排的编号；1CD1、1CD2、1CD3…是出口回路端子排的编号；1YD1、1YD2、1YD3…是遥信回路端子排的编号；1X1、1X2、1X4…是保护装置背板端子的编号；1K1、1K2、2K1、2K2…是电流互感器二次绕组端子的编号。

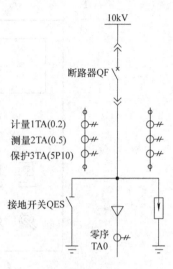

图 8-4　线路开关柜的一次接线及电流互感器配置

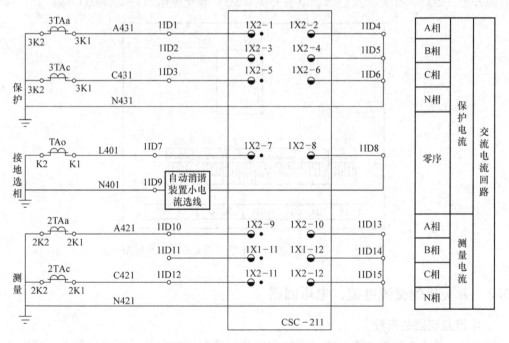

图 8-5　6～35kV 线路选用 CSC-211 型保护测控装置交流电流回路接线图

3. 保护测控装置的交流电压回路接线

图 8-6 是 6～35kV 线路选用 CSC-211 型保护测控装置的交流电压回路接线图。图中保护和测量的交流电压共用一组电压小母线，它所接的电压互感器二次绕组准确度级别为 0.5

级，从该线路所接母线的电压互感器二次绕组引入，如Ⅰ段母线引自1YM（630）的一组电压小母线，Ⅱ段母线引自2YM（640）的一组电压小母线。小电流接地选线所用的零序电压引自电压互感器开口三角绕组 L630 或 L640 回路。

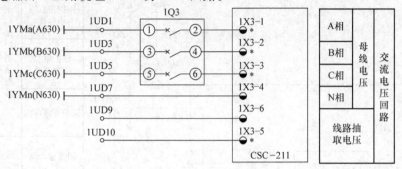

图 8-6　6～35kV 线路选用 CSC-211 型保护测控装置的交流电压回路接线图

4. 电能表的电流、电压回路接线

图 8-7 是 6～35kV 线路电能表的电流、电压回路接线图。电能表采用两相式接线，接入 A 相、C 相电流和 AB、BC 电压。为保证电能计量的精度，电流回路接在专用的 0.2 级电流互感器绕组上，电压回路接计量专用的一组电压小母线 630′ 或 640′，其电压互感器二次绕组准确度级别为 0.2 级。

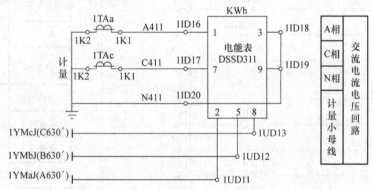

图 8-7　6～35kV 线路电能表的电流、电压回路接线图

8.3.3　保护测控装置的直流控制与信号回路

目前使用的 6～35kV 保护测控装置具有保护、测量、控制和信号等功能。断路器的控制与信号回路一般由跳、合闸回路，防跳回路，位置信号，开入信号等部分组成。

图 8-8 是 6～35kV 线路的直流控制与信号回路接线图。回路中的主要设备有 CSC-211 型线路保护测控装置、1KSH 就地与远方控制的切换开关、1KK 控制开关、IBS 电气编码锁、断路器的操动机构等。

1. 断路器的操动机构

保护测控装置对断路器的操作控制是通过操动机构来实现的。操动机构是断路器的组成部分，包括机械和电气两部分。图 8-9 是 VS1 型抽出式断路器操动机构的电气原理接线图，图中各主要元件及其功能如下。

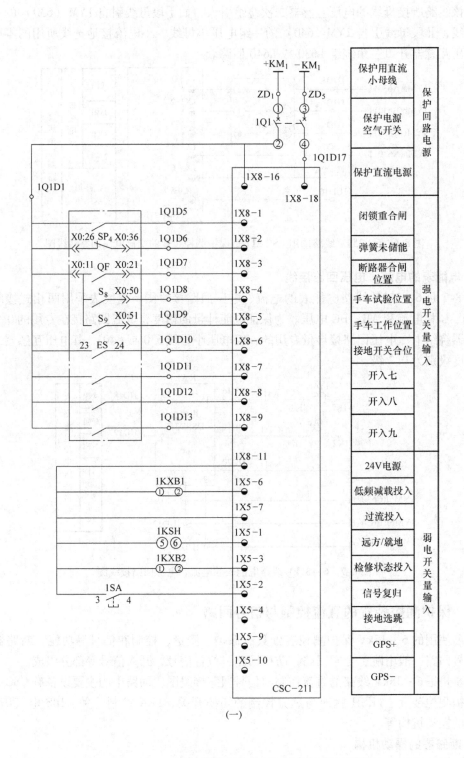

图 8-8　6～35kV 线路的直流控制与信号回路接线图

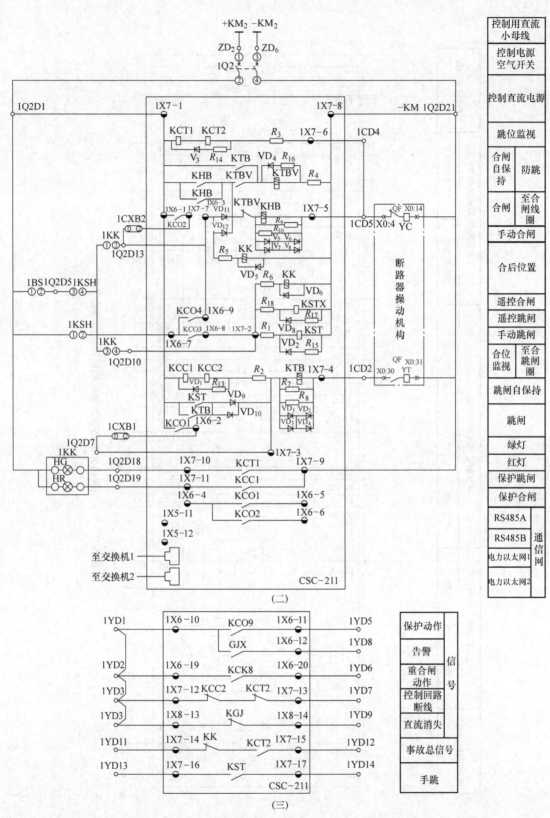

图 8-8　6～35kV 线路的直流控制与信号回路接线图（续）

201

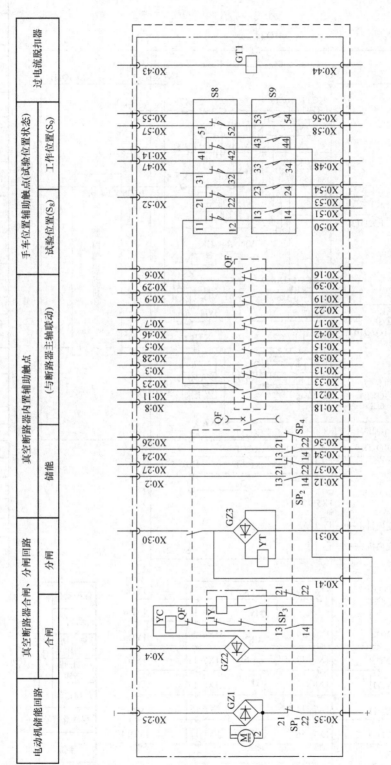

图 8-9 VS1 型抽出式断路器操动机构的电气原理接线图

202

YC 为合闸线圈，用来使合闸电磁铁励磁，产生电磁力，将储能弹簧储存的能量释放，推动操动机构运动，完成断路器的合闸过程。

GZ_1 为整流器，为储能电动机提供整流回路。

GZ_2 为整流器，可为合闸线圈提供整流回路，使之既可用于直流操作，也可用于交流操作。

YT 为分闸线圈，用来使分闸电磁铁励磁，产生电磁力，推动操动机构运动，完成断路器的分闸过程。

GZ_3 为整流器，为分闸线圈提供整流回路。

M 为储能电动机，用来拉伸储能弹簧，使之储存能量用于完成断路器的合闸操作。

QF 为断路器的辅助开关，图中断路器的主触点 QF 与辅助触点 QF 用一条虚线连接，表示辅助触点与主触头的运动过程是同步的。图中和主触点一致的（向左打开）辅助触点是动合触点，它始终与主触点状态保持一致；和主触点相反的（向右封闭）辅助触点是动断触点，它始终与主触头状态相反，即当主触头打开它是闭合的，主触头闭合它是打开的。

S_8、S_9 为底盘车辅助开关，装在手车推进机构底盘内。当断路器手车拉出处于试验位置时，S_8 辅助开关的触点闭合接通；当断路器手车推入处于接通运行位置时，S_9 辅助开关的触点闭合接通。

$SP_1 \sim SP_4$ 为微动开关，它们受控于储能弹簧的状态。当储能弹簧处于拉伸状态能量聚集储存，微动开关的动合触点是闭合接通状态；当储能弹簧处于收缩状态能量释放，微动开关的动断触点是闭合接通状态。在回路中使用时，一般 SP_1 用来切断储能电动机的运转；SP_3 用来控制合闸回路；SP_2、SP_4 用于储能过程结束发信号。

1KC 为中间继电器（图中未示出），是断路器机构内部的防跳闭锁继电器。其防跳过程在后面叙述。

GT_1 为过电流脱扣器线圈，当需要选用时，将它串联在电流互感器二次回路中，发生过电流时使断路器跳闸。

X_0 为航空插座的插头位置编号。断路器及手车二次回路引出线分别接在航空插座的不同插头上，插座端的引线按照回路的设计分别接在开关柜的端子排上。当断路器及手车需要拉出检修时，二次回路可以从航空插座处断开。

2. 断路器的就地控制

断路器就地与远方控制的切换，是通过操作 1KSH 切换开关来实现的。断路器的就地控制，是通过操作 1KK 控制开关来实现。控制开关的面板和触点导通图如图 8-10 所示，图中"×"的触点表示为接通位置；"—"的触点表示为断开位置。

切换开关 1KSH 的操作手柄正常有两个位置，手柄置于垂直位置是远方控制，触点 3-4 打开，切断就地控制回路的正电源；触点 5-6 打开，撤销对远方控制的闭锁，通过监控主机实现对断路器的远方操作。手柄向左旋转 90°呈水平位置时是就地控制，触点 5-6 闭合接通远方操作闭锁的开关量，对远方控制进行闭锁；触点 3-4 闭合为就地进行分、合闸操作接通正电源。

就地控制回路受电气编码锁 1BS 的闭锁，电气编码锁是在线防止电气误操作系统中的一个元件，图中所示的触点 1、2 是用来插入程序钥匙的。当运行条件符合断路器的操作程序时，插入程序钥匙，1、2 触点之间接通，可以进行断路器的就地分、合闸操作。

对断路器进行就地合闸操作时，切换开关 1KSH 置于就地位置，触点 3-4 闭合。将控制开关 1 KK 向右旋转 45°，其触点 1-2 闭合，正电通过防跳继电器动断触点 KTBV，经合闸保持继电器 KHB 的电流启动线圈，启动断路器的合闸线圈 YC，同时 KHB 动作，其动合触点 KHB 闭合，使合闸脉冲自保持，当断路器操动机构完成合闸过程，接在 YC 前的断路器动断辅助触点 QF 打开，切断合闸脉冲，使 KHB 失电返回，完成合闸过程。

在进行合闸的同时启动合后位置继电器 KK，KK 是一个带磁保持的继电器。当接在 R_5 后面的启动线圈励磁时，KK 动作，其一对动合触点闭合，失电后仍一直保持在动作位置，只有在进行跳闸操作 R_6 后面的复归线圈励磁时，它才返回，动合触点打开。它的动合触点与跳闸位置继电器的动合触点串联可以构成不对应启动重合闸的逻辑来用。

对断路器进行就地跳闸操作时，切换开关 1KSH 置于就地位置，将控制开关 1KK 向左旋转 45°，其触点 3-4 闭合，正电通过防跳继电器 KTB 的电流线圈接通断路器的跳闸线圈 YT，当断路器操动机构完成跳闸过程，接在 YT 前的断路器动合辅助触点 QF 打开，切断跳闸脉冲，完成跳闸过程。

1KK LW21-16D/49.6201.2触点位置表

触点 运行方式	1-2 5-6	3-4 7-8
预合 合后 ↑	—	—
合 ↗	×	—
预分 分后 ←	—	—
分 ↗		×

1KSH LW21-16D/9.2208.2触点位置表

触点 运行方式	1-2 3-4	5-6 7-8
远方 ↑	—	
就地 ←	×	×

图 8-10　控制开关的面板和触点导通图

3. 断路器的远方控制

断路器进行远方控制时，切换开关 1KSH 置于远方位置，在主控制室或集控中心用鼠标操作，通过监控主机和网络传输信号。当进行合闸操作时，驱动保护装置中的远方合闸继电器触点 KCO4 闭合，接通合闸回路；当进行跳闸操作时，驱动保护装置中的远方跳闸继电器触点 KCO3 闭合，接通跳闸回路。回路的动作过程与就地控制的动作过程完全相同。

4. 保护装置对断路器的跳、合闸

当保护装置通过对接入模拟量的测量、计算，判断保护应该动作时，装在逻辑插件上的跳闸继电器 KCO1 触点闭合，经跳闸出口连接片 1CXB1 发出跳闸脉冲。

当断路器跳闸后跳闸位置继电器动作，此时断路器位置与控制开关位置（合后）不对应，逻辑构成启动重合闸。重合闸动作后，KCO2 触点闭合，经重合闸出口连接片 1CXB2 发出合闸脉冲。

当进行手动跳闸时，KK 复归线圈励磁，其动合触点打开，即使跳闸后跳闸位置继电器触点闭合也不会构成启动重合闸的逻辑。需要撤除重合闸时，打开连接片 1CXB2 断开重合闸出口回路。外回路需要解除重合闸时，在强电开入回路 1X8-1 送入正电，在逻辑中将重合闸闭锁。

5. 断路器的防跳回路

防跳就是防止断路器在合闸过程中发生连续跳闸、合闸的跳跃现象。长时间跳跃会造成断路器损坏。使断路器产生跳跃的原因很多，如手动合闸到故障线路上，操作人员未及时使控制开关复归，或合闸触点有卡住现象等，都会出现断路器的跳跃。一般断路器都要求有电气防跳回路。

1）保护装置操作回路的防跳回路。防跳回路的核心是防跳继电器，这里防跳由两个继电器来构成，KTB 作为电流启动继电器，KTBV 作为电压保持继电器。当手动合闸到故障线路上，保护动作发出跳闸脉冲通过防跳的电流启动继电器 KTB 的电流线圈，使 KTB 动作，其一对动合触点 KTB 闭合自保持。另一对动合触点 KTB 闭合，启动防跳的电压保持继电器 KTBV，其动合触点 KTBV 闭合自保持，动断触点 KTBV 保持在打开状态，切断合闸脉冲。保证断路器可靠完成跳闸过程。

2）断路器操动机构的防跳回路。在断路器的操动机构中装设有防跳继电器，见图 8-9 中的 1Y，当断路器进行合闸操作时，储能弹簧处于拉伸状态微动开关 SP$_2$ 的动合触点 13-14 闭合，动断触点 21-22 打开。1Y 继电器处于失电状态，其动断触点闭合。断路器在合闸操作前，QF 动断触点也在闭合状态。回路具备合闸条件，使合闸线圈 YC 励磁，断路器进行合闸。当完成合闸过程，储能弹簧能量释放处于收缩状态，SP$_2$ 触点切换 13-14 打开，21-22 闭合。若此时合闸脉冲依然存在，将通过 SP$_2$ 的 21-22 触点启动 1Y 继电器，1Y 继电器的动合触点闭合使其自保持，1Y 继电器的两对动断触点断开，切断合闸线圈 YC 回路，防止此时断路器如果跳闸，发生再次合闸的现象。当断路器完成合闸过程后，QF 动断触点也将打开，切断合闸线圈 YC 回路。当合闸脉冲撤销，1Y 继电器返回，为下次合闸做好准备。

在运行中，保护装置操作回路的防跳与断路器机构的防跳只允许投入一处，一般推荐采用断路器机构中的防跳回路。

6. 信号输出回路

合闸位置继电器的动合触点 KCC$_1$ 和跳闸位置继电器的动合触点 KCT$_1$，分别接通装在控制开关面板上的红灯和绿灯，表示断路器在合闸或分闸位置。同时，红灯亮监视了断路器分闸回路的完好，绿灯亮则监视断路器合闸回路的完好。

图 8-8（三）中保护装置的合闸、跳闸、装置告警、直流消失和控制回路断线等信号，可以通过这些继电器的空触点送往常规变电站的中央信号回路。对于综合自动化变电站，这些信号不再由触点传输，而是转换为数字量，通过网络送到监控主机。由于装置直流消失会造成系统通信中断，一般设计中将此信号汇集成小母线，送至公用测控装置，显示开关柜就地装设的保护测控装置发生直流消失的告警。

7. 信号输入回路

变电站的断路器、隔离开关、继电器等常处于强电场中，电磁干扰比较严重，若要采集这些强电信号，必须采取抗干扰措施。抗干扰的方法有很多，最简单有效的方法是采用光电隔离。

光耦合器由发光二极管和光敏晶体管组成，发光二极管和光敏晶体管之间是绝缘的，两者都封装在一起。光电隔离原理如图 8-11 所示，当有强电输入时，发光二极管导通发光，使光敏晶体管饱和导通，有电位输出。在光耦合器中，信息传输介质为光，但输入和输出都是电信号。

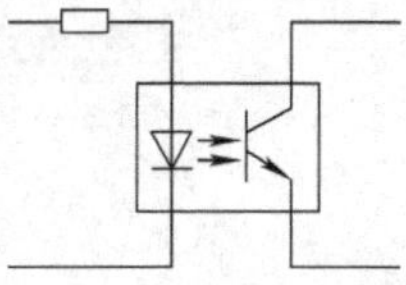

图 8-11 光电隔离原理图

信息的传送和转换过程都是在不透光的密闭环境下进行的，它既不会受电磁信号的干扰，也不会受外界光的影响，具有良好的抗干扰性能。

早期保护测控装置的强电信号输入的光耦合器，是装设在保护装置外面，布置在屏柜面板或端子排上。目前的保护测控装置的光耦合器都是装设在装置箱体内部，强电输入均采用直流220V，输出直流24V。为了保证抗干扰的可靠性，要经过两级光隔离，即将变换为24V的信号再经过一级光电隔离，变换为5V的信号送入CPU芯片。一般屏柜内部信号采用弱电输入，如保护装置的功能连接片、远方就地切换开关及信号复归按钮等，输入采用直流24V。

在图8-8（一）中，强电信号输入接有断路器合闸位置、手车开关的试验位置和工作位置、接地开关ES合闸位置和操动机构弹簧未储能信号。这些输入信号可以通过保护测控装置转换为数字量，经网络传输在监控主机的显示器上显示。

8.4 习题

1. 变电站自动化系统中的微机型二次设备有哪些？
2. 110kV侧一次主接线为内桥接线的110/10kV变电站主要二次设备包括哪些？
3. 10kV电压重动/并列装置有何作用？
4. 微机型测控的工作方式有哪几种？
5. 微机型保护和微机型测控的开入量、开出量有几种？简述其作用。
6. 简述操作箱的作用。
7. 简述微机型保护、微机型测控、操作箱构成的二次系统的工作方式。
8. 断路器的控制回路主要包括哪些？
9. 什么是中置式开关柜，由哪些设备构成？
10. 画图说明6～35kV小电流接地系统中使用的线路开关柜的一次接线及电流互感器的配置。

第9章　变电站综合自动化系统

9.1　变电站综合自动化系统的基础知识

1. 变电站综合自动化系统的概念

变电站综合自动化是将变电站的二次设备经过功能的组合和优化设计，利用先进的计算机技术、现代电子技术、通信技术和信号处理技术，实现对全变电站的主要设备和输配电线路的自动监视、自动控制、测量和微机型保护，以及与调度通信等综合性的自动化功能。

变电站综合自动化系统可以采集到比较齐全的数据，利用计算机的高速计算能力和逻辑判断功能，可方便地监视和控制变电站内各种设备的运行和操作。变电站综合自动化系统具有功能综合化、结构微机化、操作监视屏幕化、运行管理智能化等特征。

2. 变电站综合自动化系统的研究内容

变电站综合自动化的研究内容应包括电气量的采集和电气设备（如断路器等）的状态监视、控制和调节。实现变电站正常运行的监视和操作，保证变电站的正常运行和安全。发生事故时，由继电保护和故障录波等完成瞬态电气量的采集、监视和控制，迅速切除故障并完成事故后的恢复正常操作。综合自动化系统的内容还应包括高压电器设备本身的监视信息（如断路器、变压器和避雷器等的绝缘和状态监视等）。

3. 变电站综合自动化系统的基本功能

变电站综合自动化系统的基本功能主要体现在微机型保护、安全自动控制、远程监控、通信管理4大子系统的功能中。

（1）微机型保护子系统

微机型保护子系统的功能：微机型保护应包括全变电站主要设备和输电线路的全套保护，具体有：①高压输电线路的主保护和后备保护。②主变压器的主保护和后备保护。③无功补偿电容器组的保护。④母线保护。⑤配电线路的保护。

微机型保护子系统中的各保护单元，除了具有独立、完整的保护功能外，还必须满足以下要求，也即必须具备以下附加功能。

1）满足保护装置快速性、选择性、灵敏性和可靠性的要求，它的工作不受监控系统和其他子系统的影响。为此，要求保护子系统的软、硬件结构要相对独立，而且各保护单元，例如变压器保护单元、线路保护单元和电容器保护单元等，必须由各自独立的 CPU 组成模块化结构。主保护和后备保护由不同的 CPU 实现，重要设备的保护，最好采用双 CPU 的冗余结构，保证在保护子系统中一个功能部件模块损坏，只影响局部保护功能而不能影响其他设备。

2）存储多套保护定值和定值的自动校对，以及保护定值、功能的远方整定和投退。

3）具有故障记录功能。当被保护对象发生事故时，能自动记录保护动作前后有关的故障信息，包括故障电压电流、故障发生时间和保护出口时间等，以利于分析故障。在此基础上，尽可能具备一定的故障录波功能，以及录波数据的图形显示和分析，这样更有利于事故的分析和尽快解决。

4）具有统一时钟对时功能，以便准确记录发生故障和保护动作的时间。

5）故障自诊断、自闭锁和自恢复功能。每个保护单元应有完善的故障自诊断功能，发现内部有故障，能自动报警，并能指明故障部位，以利于查找故障和缩短维修时间。

6）通信功能。各保护单元必须设置有通信接口，与保护管理机或通信控制器连接。保护管理机（或通信控制器）在自动化系统中起承上启下的作用。把保护子系统与监控系统联系起来，向下负责管理和监视保护子系统中各保护单元的工作状态，并下达由调度或监控系统发来的保护类型配置或整定值修改等信息；如果发现某一保护单元故障或工作异常，或有保护动作的信息，应立刻上传给监控系统或上传至远方调度端。

（2）安全自动控制子系统

安全自动控制子系统主要包括以下功能：电压无功自动综合控制；低频减载；备用电源自投；小电流接地选线；故障录波和测距；同期操作；五防操作和闭锁；声音图像远程监控。

（3）远程监控子系统

远程监控子系统功能应包括以下几部分内容。

1）数据采集。变电站的数据包括：模拟量、开关量和电能量。

变电站需采集的模拟量有系统频率、各段母线电压、进线线路电压、各断路器电流、有功功率、无功功率和功率因数等。此外，模拟量还有主变油温、直流合闸母线和控制母线电压、站用变电压等。

变电站需采集的开关量有：断路器的状态及辅助信号、隔离开关状态、有载调压变压器分接头的位置、同期检测状态、继电保护及安全自动控制装置信号和运行告警信号等。

现行变电站综合自动化系统中，电度量采集方式包括脉冲和 RS485 接口两种，对每个断路器的电能采集一般不超过正反向有功、无功 4 个电度量，如果希望得到更多电度量数据，应考虑通过独立的电量采集系统。

2）事件顺序记录 SOE。事件顺序记录（Sequence of Events，SOE）包括断路器跳合闸记录、保护动作顺序记录，并应记录事件发生的时间（应精确至毫秒级）。

3）操作控制功能。操作人员应可通过远方或当地显示屏幕对断路器和电动隔离开关进行分、合操作，对变压器分接开关位置进行调节控制。为防止计算机系统故障时无法操作被控设备，在设计时，应保留人工直接跳、合闸手段。对断路器的操作应有以下闭锁功能：断路器操作时，应闭锁自动重合闸；当地进行操作和远方控制操作要互相闭锁，保证只有一处操作，以免互相干扰；根据实时信息，自动实现断路器与隔离开关间的闭锁操作；无论当地操作或远程操作，都应有防误操作的闭锁措施，即要收到返校信号后才执行下一项。必须有对象校核和操作性质校核以保证操作的正确性。

4）人机联系功能、数据处理与记录功能、打印功能。

（4）通信管理子系统

综合自动化系统的通信管理功能包括 3 方面内容。

1）子系统内部产品的信息管理：即为综合自动化系统的现场级通信，主要解决各子系统内部各装置之间及其与通信控制器（管理机）间的数据通信和信息交换问题，它们的通信范围被限制在变电站内部。对于集中组屏的综合自动化系统来说，实际是在主控室内部；对于分散安装的自动化系统来说，其通信范围扩大至主控室与子系统的安装地，最大的可能是开关柜间，即通信距离加长了。

2）主通信控制器（管理机）对其他公司产品的信息管理：保护和安全自动装置信息的实时上传、保护和安全自动装置定值的召唤和修改、电子式多功能电能表的数据采集、智能交直流屏的数据采集、向五防操作闭锁系统发送断路器刀闸信号（根据系统设计要求接收其闭锁信号）、其他智能设备的数据采集、所有设备的授时管理和通信异常管理。

3）主通信控制器（管理机）与上级调度的通信：变电站综合自动化系统应具有与电力调度中心通信的功能，而且每套综自系统应仅有一个主通信控制器完成此功能。

需要说明的是，对专用故障录波屏、独立的电量采集系统、声音图像远程监控系统，由于其数据量较大，目前一般不通过主通信控制器进行信息管理，而采用各自独立的通信网送至远方相应信息监控管理系统。

主通信控制器把变电站所需测量的模拟量、电能量、状态信息和 SOE 等测量和监视信息传送至调度中心，同时从上级调度接收数据和控制命令，例如接收调度下达的开关操作命令，在线修改保护定值、召唤实时运行参数。

主通信控制器与调度中心的通信通道目前主要包括：载波通道、微波通道以及光纤通道。而且对重要变电站，为了保证对变电站的可靠监控，常使用两条通道冗余设置、互为备用。载波通道一般采用 300bit/s 或 600bit/s，也有特殊要求的 1200bit/s；微波通道、光纤通道可达到 9600bit/s。现在越来越多的地方在逐步实施光纤通信手段。

4. 变电站综合自动化系统分层分布式结构形式

分层分布式结构的变电站综合自动化系统是以变电站内的电气间隔和元件（变压器、电抗器、电容器等）为对象开发、生产、应用的计算机监控系统。

（1）分层分布式结构的变电站综合自动化系统的结构

分层分布式结构的变电站综合自动化系统的结构特点主要表现在以下 3 个方面。

1）分层式的结构。按照国际电工委员会（IEC）推荐的标准，在分层分布式结构的变电站控制系统中，整个变电站的一、二次设备被划分为 3 层，即过程层、间隔层和站控层。其中，过程层又称为 0 层或设备层，间隔层又称为 1 层或单元层，站控层又称为 2 层或变电站层。

图 9-1 为某 110kV 分层分布式结构的变电站综合自动化系统的结构图，图中简要绘出了过程层、间隔层和站控层的设备。按照该系统的设计思路，图中每一层分别完成分配的功能，且彼此之间利用网络通信技术进行数据信息的交换。

过程层主要包含变电站内的一次设备，如母线、线路、变压器、电容器、断路器、隔离开关、电流互感器和电压互感器等，它们是变电站综合自动化系统的监控对象。

过程层是一次设备与二次设备的结合面，或者说过程层是指智能化电气设备的智能化部分。过程层的主要功能分为 3 类。

① 电力运行的实时电气量检测。主要是电流、电压、相位以及谐波分量的检测，其他电气量如有功、无功、电能量可通过间隔层的设备运算得出。

② 运行设备的状态参数在线检测与统计。变电站需要进行状态参数检测的设备主要有变压器、断路器、隔离开关、母线、电容器、电抗器以及直流电源系统。在线检测的内容主

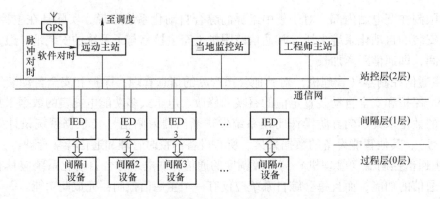

图 9-1　110kV 分层分布式结构的变电站综合自动化系统

要有温度、压力、密度、绝缘、机械特性以及工作状态等数据。

③ 操作控制的执行与驱动。操作控制的执行与驱动包括变压器分接头调节控制，电容、电抗器投切控制，断路器、隔离开关合分控制，直流电源充放电控制。

过程层的控制执行与驱动大部分是被动的，即按上层控制指令而动作，比如接到间隔层保护装置的跳闸指令、电压无功控制的投切命令、对断路器的遥控开合命令等。在执行控制命令时具有智能性，能判别命令的真伪及其合理性，还能对即将进行的动作精度进行控制，能使断路器定相合闸、选相分闸，在选定的相角下实现断路器的关合和开断，要求操作时间限制在规定的参数内。又例如对真空断路器的同步操作要求能做到断路器触头在零电压时关合，在零电流时分断等。

间隔层各智能电子装置利用电流互感器、电压互感器、变送器和继电器等设备获取过程层各设备的运行信息，如电流、电压、功率、压力和温度等模拟量信息以及断路器、隔离开关等的位置状态，从而实现对过程层进行监视、控制和保护，并与站控层进行信息的交换，完成对过程层设备的遥测、遥信、遥控和遥调等任务。在变电站综合自动化系统中，为了完成对过程层设备进行监控和保护等任务，设置了各种测控装置、保护装置、保护测控装置、电能计量装置以及各种自动装置等，它们都可被看作是 IED。图 9-2 为某线路保护测控装置面板片。

间隔层设备的主要功能是：汇总本间隔过程层实时数据信息；实施对一次设备保护控制功能；实施本间隔操作闭锁功能；实施操作同期及其他控制功能；对数据采集、统计运算及控制命令的发出具有优先级别的控制；承上启下的通信功能，即同时高速完成与过程层及站

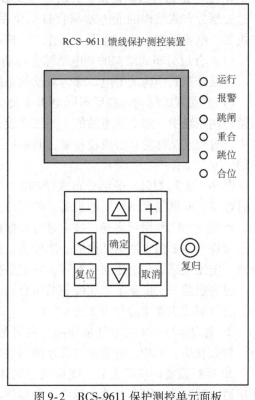

图 9-2　RCS-9611 保护测控单元面板

控层的网络通信功能。

站控层借助通信网络（通信网络是站控层和间隔层之间数据传输的通道）完成与间隔层之间的信息交换，从而实现对全变电站所有一次设备的当地监控功能以及间隔层设备的监控、变电站各种数据的管理及处理功能（如图 9-1 中的当地监控主站及工程师站）；同时，它还经过通信设备（如图 9-1 中的远动主站），完成与调度中心之间的信息交换，从而实现对变电站的远方监控。

站控层的主要任务为：通过两级高速网络汇总全站的实时数据信息，不断刷新实时数据库，按时登录历史数据库；按既定规约将有关数据信息送向调度或控制中心；接收调度或控制中心有关控制命令并转间隔层、过程层执行；具有在线可编程的全站操作闭锁控制功能。具有（或备有）站内当地监控，人机联系功能，如显示、操作、打印、报警，甚至图像、声音等多媒体功能；具有对间隔层、过程层设备的在线维护、在线组态，在线修改参数的功能；具有（或备有）变电站故障自动分析和操作培训功能。

需要指出的是，在大型变电站内，站控层的设备要多一些，除了通信网络外，还包括由工业控制计算机构成的监控工作站、五防主机、运动工作站、工程师工作站等，但在中小型的变电站内，站控层的设备要少一些，通常由一台或两台互为备用的计算机完成监控、运动及工程师站的全部功能。

变电站层一般主要由操作员工作站（监控主机）、五防主机、运动主站及工程师工作站组成。

操作员工作站是变电站内的主要人机交互界面，它收集、处理、显示和记录间隔层设备采集的信息，并根据操作人员的命令向间隔层设备下发控制命令，从而完成对变电站内所有设备的监视和控制。

五防主机的主要功能是对遥控命令进行防误闭锁检查，自动开出操作票，确保遥控命令的正确性。此外，五防主机通常还提供编码/电磁锁具，确保手动操作的正确性。

远动主站主要完成变电站与远方控制中心之间的通信，实现远方控制中心对变电站的远程监控。它提供多种通信接口，各种接口和规约可以根据需要灵活配置，遥信、遥测等信息点的容量基本没有限制；与各种常用 GPS 接收机通信，实现对交电站间隔层装置的 GPS 对时。

工程师站供专业技术人员使用。主要功能有：①监视、查询和记录保护设备的运行信息。②监视、查询和记录保护设备的告警、事故信息及历史记录。③查询、设定和修改保护设备的定值。④查询、记录和分析保护设备的分散录录波数据。⑤用户权限管理和装置运行状态统计。⑥完成应用程序的修改和开发。⑦修改数据库的参数和参数结构。⑧在线测点的定义和标定、系统维护和试验等。

在变电站监控系统中采用 GPS 对时，需要在站内安装一套 GPS 卫星天文钟。GPS 卫星天文钟采用卫星星载原子钟作为时间标准，并将时钟信息通过通信电缆送到变电站综合自动化系统各有关装置，对它们进行时钟校正，从而实现各装置与电力系统统一时钟。

2）分布式的结构。由于间隔层的各 IED 是以微处理器为核心的计算机装置，站控层各设备也是由计算机装置组成的，它们之间通过网络相连，间隔层和站控层共同构成的分布式的计算机系统，间隔层各 IED 与站控层的各计算机分别完成各自的任务，并且共同协调合作，完成对全变电站的监视、控制等任务。

分布式系统结构的最大特点是将变电站自动化系统的功能分散给多台计算机来完成。各功能模块（常是多个 CPU）之间采用网络技术或串行方式实现数据通信。分布式结构方便系统扩展和维护，局部故障不影响其他模块正常运行。

如微机型变压器保护主要包括速断保护、比率制动型差动保护和电流电压保护等，主保护的功能由一个 CPU 单独完成；后备保护主要由复合电压电流保护构成，过负荷保护、气体保护触点引入微机，经由微机保护出口；轻瓦斯报警；温度信号经温度变送器输入微机，可发超温信号并据此启动风扇，后备保护功能也由一个 CPU 单独完成，主保护 CPU 和后备保护 CPU 分开，各自完成各自功能，增加了保护的可靠性。

3）面向间隔的结构。间隔层设备的设置是面向电气间隔的，即对应于一次系统的每一个电气间隔，分别布置有一个或多个智能电子装置来实现对该间隔的测量、控制、保护及其他任务。

电气间隔是指发电厂或变电站一次接线中一个完整的电气连接，包括断路器、隔离开关、电流互感器、电压互感器和端子箱等。根据不同设备的连接情况及其功能的不同，间隔有许多种：比如有母线设备间隔、母联间隔、出线间隔等；对主变压器来说，以变压器本体为一个电气间隔，各侧断路器各为一个电气间隔。

分层分布式系统的主要优点有：

1）每个计算机只完成分配给它的部分功能，如果一个计算机故障，只影响局部，因而整个系统有更高的可靠性。

2）由于间隔层各 IED 硬件结构和软件都相似，对不同主接线或规模不同的变电站，软、硬件都不需另行设计，便于批量生产和推广，且组态灵活。

3）便于扩展。当变电站规模扩大时，只需增加扩展部分的 IED，修改站控层部分设置即可。

4）便于实现间隔层设备的就地布置，节省大量的二次电缆。

5）调试及维护方便。由于变电站综合自动化系统中的各种复杂功能均是微型计算机利用不同的软件来实现的，一般只要用几个简单的操作就可以检验系统的硬件是否完好。

分层分布式结构的综合自动化系统具有以上明显的优点，因而目前在我国被广泛采用。

需要指出，在分层分布式变电站综合自动化系统发展的过程中，计算机技术及网络通信技术的发展起到了关键作用，在技术发展的不同时期，出现了多种不同结构的变电站综合自动化系统。同时，不同的生产厂家在研制、开发变电站综合自动化系统的过程中，也都逐渐形成了有自己特色的系列产品，它们的设计思路及结构各不相同。此外不同的变电站由于其重要程度、规模大小不同，它们采用的变电站综合自动化系统的结构也都有所不同。由于这些原因，在我国出现了多种多样的变电站综合自动化系统。但总体来说，这些变电站综合自动化系统的基本结构都符合图 9-1 的形式，只是构成间隔层和站控层的设备以及通信网络的结构与通信方式有所不同。

（2）分层分布式变电站自动化系统的组屏及安装方式

变电站自动化系统组屏及安装方式是指将间隔层各 IED 及站控层各计算机以及通信设备如何组屏和安装。一般情况下，在分层分布式变电站综合自动化系统中，站控层的各主要设备都布置在主控室内；间隔层中的电能计量单元和根据变电站需要而选配的备用电源自动投入装置、故障录波装置等公共单元均分别组合为独立的一面屏柜或与其他设备组屏，也安装在主控室内；间隔层中的各个 IED 通常根据变电站的实际情况安装在不同的地方。按照间隔层中 IED 的安装位置，变电站综合自动化系统有以下 3 种不同的组屏及安装方式。

1）集中式的组屏及安装方式。

集中式的组屏和安装方式是将间隔层中各个保护测控装置机箱根据其功能分别组装为变压器保护测控屏、各电压等级线路保护测控屏（包括 10kV 出线）以及站用直流电源设备等多个屏柜，把这些屏都集中安装在变电站的主控室内。

集中式的组屏及安装方式的优点是：便于设计、安装、调试和管理，可靠性也较高。不足之处是：需要的控制电缆较多，增加了电缆的投资。这是因为反映变电站内一次设备运行状况的参数都需要通过电缆送到主控室内各个屏上的保护测控装置机箱，而保护测控装置发出的控制命令也需要通过电缆送到各间隔断路器的操动机构处。

2）分散与集中相结合的组屏及安装方式。

这种安装方式是将配电线路的保护测控装置机箱分散安装在所对应的开关柜上，而将高压线路的保护测控装置机箱、变压器的保护测控装置机箱，均采用集中组屏安装在主控室内，如图 9-3 所示。

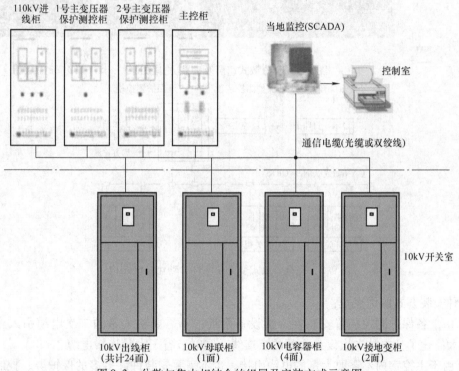

图 9-3 分散与集中相结合的组屏及安装方式示意图

这种安装方式在我国比较常用，它有如下特点：

① 10～35kV 馈线保护测控装置采用分散式安装，即就地安装在 10～35kV 配电室内各对应的开关柜上，而各保护测控装置与主控室内的变电站层设备之间通过单条或双条通信电缆（如光缆或双绞线等）交换信息，这样就节约大量的二次电缆。

② 高压线路保护和变压器保护、测控装置以及其他自动装置，如备用电源自投入装置和电压、无功综合控制装置等，都采用集中组屏结构，即将各装置分类集中安装在控制室内

的线路保护屏（如110kV线路保护屏、220kV保护屏等）和变压器保护屏等上面，使这些重要的保护装置处于比较好的工作环境，对可靠性较为有利。

3）全分散式组屏及安装方式。

这种安装方式将间隔层中所有间隔的保护测控装置，包括低压配电线路、高压线路和变压器等间隔的保护测控装置均分散安装在开关柜上或距离一次设备较近的保护小间内，各装置只通过通信（如光缆或双绞线等）与主控室内的变电站层设备之间交换信息，如图9-4所示。完全分散式变电站综合自动化系统结构如图9-5所示。

a)   b)

图9-4　全分散式组屏及安装方式图例

a）开关柜上的保护测控装置　b）户外保护测控柜

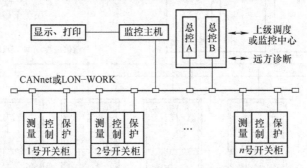

图9-5　完全分散式变电站综合自动化系统结构

这种安装方式的优点是：

① 由于各保护测控装置安装在一次设备附近，不需要将大量的二次电缆引入主控室，所以大大简化了变电站二次设备之间的互连线，同时节省了大量连接电缆。

② 由于主控室内不需要大量的电缆引接，也不需要安装许许多多的保护屏、控制屏等，这就极大地简化了变电站二次部分的配置，大大缩小了控制室的面积。

③ 减少了施工和设备安装工程量。由于安装在开关柜的保护和测控单元等间隔层设备在开关柜出厂前已由厂家安装和调试完毕，再加上铺设电缆的数量大大减少，因此可有效缩短现场施工、安装和调试的工期。

但是在使用分散式组屏及安装方式，由于变电站各间隔层保护测控装置及其他自动化装置安装在距离一次设备很近的地方，且可能在户外，因此需解决它们在恶劣环境下（如高温或低温、潮湿、强电磁场干扰、有害气体、灰尘、震动等）长期可靠运行问题和常规控制、测量与信号的兼容性问题等，对变电站综合自动化系统的硬件设备、通信技术等要求较高。

目前变电站综合自动化系统的功能和结构都在不断地向前发展，全分散式的结构一定是今后发展的方向，随着新设备、新技术的进展如电－光传感器和光纤通信技术的发展，使得原来只能集中组屏的高压线路保护装置和主变压器保护也可以考虑安装于高压场附近，并利用日益发展的光纤技术和局域网技术，将这些分散在各开关柜的保护和集成功能模块联系起来，构成一个全分散化的综合自动化系统，为变电站实现高水平、高可靠性和低造价的无人值班创造更有利的技术条件。

9.2　RCS-9600 变电站综合自动化系统简介

RCS-9600 系列分布变电站综合自动化系统是南瑞继保电气有限公司为适应变电站综合自动化的需要，推出的新一代集保护、测控功能于一体的新型变电站综合自动化系统。满足35～500kV 各种电压等级变电站综合自动化需要。

RCS-9600 系列综合自动化系统包括 RCS-9600 和 RCS-9700 两个系列，RCS-9600 系统主要适用于 110kV 及以下电压等级变电站综合自动化；RCS-9700 系统主要适用于 220kV 及以上电压等级变电站综合自动化。

RCS-9600 型综合自动化系统具有以下特点。

1）分布系统。将保护和测控功能按对象进行设计，集保护、测控功能于一体，可就地安装在开关柜上，减少大量的二次接线，装置仅通过通信电缆或光纤与上层系统联系，取消了大量信号、测量、控制、保护和电缆接入主控制室。

2）RCS 总线。采用电力行业标准 DL/T 667—1999（IEC 60870-6-103）规约，提供保护和测控的综合通信，实时性强，可靠性高，具有不同厂家的同种规约的互操作性，是一种开放式的总线。

3）双网设计。所有设备可提供独立的双网接线，通信互不干扰，可组成双通信网络，提供通信可靠性，也可以一个接通信网，一个接保护录波网络进行设计。

4）对时网络。为 GPS 的硬件对时提供网络方式。GPS 只需给出一副接点，通过一个网络，即可对所有设备提供硬件对时，避免了以往为每一个设备提供一副接点及一对连接线。

5）后台监控系统。采用开放式系统设计，组态完成监控功能、完整提供保护信息功能及保护录波分析，基于 Windows Nt 设计。

9.2.1　RCS-9600 系统的构成

RCS-9600 综合自动化系统从整体上分为 3 层，即变电站层、通信层和间隔层，硬件主要由保护测控单元、通信控制单元及后台监控系统组成。

变电站层提供的远动通信功能，可以同时以不同的规约向两个调度或集控站转发不同的信息报文，提供的后台监控系统功能强大、界面友好、能很好地满足综合自动化系统的需要。

通信层采用电力行业标准规约，可方便地实现不同厂家的设备互连，可选用光纤组网解决通信干扰问题；采用独立双网设计保证了系统通信的可靠性；设备的 GPS 对时网减少了GPS 与设备之间的连线，方便可靠，对时准确。

间隔层解决了该设备在恶劣环境下（高温、强磁场干扰和潮湿）长期可靠运行的问题，并通过将保护与测控功能合二为一，减少重复设备，简化设计。

RCS-9600 型变电站综合自动化系统典型结构如图 9-6 和图 9-7 所示。

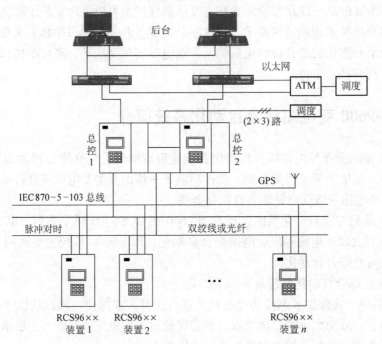

图 9-6　RCS-9600 型变电站综合自动化系统典型结构图 1

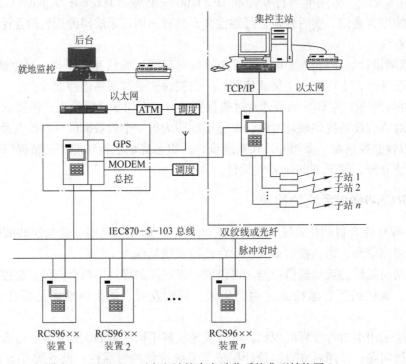

图 9-7　RCS-9600 型变电站综合自动化系统典型结构图 2

9.2.2　RCS-9600 后台监控系统及监控软件

RCS-9600 后台监控系统用于综合自动化变电站的计算机监视、管理和控制或用于集控中心对无人值班变电站进行远方监控。RCS-9600 后台监控系统通过测控装置、微机型保护以及变电站内其他微机化设备（IED）采集和处理变电站运行的各种数据，对变电站运行参数自动监视，按照运行人员的控制命令和预先设定的控制条件对变电站进行控制，为变电站运行维护人员提供变电站运行监视所需要的各种功能，减轻运行维护人员的劳动强度，提高变电站运行的稳定性和可靠性。

1. 系统结构

图 9-6 系统结构采用双机配置。其中后台两个工作站用于变电站实时监控，相互备用。主计算机系统通过两台通信控制器与变电站内的保护、测控装置相连接，实现变电站的数据采集和控制。两台通信控制器互为备用，任一台故障，可自动切换，接替故障设备工作。该配置主要用于中高压枢纽变电站。

图 9-7 系统结构则主要用于中低压变电站。系统配置采用单机结构。完成变电站的日常运行监视和控制工作。在中低压变电站中正逐步实现无人值班，对于重要性较低的变电站，可以配置测控装置和保护，不配置计算机系统，完全由变电站的集控中心进行监测和控制。

图 9-6 和图 9-7 两种配置硬软件平台完全一样。用户可随着变电站规模的扩大，逐步发展扩充原有系统。

2. 系统功能

1）实时数据采集。

①遥测。变电站运行各种实时数据，如母线电压、线路电流、功率和主变压器温度等。②遥信。断路器、隔离开关位置、各种设备状态、气体继电器信号和气压等信号。③电能量。脉冲电能量，计算电能。④保护数据。保护的状态、定值、动作记录等数据。

2）数据统计和处理。

①限值监视及报警处理。多种限值、多种报警级别（异常、紧急、事故、频繁报警抑制）、多种报警方式（声响、语音、闪光）报警闭锁和解除。②遥信信号监视和处理。人工置数功能、遥信信号逻辑运算、断路器事故跳闸监视及报警处理、自动化系统设备状态监视。③运行数据计算和统计。电能量累加、分时统计、运行日报统计、最大值、最小值、负荷率和合格率统计。

3）操作控制。断路器及隔离开关的分合控制，变压器分接头调节，操作防误闭锁，特殊控制。

4）运行记录。遥测越限记录，遥信变位记录，SOE 事件记录，自动化设备投停记录，操作记录（如遥控、遥调、保护定值修改等记录）。

5）报表和历史数据。变电站运行日报、月报；历史库数据显示和保存。

6）人机界面。电气主接线图、实时数据画面显示，实时数据表格、曲线、棒图显示，多种画面调用方式（菜单、导航图），各种参数在线设置和修改，保护定值检查和修改，控制操作检查和闭锁，画面复制和报表打印，各种记录打印，画面和表格生成工具，语音告警（选配）。

7）支持多种远动通信规约，与多调度中心通信。

8）远程系统维护（选配功能）。

9）事故追忆功能、追忆数据画面显示功能。

3. 监控系统软件

监控系统软件包括 Windows 2000 及以上操作系统、数据库、画面编辑和应用软件等几部分，监控系统软件结构如图 9-8 所示。

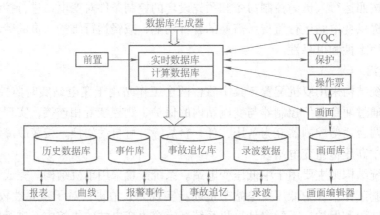

图 9-8　监控系统软件结构图

1）数据库。数据库用于存放和管理实时数据以及对实时数据进行处理和运算的参数，它是在线监控系统数据显示、报表打印和界面操作等的数据来源，也是来自保护、测控单元数据的最终存放地点。数据库生成系统提供离线定义系统数据库工具，而在线监控系统运行时，由系统数据管理模块负责系统数据库的操作，如进行统计、计算、产生报警、处理用户命令（如遥控、遥调等）。

数据库的组织是层次加关系型的。数据分为 3 层，即由站（对应整个变电站）、数据类型（即遥测、遥信、电能等）、数据序号（又称为"点"，对应具体的某一个数据）形成数据库的访问层次。层次体现在监控系统在线运行时系统对数据库的读写访问上，也体现在系统数据库的定义上。系统数据库的定义分为站定义、数据类型定义、点定义 3 级，站和点都有一系列属性。数据库的关系型结构体现在与系统中的点是相关的，如监控系统在线运行时，判断遥控是否成功要看其对应的遥信是否按要求变位。

系统数据库的数据可以分成两级，即基本级数据和高级数据。基本级数据指遥测、遥信、脉冲的基本属性（系统数据库的描述数据在 RCS-9600 中称为属性）；高级数据则是指在上述基本数据基础上的电压、电流、功率、断路器、隔离开关和电能的属性。基本数据可以在数据库生成系统中进行定义，而高级数据是监控系统在线运行时产生的。

2）画面编辑器。画面编辑器是生成监控系统的重要工具，地理图、接线图、列表、报表、棒图和曲线等画面都是在画面生成器中生成的。由画面编辑器生成的画面都能被在线调出显示。地理图、接线图、列表是查看数据和进行操作的主要画面，报表、曲线则主要用于打印。

画面上可以制作两类图元：一类是背景图元，另一类是前景图元。背景图元在线运行时不会发生变化，如画面中的线段、字符、位图以及报表的边框等都是背景图元。前景图元又分为两种，即数据前景图元和操作前景图元。数据前景图元根据其代表的实时或历史数据的

218

值的变化而变化；操作前景图元则代表一个操作，当用户使用鼠标点中该图元时执行这一操作，如调出画面、修改数据和进行遥控等。一般数据前景图元也都是操作前景图元。使用操作前景图元可以把系统使用的画面组成一个网状结构，在线运行时，用户可以方便在各画面之间漫游。

画面编辑器提供了方便的编辑功能，使作图效率更高，提供报表、列表自动生成工具，加快作图速度。

对于画面中经常使用的符号，如断路器、隔离开关、接地开关和变压器等，可以使用画面编辑器制成图符，在编辑画面时直接调出使用。使用多个图符交替显示，还用来代表断路器、隔离开关的不同状态。

通过画面编辑器提供的工具和菜单栏，可方便地选择各种工具对画面进行编辑和处理，形成具体工程所需的各种画面。

3）应用软件。应用软件在操作系统的支持下，依据数据库提供的参数，完成各项监控功能，并通过人机界面，利用画面编辑器生成的各种画面，提供变电站运行信息，显示实时数据和状态，异常和事故报警；同时提供运行人员对一次设备进行远程操作和控制的手段，对监控系统的运行进行干预和控制。应用软件包括如下内容。

①数据采集软件。与通信控制器通信，采集各种数据，传送控制命令。②数据处理软件。对所采集的数据进行处理和分析，判断数据是否可信、模拟量有无越限、开关量有无变位，按照数据库提供的参数进行各种统计处理。③报警与事件处理软件。判断报警或事件类型，给出报警或事件信息，登录报警或事件内容、时间，设置和清楚相关报警或事件标志。④人机界面处理软件。显示各种画面和报表、报警和事件信息，给出报警音响或语音，自动和定时打印报警、事件信息以及各种报表、画面；操作权限检查，提供遥调、遥控控制操作，确认报警，修改显示数据（人工置数）、修改保护定值。⑤数据库接口。连接数据库与应用软件，对数据库存取进行管理、协调和控制。⑥控制软件。完成特定的控制任务和工作。对每一项控制任务，一般有一个控制软件与之对应。常见的控制软件：电压无功控制、操作控制连锁。

9.2.3 RCS-9600 系列保护测控单元

RCS-9600 保护测控单元用于完成变电站内数据采集、保护和控制，与 RCS-9600 计算机监控系统相配合实现变电站综合自动化。该系列保护测控单元也可单独使用，用于老变电站改造或同其他变电站监控系统配合使用。

1. RCS-9600 保护测控单元的功能及分类

RCS-9600 系列保护测控单元作为变电站综合自动化系统的一个基本部分，以变电站基本元件为对象，完成数据采集、保护和控制等功能。概括地说，其完成的主要功能有：模拟量数据采集、转换与计算，开关量数据采集、滤波，继电保护，自动控制功能，事件顺序记录，控制输出，对时，数据通信。

对保护测控单元，模拟量数据采集、转换和计算，主要有线路电流、母线电压、流过电容器（电抗器）和变压器的电流、变压器的温度、直流母线电压等。对所采集到的电流、电压进行转换和计算，得到电流和电压的数字量，及由电流、电压计算出来的复合量，如有功功率、无功功率，代替常规二次仪表，实现对变电站基本元件参数的监视。

开关量采集包括断路器、隔离开关位置、一次设备状态以及辅助设备运行情况等以空触点形式表示的信息。

继电保护的配置因设备、对象的不同而异。

自动控制功能，主要包括自动准同步、低频减负荷等。

数据通信是实现保护测控单元与计算机监控系统间信息交换的重要手段。通过数据通信，实现大量信息交换，数据共享，功能集成和综合自动化。

依据保护测控单元所服务的对象及所完成的功能分类，RCS-9600 保护测控单元包括如下内容。

1）保护单元。如 RCS-978 变压器保护。

2）测控单元。如 RC-9601 线路测控单元。

3）保护测控单元。如 RCS-9611 线路保护测控单元。

4）自动装置单元。如 RCS-9651 分段备自投测控单元。

5）辅助装置单元。如 RCS-9662 电压并列装置。

RCS-9600 系列保护测控单元详细分类如图 9-9 所示。

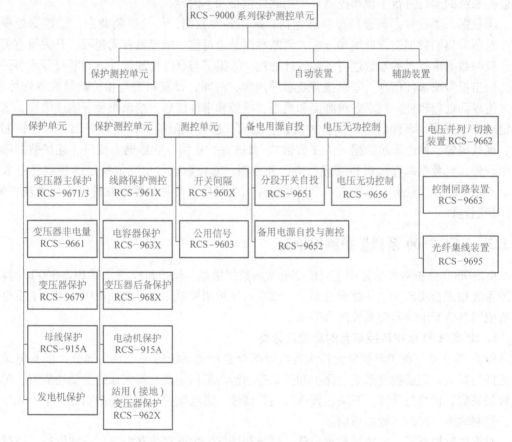

图 9-9　RCS-9600 系列保护测控单元详细分类

2. 保护测控单元硬件结构

RCS-9600 系列保护测控单元硬件典型结构如图 9-10 所示。保护测控单元主要有交流插

220

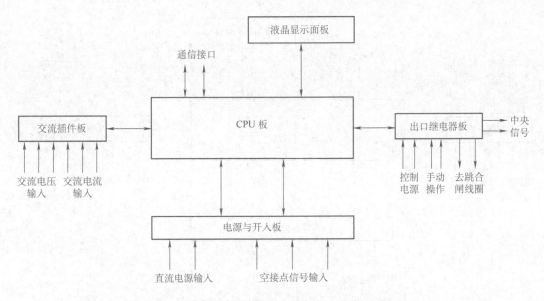

图 9-10　RCS-9600 系列保护测控单元硬件典型结构框图

件、CPU 插件、继电器出口回路、显示面板和电源及开入插件等模块构成。

1）交流插件完成转换，隔离现场提供的电流、电压信号，即将现场 100V 和 5A 交流电压和电流信号转换为适宜 A-D 转换器采集和处理的低电压信号。

2）CPU 插件包括交流插件接口 A-D 转换部分、开入量以及继电器出口板接口，显示面板接口和外部通信接口。来自交流插件的小电压信号经 A-D 转换后变成数字信号，交给 CPU 进行运算和处理，如检查电流信号是否大于过电流整定值，若大于过电流整定值则经过指定时间延迟后，由 CPU 板向继电器出口板发出断路器跳闸指令，同时记下发出跳闸指令的时间，并将保护跳闸指令和跳闸时间合成一条报警信息，在传给显示面板的同时，发往通信接口（一般为通信口 B，通信口 A 用于备用），在完成上述任务后，检查开入接口、继电器板接口确认断路器已跳开，启动重合闸或闭锁重合闸（若有重合闸，计算机在重合闸后，给出重合闸动作信号）；若电流信号不大于保护整定值，则对电流、电压信号按照有关要求，进行计算或处理。等待计算机监控系统命令或人机界面操作命令，将计算和处理结果传往计算机监控系统或送到大屏幕液晶显示。

3）对于线路、电容器、站用变压器/接地变压器等保护测控单元，继电器出口板等同于常规二次回路中的操作箱，不仅提供出口分合、防跳、手工分合断路器控制，而且还可通过 TWJ 和 HWJ 触点信号，向监控系统提供断路器位置信号。

4）显示面板插件向运行维护人员提供一个友善的人机界面。替代常规的二次仪表，实时显示变电站基本元件的电气运行参数，如母线电压、线路电流、断路器位置和状态等。运行人员也可通过显示面板插件，检查和修改保护定值，观察装置状态等。

RCS-9600 系列保护测控单元高度模块化。不同的保护测控单元仅需更换不同的硬软件模块。若更换图 9-10 中交流插件并配置相应的软件模块，则图 9-10 所示的保护测控单元便转换为变压器的差动保护 RCS-9671。其硬件结构框图如图 9-11 所示。

若将图 9-10 交流插件更换为直流插件，同时更换电源与开入板插件，增加开入信号，

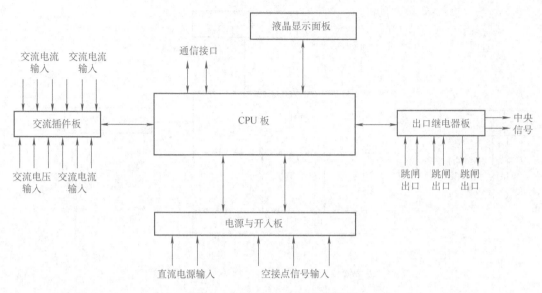

图 9-11　RCS-9671 硬件结构框图

更换出口继电器板，则图 9-10 所示保护测控单元便可转换为图 9-12 所示的公用信号测控单元 RCS-9603 的硬件结构框图。

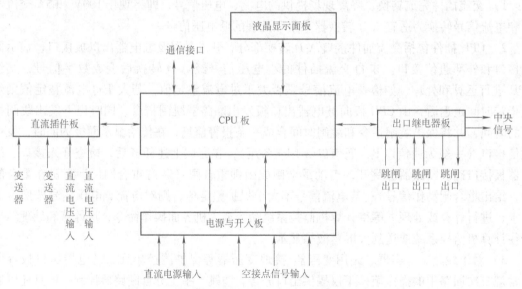

图 9-12　公用信号测控单元 RCS-9603 硬件结构框图

3. RCS-9600 系列保护测控单元功能

1）RCS-961X 系列线路保护测控单元。RCS-961X 系列线路保护测控单元适用于 110kV 及以下电压等级非直接接地或经小电阻接地系统中的馈线保护和测控。该系列中"A"型也可用于 110kV 直接接地系统作为线路电流、电压保护和测控。这个系列共有 7 种类型：即（RCS-9611、RCS-9611A、RCS-9612、RCS-9612A）馈线保护测控装置、RCS-9613 线路光纤纵差保护装置、RCS-9615 线路距离保护装置、RCS-9617 横差保护装置。

① 保护功能：二段/三段定时限过电流保护、反时限过电流保护、零序过电流保护、过

222

电流保护可经低电压闭锁或方向闭锁、合闸加速保护、短线路光纤纵差动保护、过负荷保护、三段式相间距离、横联差动电流方向保护等。②测控功能：最多9路自定义遥信开入采集；通过交流采样提供电压、电流、功率等最多14个遥测；4路脉冲量采集；一组断路器遥控；硬件对时；通信功能。③自动控制功能：有故障录波、三相一次/二次自动重合闸、低频减负荷、接地选线试跳和自动重合及独立操作回路。

上述保护测控功能并不包括在每一个保护测控单元中，可通过不同类型保护测控单元选配上述功能。

2）RCS-962X 系列站用/接地变压器保护测控单元。RCS-962X 系列站用/接地变压器保护测控单元适用于 110kV 及以下电压等级非直接接地或经小电阻接地站用/接地变压器保护和测控。

RCS-962X 系列站用/接地变压器保护测控功能如表 9-1 所示。

表 9-1　RCS-962X 系列站用/接地变压器保护测控功能

名　称	保护功能	测控功能
RCS-9621	二段定时限过电流保护 三段零序定时限过电流保护 非电量保护	触点信号采集 交流采样 脉冲信号采集 断路器遥控 故障录波 独立操作回路 通信功能 硬件对时
RCS-9621A	三段复合电压闭锁过电流保护 高压侧正序反时限保护 二段定时限负序过电流保护 高压侧接地保护 低压侧接地保护 低电压保护 非电量保护 过负荷保护	

3）RCS-963 X 系列电容器保护测控单元。RCS-963X 系列电容器保护测控单元适用于 110kV 及以下电压等级非直接接地或经小电阻接地系统中并联电容器的保护和测控。根据电容器组接线单丫、双丫、△或桥型接线及保护测控功能的不同，形成 5 种不同类型的电容器保护测控单元。RCS-963X 系列电容器保护测控功能如图 9-13 所示。

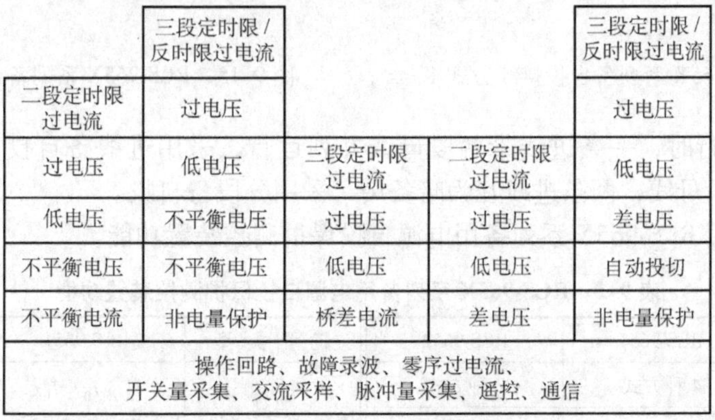

	三段定时限/ 反时限过电流			三段定时限/ 反时限过电流
二段定时限 过电流	过电压			过电压
过电压	低电压	三段定时限 过电流	二段定时限 过电流	低电压
低电压	不平衡电压	过电压	过电压	差电压
不平衡电压	不平衡电压	低电压	低电压	自动投切
不平衡电流	非电量保护	桥差电流	差电压	非电量保护
操作回路、故障录波、零序过电流、 开关量采集、交流采样、脉冲量采集、遥控、通信				

图 9-13　RCS-963X 系列电容器保护测控功能

RCS-9631、RCS-9631A 电容器保护测控单元适用于电容器组单丫、双丫、△联结；RCS-9631A 在 RCS-9631 基础上增加了非电量保护，由二段过电流保护改为三段过电流保护，并

223

添加了反时限过电流保护。

RCS-9632、RCS-9633、RCS-9633A 适用于桥型接线电容器组。RCS-9632 与 RCS-9633 保护测控单元差别在一个有桥差电流保护，另一个有差电压保护。RCS-9633A 电容器保护测控单元在 RCS-9633 的基础上改二段定时限过电流为三段定时限过电流，增加了反时限过电流、非电量保护，添加了自动投切功能。

4）RCS-965X 系列备用电源自投保护测控装置。RCS-965X 系列备用电源自投保护测控装置适用于 110kV 及以下电压等级降压变电站。当一条电源故障或其他原因失电后，备用电源自投装置自动启动，将备用电源投入，迅速恢复供电。RCS-965X 系列备用电源自投保护测控装置提供进线备自投和分段备自投两类功能，并结合分段断路器监控的需要，融合了分段断路器保护测控功能。

RCS-965X 系列备用电源自投保护测控装置适用于图 9-14 和图 9-15 两种接线方式，假定两台主变压器分列运行或一台运行一台备用。

① 若正常运行时，一台主变压器带两段母线并列运行，另一台主变压器为明备用，采用进线（变压器）备自投；若正常运行时，两段母线分列运行，每台主变压器各带一段母线，两段母线互为暗备用，采用分段备自投。

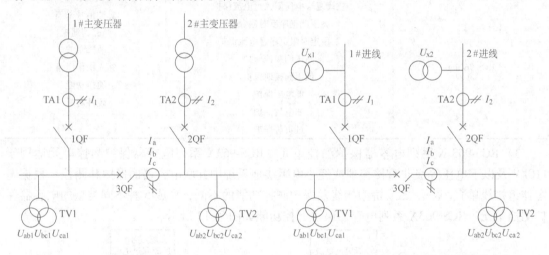

图 9-14　RCS-965X 系列备自投接线方式 1　　　　图 9-15　RCS-965X 系列备自投接线方式 2

② 若正常运行时，一条进线带两段母线并列运行，采用进线备自投；若正常运行时，每条进线各带一段母线，两条进线互为暗备用，采用分段备自投。

表 9-2 列出了 RCS-965X 系列备用电源自投保护测控装置功能。

表 9-2　RCS-965X 系列备用电源自投保护测控装置功能

装 置 类 型	RCS-9651	RCS-9652	装 置 类 型	RCS-9651	RCS-9652
分段备自投	4 种方式	2 种方式	遥测	I_A、I_B、I_C、P、Q、$\cos\Phi$	I_A、I_B、I_C、P、Q、$\cos\Phi$
进线备自投	无	2 种方式			
分段断路器保护	过电流、零序、重合闸、充电保护	无	遥信	5 路	6 路
			遥控	1 组（分段断路器）	3 组
操作回路	1 个	无			

224

5）RCS-96XX 系列变压器保护测控装置。

RCS-96XX 系列变压器保护测控单元完成变压器保护和测控任务。根据变压器各种保护由一台还是多台装置完成，分成两大类型。一类如 RCS-9679 集成变压器保护单元，这类单元包含变压器差动、高低压侧后备、非电量保护及三相操作回路等功能。一个单元便可完成变压器成套保护任务。但对变压器进行测量、监视和分接头调节控制，需配置相应测控单元完成。另一类，如 RCS-9671/3、RCS-9681/2、RCS-9661 保护测控单元，这类变压器保护单元，每一个保护单元仅完成一部分变压器保护任务。如 RCS-9671 完成变压器差动保护任务，而 RCS-9661 则仅完成变压器非电量保护任务。整个变压器所要求的全套保护任务通过将这类多个保护单元组合起来完成。由于变压器后备保护测控单元 RCS-968/2 除后备保护功能外，还具备测控功能。因而，若采用这类保护测控单元，仅需增加一公用信号测控单元 RCS-9603，采集变压器油温和档位信号，即可完成变压器全部护和测控任务。

9.3　习题

1. 什么是变电站综合自动化？
2. 变电站综合自动化系统有哪些基本功能？
3. 简述变电站层的组成。
4. RCS-9600 综合自动化系统由哪几部分组成？
5. RCS-9600 后台监控系统具有哪些特点？
6. RCS-9600 系列保护测控单元完成的主要功能有哪些？
7. RCS-9600 综合自动化系统中实时采集的数据包括哪些类型？

第 10 章 智能化变电站

10.1 智能化变电站简介

10.1.1 智能化变电站的基本概念

智能化变电站是由智能化一次设备和网络化二次设备组成，建立在 IEC61850 通信规范基础上，能够实现变电站内智能电气设备间信息共享和互操作的现代化变电站。智能化一次设备主要包括电子式互感器、智能化断路器等，网络化二次设备是指将变电站内的常规二次设备标准化设计制造，在设备之间使用高速网络通信实现数据共享。

智能化变电站的特征可理解为以下几个方面。

1）一次设备的智能化。电子式互感器替代传统的电磁式互感器，实现了反映电网运行电气量的数字化输出，是智能化变电站的标志性特征，也为变电站的网络化、信息化以及一次设备的智能化奠定了基础。

2）二次设备的网络化。智能化变电站的二次设备除了具有传统数字式设备的特点外，其二次信号变为基于网络传输的数字化信息，功能配置、信息交换通过网络实现，网络通信成为二次系统的核心，设备成为整个系统中的一个通信节点。

3）变电站通信网络和系统实现标准统一化。智能化变电站利用 IEC61850 的完整性、系统性、开放性保证了设备间具备互操作性的特征，解决了传统变电站因信息描述和通信协议差异而导致的信号识别困难、互操作性差等问题，实现了变电站信息建模标准化。

10.1.2 智能化变电站的基本结构及主要的技术特征

1. 智能化变电站的基本结构

智能化变电站的结构继承了综合自动化变电站分层分布式的特点，依然由一次设备和二次设备分层构成，由于一次设备的智能化和二次设备的网络化，智能化变电站的一、二次设备之间的结合更加紧密。IEC61850 按照变电站自动化系统所要完成的控制、监视、保护3 大功能从逻辑上将变电站功能划分三层：过程层、间隔层和变电站层，智能化变电站的基本结构如图 10-1 所示。

1）过程层。过程层是一次设备与

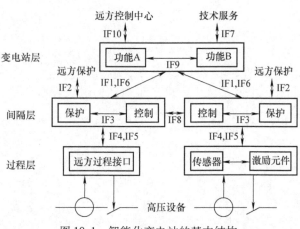

图 10-1 智能化变电站的基本结构

226

二次设备的结合面，是智能化一次设备的智能化部分。其主要实现与一次设备接口相关的功能，包括实时电压、电流等电气量检测，进行运行设备的状态检测与统计，完成包括断路器、隔离开关的合分控制、变压器分接头调节、直流电源充放电控制操作等的控制执行与驱动。

2）间隔层。间隔层的功能是利用本间隔的数据对本间隔的一次设备产生作用，如线路保护设备和间隔单元控制设备就属于这一层。其主要功能有：汇总本间隔过程层实时数据信息，实施对一次设备的保护控制，实施本间隔的操作闭锁，实施操作同期及其他控制功能，控制数据采集、统计计算及控制命令的优先级，同时高速完成与过程层及站控层的网络通信。

3）变电站层。变电站层主要通过两级高速网络汇总全站的实时数据信息，不断刷新实时数据库，按时登录历史数据库，按既定规约将有关数据信息送向调度或控制中心，接收调度或控制中心有关控制命令并转间隔层、过程层执行。它应具有以下功能：在线可编程的全站操作闭锁控制功能；站内当地监控、人机联系功能，如显示、操作、打印、报警，图像和声音等多媒体功能；可对间隔层、过程层诸设备进行在线维护、在线组态、在线修改参数；同时，能完成变电站故障记录、故障分析和操作培训。

从结构上看，智能化变电站与以往综合自动化变电站相比，主要是对过程层和间隔层设备进行了升级，将一次系统提供的模拟量和开关量就地数字化，用光纤代替电缆连接，实现过程层和间隔层之间的通信。间隔层保护测控装置无需接收 TA、TV 输出的模拟信号，只需接收 SV 网络输出的数字信号。保护装置对外的联系也可以用数字信号，由 GOOSE 网将信息送达目的地。SV 网络用于模拟数据转换后的传送，GOOSE 网用于交换的实时数据有保护装置的跳、合闸命令、站控层后台计算机发出的经测控装置的遥控命令、保护装置间信息、一次设备的遥信信号。

2. 智能化变电站的主要技术特征

1）数据采集数字化。智能化变电站采集和传输数字化电压、电流等电气量，不仅实现了一、二次有效的电气隔离，而且大大扩展了测量的动态范围与精度，使变电站的信息共享和集成应用成为可能。

2）系统分层分布化。智能化变电站采用了 IEC61850 提出的变电站过程层、间隔层、站控层的 3 层功能分层结构。过程层主要指站内的变压器、断路器和互感器等一次设备；间隔层一般按照断路器间隔划分，通常由各种不同的间隔装置组成，直接通过局域网络或串行总线与变电站层联系；变电站层包括监控主机、运动通信机等，设现场总线或局域网，实现变电站层以及与间隔层之间的信息交换。这种分层分布结构实现了以站内一次设备为面向对象的分布式配置，不同的设备均单独安装具有测量、控制和保护功能的元件，任一元件故障不会影响整个系统正常运行。采用分层分布式结构大大降低了对处理器的要求，而且具有自诊断功能，可以灵活地进行扩充。

3）系统结构紧凑化。紧凑型组合电器、智能化断路器等智能化一次设备集成了的更多的部件和功能，体积更小，这使得变电站的占地面积大幅减少，设备布置更加紧凑。各种体积小、重量轻、精度高、数字化的互感器和传感器的应用，不仅简化了一次设备的结构，而且数据的网络传输和共享，实现了二次回路连接的简化，甚至可以取消信号电缆。由于智能化断路器的出现，实现了一、二次设备的集成，控制与保护等越来越靠近过程对象，并可有机地集成在间隔或小室并靠近一次设备布置。过程层的数字化和网络化以及 IEC61850 的采用，使得整个变电站的功能和配置可以灵活地映射和分配到各个 IED（智能电子设备），许多功能的实现不再依赖独立的专用设备，这样系统的结构将更加简单紧凑，性能和可靠性越来越高。

4）系统建模标准化。智能化变电站采用了 IEC61850 对一、二次设备统一建模，定义了统一的建模语言、设备模型、信息模型和信息交换模型，采用全局统一规则命名资源，使变电站内及变电站与控制中心之间实现了无缝通信与信息共享。通过系统建模的标准化，消除了各种"信息孤岛"，实现了设备的互联开放，从而简化了系统维护、配置、扩展以及工程实施。

5）信息交互网络化。智能化变电站各层、各设备间信息交换都依赖高速网络通信完成，网络成为系统内各种智能电子装置以及与其他系统之间实时信息交换的载体。在过程层与间隔层之间，数字化的各种智能传感器的采样数据通过网络传输到间隔层，利用多播技术将数据同时发送至测控、保护、故障录波及相角测量等单元，进而实现了数据共享。因此二次设备不再出现功能重复的数据与 I/O 接口，而是通过采用标准以太网技术真正实现了数据及资源共享。

6）信息应用集成化。智能化变电站对常规变电站监视、控制、保护和故障录波等分散的二次系统装置进行了信息集成及功能优化。将间隔层的控制、保护、监视、操作闭锁、诊断与计量等功能和运行支持系统集成到统一的装置中，间隔内、间隔间以及间隔与变电站层的通信采用光纤总线连接。凡是过程层能完成的功能不再由间隔层处理，凡是间隔层能执行的功能不再由变电站层执行，各项功能通过网络组合在系统中，变电站层只是进行各功能的协调，不再需要传统变电站中完成不同任务的分隔系统及相应的通信网络，从而简化了网络结构和通信规约化。

7）设备检修状态化。在智能化变电站中，电压和电流的采集、二次系统设备状况、操作命令的下达和执行完全可以通过网络实现信息的有效监测，可有效地获取电网运行状态数据以及各种 IED 的故障和动作信息，监测操作及信号回路状态，设备状态特征量的采集没有盲区，设备检修策略可以从常规变电站设备的定期检修变成状态检修，从而大大提高了系统的可用性。

8）设备操作智能化。智能一次设备不仅可以获取整个系统及关联设备状态，而且可监测设备内部电、磁、温度、机械和机构动作状态，随着电子技术和控制技术的不断发展，采用新型传感器、电子控制、新控制方法构建参数、动作可靠迅速和状态可控可测可调的智能操作回路成为可能。

10.2　智能化的电器设备

10.2.1　智能化的电器设备介绍

1. 智能化开关设备的概念

近年来，随着电气技术、自动化技术、通信技术的不断发展，出现了将保护、监测和控制等功能集成为一体的开关设备，有些还能检测自身运行工况，进行运行状态自诊断和操作过程智能控制，实现智能操作。因此，把这些配有电子设备、数字化接口、传感器和执行器，不仅具有开关设备的基本功能，还在线监测和诊断方面具有较高性能的开关设备和控制设备称为智能化电器设备或智能化开关设备。

一般来说，智能化电器设备除满足常规电器设备的原有功能外，其功能主要表现为：①在线监视功能。监测电、磁、温度、开关机械和机构动作等状态并进行状态评估。②智能控制功能。能够完成最佳开断、定相位合闸、定相位分闸、顺序控制等控制。③数字化的接口。能通过数字化接口传输位置信息、其他状态信息、分合闸命令。④电子操作。具有电子控制的可控操动机构，动作可靠性和寿命高。

2. 智能化开关设备的现状

近年来，已有很多智能化开关面市。高压领域典型的有东芝公司的 C-GIS 和 ABB 公司的 EXK 型智能化 GIS，它们的特点都是采用先进的传感器技术和微计算机处理技术，使整个组合电器的在线监测与二次系统在一个计算机控制平台上，采用光电式电流传感器和电压传感器替代传统的电磁式电流互感器和电压互感器。在中压领域较典型的有 20 世纪 90 年代初的富士公司的智能式真空断路器及 VM1 型真空断路器。富士公司的智能式真空断路器包括了自动保护功能、早期维护功能和信息传递功能；VM1 型真空断路器除了新颖的一体化绝缘结构外，最显著的特色是采用了永磁操动机构和新型传感器。

10.2.2 智能化开关设备

1. PASS 组合式智能化开关

1）概述。PASS（Plug And Switch System）开关是一种组合式智能化电器设备，它由金属外壳封闭，把 SF_6 气体绝缘的断路器、隔离开关、接地开关、电流互感器及复合绝缘套管分相组合，并由传感器与传动结构处理接口进行数据采集、处理以及通过光纤与外部交互信息。PASS 集成了 GIS 的优点，具有结构简单紧凑、占地面积小、可靠性高、安装方便和免维护等特点。图 10-2 为 PASS 智能化开关系统和组合开关结构图。

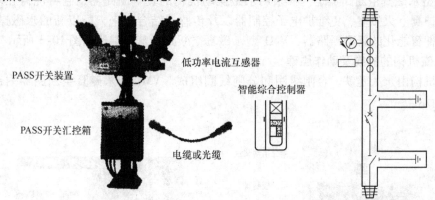

图 10-2　PASS 智能化开关系统和组合开关结构图

从结构与性能上，它具有以下特点：

① 所有一次部分均在同一 SF_6 气室中，取消出线隔离开关及接地开关等，有 GIS 的优点，同时简化了设备，价格比 GIS 便宜。所有操作功能都融合在一个操作箱内，可动元件少，布置紧凑。

② 在一次设备中采用了智能化传感器技术和微处理技术，通过数字通信实现对设备的在线监测、诊断、过程监视和站内计算机监控。从 PASS 开关到继电保护、测量计量及监控

系统均采用光缆连接，二次电缆少。

③ 用一次设备的在线监测、自动状态校核和缺陷报警等代替传统的定期检查试验和预防性试验，将定期检查改变为状态检修，运行人员可根据设备运行状况及趋势分析结果，安排检修和维护时间。这样既减少了设备停电检修的概率和时间，减少了运行成本，也减少了人为因素造成的设备损坏。

④ 检修时整体更换，无须拆装和调试，减少了停电时间。

2）PASS 的智能化设计。采用带铁心的低功率电流互感器来代替常规的电流互感器，将常规的保护，测控单元直接就地安装，将 PASS 开关装置、采集开关状态物理量的传感器和智能综合控制器组合起来，采用屏蔽电缆或者光纤连接，实现 PASS 开关智能化。

① 采用带铁心的低功率电流互感器（LPCT）。PASS 开关上采用带铁心的低功率电流互感器，可以为此实现体积很小但测量范围却很广的设计。

② 采用监控传感器。采用的传感器有：气体密度测量传感器，测量电压电流的传感器，用于监测断路器、隔离开关、接地开关的传感器和反映物理现象的传感器（如电弧放电、温度、湿度等）。这些传感器必须满足高可靠性和寿命要求。

③ PASS 开关智能综合控制器。PASS 智能控制系统主要由以下几部分组成：PASS 开关运行状态和运行参数信息采集系统，PASS 开关就地控制和保护单元，PASS 开关运行状态分析系统，光纤通信系统，信息记录、故障分析和定位单元。各个功能部分由独立的智能模块各自完成，并通过通信有机连成一体，同时通过互为热备用的双光纤以太网接口，与变电站的上一级监控系统连接，完成数据交换和控制功能。它可以完成断路器、隔离开关的一切在线监测功能，本间隔内所有综合自动化要求的保护、测控、"五防"、通信功能，显示人机界面等功能。

2. VM1 型永磁真空断路器

VM1 型永磁真空断路器是一种采用永磁操动机构的真空断路器，它将浇铸在环氧树脂中的免维护真空灭弧室、免维护电子控制器以及传感器结合起来，配以新的永磁操动机械，形成了一种智能化的新型断路器，VM1 型永磁真空断路器基本结构如图 10-3 所示。

3. 永磁机构的构成及动作原理

永磁机构由永久磁铁、合闸线圈和分闸线圈组成。VM1 型永磁真空断路器内部结构如图 10-4 所示。

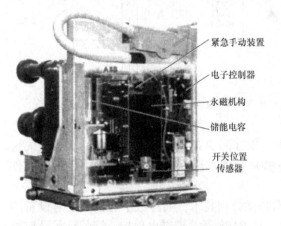

图 10-3　VM1 型永磁真空断路器基本结构

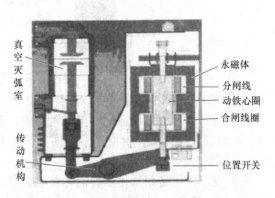

图 10-4　VM1 型永磁真空断路器内部结构

在 VM1 型永磁真空断路器中，永磁操动机构是其核心，通过永磁操动机构，可以实现断路器的分、合和保持，整个动作过程消耗的能量很小。

当断路器处于分闸位置时，动铁心处于上部，动铁心与上部的静铁心之间间隙较小，相对应的磁阻也较小，而动铁心与下部的静铁心之间间隙较大，相对应的磁阻也较大，故永久磁铁所形成的磁力线大部分集中在上部，从而产生很大的向上吸引力，将动铁心紧紧地吸附在上面。

当断路器要合闸时，合闸线圈通过合闸电流，产生感应磁场，该磁场对动铁心产生向下的吸引力，随着合闸电流的增大，该向下的吸引力由小变大，当合闸电流到达某一临界值时，动铁心受到的合力方向向下，开始向下运动。当动铁心到达下部时，永久磁铁和合闸线圈两者产生的磁场将动铁心牢牢地吸附在下部。几秒钟以后，合闸电流消失，此时永久磁铁产生的磁场将动铁心保持在下部位置。至此，断路器完成合闸操作。

基于同样的原理，当分闸线圈得电后，动铁心向上运动，同样由永久磁铁将它保持在分闸位置。

由以上动作原理可知，永久磁铁与分合闸线圈相配合，较好地解决了合闸时需要大功率能量的问题，因为永久磁铁可以提供磁场能量，作为合闸之用，合闸线圈所需提供的能量便相对可以减少，这就可以减小合闸线圈的尺寸和工作电流。

4. 永磁机构的控制部分

永磁操动机构控制器是永磁机构真空断路器的核心控制单元，用以采集信号和执行控制命令，包括电源模块、驱动模块、保护测量模块及其他功能模块，采用按钮和遥控装置进行断路器的分、合闸。具有防跳跃、三次重合、欠电压保护、过电流和速断等功能，并且可以智能识别，有效躲避合闸涌流。

5. 智能一体化开关柜

智能一体化开关柜是将永磁真空断路器、电子式互感器、间隔智能化单元和数字化电表集成在一起的智能化一次设备。其中智能化单元集成了保护、测量、控制和状态检测等功能，并具有网络通信接口，如支持 IEC61850，则可以直接接入智能化变电站中。

10.3 智能化变电站的实现

智能化变电站实现方案通常有 4 种形式。

1. 两层式数字化变电站

过程层采用常规的一次设备、一、二次设备间用电缆连接，间隔层和变电站层之间采用以太网实 IEC61850 协议，对时采用 SNTP 协议或 IRG-B。图 10-5 所示为两层式数字化变电站基本结构。

2. IEC 61850 + 非常规互感器

过程层采用非常规互感器和常规断路器，一、二次设备间采用电缆、网络混合连接，支持 IEC61850-9-1/IEC 61850-9-2 协议，间隔层和变电站层之间采用以太网实现 IEC 61850 协议。"IEC 61850 + 非常规互感器"方案基本结构如图 10-6 所示。

3. IEC 61850 + 非常规互感器 + 智能接口 + 常规断路器

过程层采用非常规互感器 + 智能接口 + 常规断路器；一、二次设备间采用网络连接，支

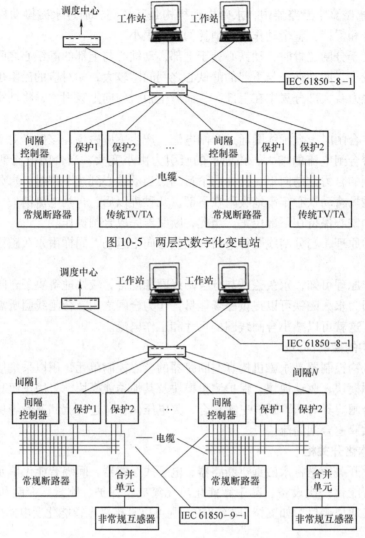

图 10-5　两层式数字化变电站

图 10-6　"IEC 61850 + 非常规互感器"方案基本结构

持 IEC61850 – 9 – 1/IEC 61850 – 9 – 2 标准协议、IEC 61850 GOOSE 协议；间隔层和变电站层之间采用以太网实现 IEC 61850 标准协议。"IEC 61850 + 非常规互感器 + 智能接口 + 常规断路器"方案的基本结构如图 10-7 所示。

4. IEC 61850 + 非常规互感器 + 智能断路器

过程层采用非常规互感器、智能断路器：一、二次设备间采用网络连接，支持 IEC 61850 – 9 标准协议，IEC 61850 GOOSE 协议；间隔层和变电站层之间采用以太网实现 IEC 61850 标准协议。这种方案唯一与方案 3 不同的是一次设备的智能接口由智能断路器本身完成。

过程层设备主要包括电子式互感器和智能一次设备。可以选用电子式互感器或传统互感器加智能终端实现模拟量数字化。

1）电子式互感器的配置。互感器配置原则是保证一套系统出问题不会导致保护误动，也不会导致保护拒动，基本按间隔配置，每个开关间隔配置一组电流互感器。每段母线配置

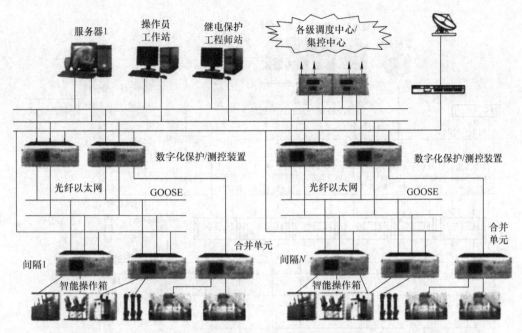

图 10-7 "IEC 61850 + 非常规互感器 + 智能接口 + 常规断路器"方案的基本结构

一组电压互感器。通常可依精度要求引出计量、测量、保护抽头。220kV 及以上电压等级，应与双重化保护配置一一对应，通常设保护双绕组，并设独立的数据采集电路。110kV 电压等级通常配置保护单绕组。而 35/10kV 及以下电压等级则采用电子式电流、电压组合式互感器（ECVT），并与间隔层保护测控装置、电能表采用弱电接口方式。

2）合并单元及其配置。合并单元是对传感模块传来的三相电气量进行合并和同步处理，并将处理后的数字信号按特定的格式提供给间隔层设备的装置。它负责向过程层和间隔层相关设备发送采样数据，是过程层的电子式互感器数据源。通常数字传输是采用一台合并单元（MU）汇集多达 12 路的二次转换器数据通道的采样值并由以太网输出，一个数据通道传送一台电子式电流互感器或一台电子式电压互感器采样测量值的数据流。多相或组合式互感器，多个数据通道可以通过一个物理接口从二次转换器传物到合并单元。合并单元对二次设备提供一组同步的电流、电压采样值，二次转换器也可以从常规电流、电压互感器获取信号，并汇集到合并单元。

通常其配置与一次间隔单元相对应，并根据保护双配置选择双配置，确保整间隔数字化系统局部故障时不扩大故障范围。为保证可靠性，电子式互感器的远端模块和合并单元还需要冗余配置，远端模块中电流也需要冗余采样，经冗余配置的合并单元分别连接冗余的电子式互感器远端模块，合并单元可安装在断路器附近或保护小室。

【例】 如图 10-8 所示，110kV 智能变电站的体系架构。

智能终端是一种由若干智能电子装置集合而成的，用来完成该间隔内断路器以及与其相关隔离开关、接地开关和快速接地开关的操作控制和状态监视，直接或通过过程层网络基于GOOSE 服务发布采集信息；直接或通过过程层网络基于 GOOSE 服务接收指令，驱动执行器完成控制功能，具备防误操作功能的一种装置。

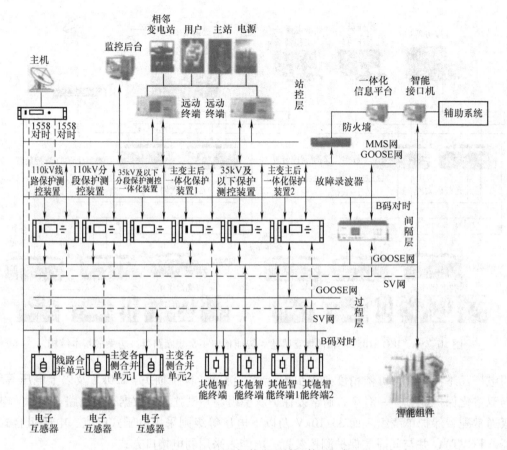

图 10-8　110kV 智能变电站的体系架构

智能组件用柜体为智能组件各 IED、网络通信设备等提供对雨水、尘土、酸雾和电磁干扰等干扰因素的防护，提供电源与电气接口，以及温、湿度控制和照明等设施，保证智能组件的安全运行。

GOOSE（Generic Object Oriented Substation Event）通用面向对象的变电站事件，是 IEC 61850 定义用于快速和可靠传送变电站自动化系统中实时性要求高的信息事件的通信模型。

SV（Sampled Value）采样值。基于发布/订阅机制，交换采样数据集中的采样值的相关模型对象和服务，以及这些模型对象和服务到 ISO/IEC 8802－3 帧之间的映射。

MMS（Manufacturing Message Specification）即制造报文规范，是 ISO/IEC 9506 标准所定义的一套用于工业控制系统的通信协议。MMS 规范了工业领域具有通信能力的智能传感器、智能电子设备 IED、智能控制设备的通信行为，使来自不同制造商的设备之间具有互操作性。

智能变电站各个层面之间的数据交换方式如下：

1）间隔层装置与变电站监控系统之间交换事件和状态数据——MMS。

2）间隔内装置间交换数据——GOOSE。

3）过程层与间隔层交换采样数据——SMV。

4）过程层与间隔层交换控制和状态数据——GOOSE。

5）间隔层装置与变电站监控系统之间交换控制数据——MMS。

6）监控层与保护主站通信——MMS。

7）间隔间交换快速数据——GOOSE。

8）变电站层间交换数据——MMS。

10.4　习题

1. 智能化变电站的结构如何组成？有什么特点？

2. 智能化变电站中各层的作用是什么？分别有什么特征？

3. 智能化变电站的主要技术特征是什么？

4. 什么是智能化开关设备？

5. PASS 是什么？在结构与性能上有何特点？

6. VM1 型永磁真空断路器有何特点？

7. 智能一体化开关柜有何特点？

8. 智能化变电站实现方案有几种？各有何特点？

9. 在智能化变电站中电子式互感器的配置原则是什么？

10. 合并单元的作用是什么？

参 考 文 献

[1] 劳动和社会保障部培训司. 工厂变配电技术 [M]. 北京：中国劳动出版社，1993.

[2] 杨香泽. 变电检修 [M]. 北京：中国电力出版社，2006.

[3] 李义山. 变配电实用技术 [M]. 2版. 北京：机械工业出版社，2003.

[4] 刘介才. 供配电技术 [M]. 2版. 北京：机械工业出版社，2005.

[5] 关大陆，张晓娟. 工厂供电 [M]. 北京：清华大学出版社，2006.

[6] 陈小虎. 工厂供电技术 [M]. 北京：高等教育出版社，2001.

[7] 李火元. 电力系统继电保护与自动装置 [M]. 北京：中国电力出版社，2002.

[8] 孟宪章，罗晓梅. 10/0.4kV变配电实用技术 [M]. 北京：机械工业出版社，2007.

[9] 劳动和社会保障部. 企业供电系统及运行 [M]. 2版. 北京：中国劳动出版社，1994.

[10] 常大军，常绪滨. 高压电工上岗读本 [M]. 北京：人民邮电出版社，2006.

[11] 许晓峰. 电机及拖动 [M]. 2版. 北京：高等教育出版社，2001.

[12] 王显平. 发电厂、变电站二次系统及继电保护测试技术 [M]. 北京：中国电力出版社，2006.

[13] 赵文中. 高压电技术 [M]. 2版. 北京：中国电力出版社，1985.

[14] 王远璋. 变电站综合自动化现场技术与运行维护 [M]. 北京：中国电力出版社，2004.

[15] 付艳华. 变电运行现场操作技术 [M]. 北京：中国电力出版社，2004.

[16] 国家电网公司. 电力安全工作规程（变电站和发电厂电气部分）试行 [S]. 北京：中国电力出版社，2005.

[17] 阮友德. 电工技能实训 [M]. 西安：西安电子科技大学出版社，2006.

[18] 袁维义. 电工技能实训 [M]. 北京：电子工业出版社，2003.

[19] 国家电网公司人力资源部. 变电运行 [M]. 北京：中国电力出版社，2010.

[20] 郑新才，蒋剑. 怎样看110kV变电站典型二次回路图 [M]. 北京：中国电力出版社，2009.

[21] 王国光. 变电站二次回路及运行维护 [M]. 北京：中国电力出版社，2011.

[22] 路文梅. 智能变电站技术及应用 [M]. 北京：机械工业出版社，2014.

[23] 国网河南省电力公司郑州供电公司. 智能变电站运维技术问答 [M]. 北京：中国电力出版社，2017.